普通高校通识教育丛书

普通高校通识教育丛书

ZIRAN KEXUESHI JIANMING JIAOCHENG

自然科学史简明教程

◇ 李士本 张力学 王晓锋 编著

ZHEJIANG UNIVERSITY PRESS
浙江大学出版社

序

　　高等学校人才培养模式改革涉及的核心课题之一,是构建符合现代社会理念并能体现科技进步水平的教学知识体系。理想的大学教学知识体系应具有时代性、先进性、学术性和适切性,并且具体体现在能够展现上述先进理念与特征的教材体系与课程内容之中。

　　综观当今世界,高校本科教育越来越重视受教育者的身心素质的培养和基础知识技能的掌握,这已成为高等院校教育教学改革与发展的主要趋势之一。通识教育由于重视科学精神与人文精神的培养,重视人的发展的全面性,重视知识的交叉、广博与综合,因而越来越受到高等院校管理者、教师和学生的重视。尤其在我国,自20世纪90年代初以来,高等院校在"文化素质教育"思想的指导下,在本科人才培养模式、课程体系、教材内容、专业建设等方面进行了大量的创新,以纠正长期以来我国本科教学过早专门化和过分专门化的倾向。

　　浙江师范大学、杭州师范学院、温州师范学院、绍兴文理学院和湖州师范学院是浙江省以教师教育为主要特色的多科性高等院校。多年来,五院校坚持党的教育方针,坚决走改革创新之路,认真落实"育人为本"、"学术强校"的办学理念,大力推广教育部倡导的大学生文化素质教育改革工作,并在办学体制、课程设置、教育科研和研究生培养等方面开展了广泛的校际合作,取得了良好效果。《普通高校通识教育丛书》的出版,旨在发挥五院校的综合学术优势,进一步推动五院校的校际协作和浙江省高等院校本科教学的改革,探索培养更多素质优、知识广、能力强的大学生的有效途径,从而为浙江省高等教育事业发展作出积极的贡献。

徐　辉

2005 年 5 月于浙师大初阳湖畔

目　录

第 1 章

古代自然科学史概述

1.1 中国古代自然科学

中国古代自然科学奠基于先秦时期,到秦汉至宋元,得到了进一步的发展和壮大。同一时期,欧洲进入了漫长的中世纪。在相当长的一段时期内,中国代表着当时自然科学和技术的最高水平。进入明清时期以后,中国的自然科学和技术水平开始停滞不前,甚至衰退,导致了中国近代自然科学技术在各个方面落后于西方。那么,为什么中国古代自然科技那么发达,但是到了近现代却落后了呢?这就是众多的自然科技史学者试图回答的李约瑟难题。本节对中国古代物理、医学、天文学等方面的自然科学知识进行简要介绍,希望对认识中国近代自然科学落后的原因能有所帮助。

1.1.1 物理知识

知识来源于实践,中国古代劳动人民在长期的社会生产实践中积累了丰富的物理知识,特别是在力学、磁学和光学方面。这些知识虽然零散,没有形成系统的、独立的物理学科,但是它们却达到了很高的水平。下面分别简介这几个方面的物理知识。

力学是物理学中一个最基本的研究领域。中国古代劳动人民很早就对社会生活和生产中的力学现象进行了观测和分析,并且留下了大量的文献记载。

早在战国时期,自然哲学家墨子(约前 468—前 376)就对社会生活和生产中的力学现象有所研究。墨子,名翟,鲁国人,做过宋国大夫,死于楚国。他主张兼爱、非攻,尚贤、尚同,反对儒家的繁礼厚葬,提倡薄葬、非乐。墨子自己以钜子(也作巨子,即"大师")的身份带着学生到各国进行政治活动,并且创立了墨家学派。其主要思想收录在墨家典籍《墨子》的《墨经》等卷中。《墨经》中记述了大量的物理知识,尤其是最早给出了力的定义。该定义是从人的体力引申过来的,例如,它指出:"力,刑之所以奋也。"这里的"刑"同"形",指物体的运动状态;"奋"字是由静到动、由慢到快的意思,体

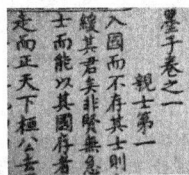

图 1-1 《墨子》书影

现了加速度的概念。因此,这句话可理解为:力是物体由静到动、由慢到快做加速运动的原因,是使物体的运动发生转移和变化的原因。墨家学派还进一步把物体重量与力联系起来:"力,重之谓,下、举,重奋也",意思是当物体下落或向上举时,都有力的作用,也就是说物体的重量也是一种力。关于浮力,《墨经》中写道:"刑之大,其沉浅也,说在衡。"就是说,形体大的物体,在水中沉下的部分浅,是因为物体重量被水的浮力平衡的缘故。这说明墨家对浮力同重力的平衡关系有了定量的概念。这可从一个侧面看出,我国古代人民早在春秋战国时代就已经认识到了浮力原理,并开始在生产中加以应用。

惯性是力学中另一个非常重要的基本概念。中国古代劳动人民很早以前就在生活和生产实践中,逐步形成了对惯性现象的初步认识。《考工记》(见图 1-2),据考证是春秋末年齐国的手工艺专著,记载了大量的物理学知识。例如其中写道:"劝登马力,马力既竭,辀(zhōu,指车辕)犹能一取焉。"这句话的意思是,马拉车的时候,马虽然停止前进,不对车施加拉力了,但车辕还能继续往前动一动。这是我国古代物理学史上关于惯性最早的一次记载,它比同时代的亚里士多德"运动要靠力维持"的直觉结论要生动得多。

关于运动的相对性,先秦时期公孙龙曾作过精辟的描述。公孙龙,活动年代约在公元前 320 年至前 250 年间,其人能言善辩,曾经提出过著名的"白马非马"的辩证论断。他提出"飞鸟之影未尝动也"。按照现在观点这是很好理解的,就是飞鸟之影相对于飞鸟本身是"未尝动"的,即飞鸟和它的影子之间是相对静止的。显然,公孙龙已经意识到了运动的相对性,并且能用它来解释一些运动学现象。运动相对性这一萌芽观念后来被人们用来讨论天地的运行问题。例如,东汉时期的《尚书纬·考

图 1-2 《考工记》书影

灵曜》中记载:"地恒动不止而人不知,譬如人在大舟中,闭牖而坐,舟行而不觉也。"这是对机械运动相对性十分生动而浅显的比喻。哥白尼、伽利略在论述这类问题时,虽几乎不谋而合地都运用过相同的比喻,却在时间上晚了1400余年。但是,由于历史条件的限制,中国古代这些精辟的思想对后世没有产生像哥白尼、伽利略那样巨大的影响。

值得一提的是我国东汉时期的自然科学家和哲学家王充(27—约97)。他出生于浙江上虞,倾毕生之精力写成巨著《论衡》。该书共分85篇,内容涉及天文、物理、史地和文学艺术等方面。《论衡》记载了相当多的物理知识,其中有关于力和运动的关系。例如,《论衡》中记载:"古之多力者,身能负荷千钧,手能决角伸钩,使之自举,不能离地。"这句话的意思是说人的力气再大,即使能够承受千钧之重物,却不能把

图 1-3 王充

自己举起来。这说明王充已认识到内力不能改变物体运动状态这一事实。他还说,"是故车行于陆,船行于沟,其满而重者行迟,空而轻者行疾","任重,其进取疾速,难矣"。这里不仅说明外力能改变物体运动状态,并且还说明了在外力的作用下,若外力大小一定,则物体越重,要它开始运动或使之运动状态发生变化就越难。这其实是牛顿第二运动定律的萌芽。

宋应星的《天工开物》也记载了大量的物理知识。宋应星,明朝万历十五年(公元1587年)出生于江西奉新县。图1-4为坐落在奉新县城北狮山大道旁的宋应星纪念馆。《天工开物》一部总结我国明末以前农业和手工技术成就的百科全书式的著作,堪称我国古代不朽的科技宏著。例如,在卷十五《佳兵篇》中记述了测

图 1-4 宋应星纪念馆

试弓弦弹力大小的巧妙方法:"凡试弓力,以足踏弦就地,秤钩搭挂弓腰,弦满之时,推移秤锤所压,则知多少。"该书在我国失传300年,直至1926年才从日本找回其翻印本。

总之,我国古代力学知识与古代社会生活和生产中的精湛的工艺技术往往密不可分,但各时期对力学知识的整理汇集、研究提高、保存流传都未受到重视,致使科技理论不能代替人力形成明显的生产力。

中国古代关于磁学的知识相当丰富。古籍中记载了很多有关磁学的知识。古人对磁的认识，最初是从冶铁业开始的。人们在寻找铁矿的过程中，必然会遇到磁铁矿，也就是磁石(主要成分是四氧化三铁)。人们在同磁石的不断接触中，逐渐了解到它的某些特性，并且利用这些特性来为人类服务。

中国古代许多文献都对磁石有记载。例如，公元前4世纪左右写成的《管子·地数篇》一书中就有"上有慈(磁)石者，其下有铜金，此山之见荣者也"的记载，这是关于磁石的最早记载。《吕氏春秋》一书载有"慈(磁)石召铁，或引之也"，意思就是磁石对铁有吸引力的作用。《淮南子》中也有"慈石能吸铁，及其于铜则不通矣"，"慈石之能连铁也，而求其引瓦，则难矣"。这说明我国古人早就知道磁石只能吸铁，而不能吸金、银、铜等其他金属，表明了当时人们对磁石的观察已经很细微了。

我国古代典籍中不仅停留在磁石吸铁的现象上，同时也记载了一些磁石吸铁的生动的实例。例如，南北朝时的《水经注》和《三辅黄图》都有秦始皇用磁石建造阿房宫北阙门，"有隐甲怀刃入门"者就会被查出的记载。在《晋书·马隆传》中还记述了马隆曾利用磁石吸铁这一特性大败叛军的故事。公元279年，马隆率兵讨伐凉州叛乱。在一次伏击战中，他把大量磁石堆放在一条狭窄的夹道上，令官兵脱去铁甲，穿上犀甲，把敌人引来夹道，由于敌人穿的是铁甲，被阻而不得出，于是大败。这是磁石应用于军事的一个范例。

磁学知识的一个最主要的应用是指南针，指南针最初被称为司南，其外形如图1-5所示。中国古籍中很早就有关于司南的记载，如公元前4世纪的《鬼谷子·谋篇》就记载道："郑子取玉，必载司南，为其不惑也。"就是说郑子进山采玉，一定要带上司南指引方向，才不至于迷路。在公元前三世纪的《韩非子》中，也有与司南相关的记述："……故先王立司南，以端朝夕。"这些史料表明，远在战国时期，中国古人就

图1-5　司南

已经能应用磁石的指极特性。东汉王充在其著作《论衡》中对司南作了比较具体的记述。据考证，司南是用天然磁石琢磨成杓形的东西，其大小形式如现在家庭常用的汤匙。与汤匙不同的是司南的底是球形的，能在平滑的面上自由转动。把它放在铜制的地盘上使其旋转，静止后杓柄就指

向南方。由于地盘接触时转动摩擦阻力也较大,而且制作司南的天然磁石磁性也较弱,它的指南效果受到限制,所以并没有得到广泛的应用,后来逐渐就被淘汰了。

人们利用人工磁化的方法,成功地制造了具有更高磁性效果的指南鱼。西晋时代崔豹所著的《古今注》最早记载了指南鱼,其外形如鱼,如图 1-6 所示。北宋时期的《武经总要》对指南鱼也有所记载。指南鱼是用薄铁片顺地磁角剪裁而成,烧红后靠近磁铁使其磁化,令其平漂水上,便可指向。指南鱼虽然在灵敏度上比司南有了巨大的进步,但它的磁性还是比较低的,因而其实用价值受到了一定的限制。

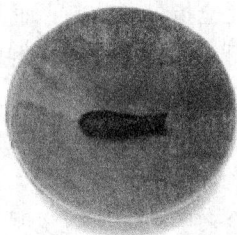

图 1-6　指南鱼

随着实践经验的积累、磁学知识的丰富和发展,人们发明了指南针。沈括在《梦溪笔谈》最早记载了指南针:"方家以磁石磨针锋,则能指南,然常微偏东,不全南也,水浮多荡摇。"这也是世界上关于地磁偏角的最早记载。在西方,直到 1492 年哥伦布第一次航行美洲的时候才发现了地磁偏角,比沈括的发现晚了四百年。沈括不仅记载了指南针的制作方法,而且通过实验研究,总结出了四种放置指南针的方法。他还指出在丝线悬挂磁针的方法中指针的灵敏度最高,稳定性最强。

磁学知识的应用,大大促进了中国古代航海事业的发展及中国和亚非各国的经济、文化交流。明代中国伟大的航海家郑和曾率庞大船队七下西洋,这样大规模的远海航行,如果没有构造先进、读数可靠的指南器来指引航路是绝对不可想象的。

遗憾的是尽管我国对磁现象的认识极为丰富,而且在生活和生产中有广泛的应用,但关于磁现象的本质及解释,往往又是含糊的,缺乏深入细致的研究,这一点令人十分惋惜。

光学是物理学的一门重要分科,它与人类社会生活的各个领域密切相关。光学的发展有着悠久的历史,我国古代留下了众多的文献记载,作出过很大的贡献。

《墨经》试图对日常生活中的光学现象作理论性探讨,它记载了丰富的几何光学知识:对影子的生成、光与影的关系、光的直进性、小孔成像、平面凹面及凸面镜反射等都有描述。这些都被认为是物理学史上关于光现象的最早的定性描述。

宋代时,沈括在《墨经》的基础上认真地研究了凹面镜成像的实验。他在《梦溪笔谈》中记载"阳燧面洼,以一指迫而照之则正,渐远则无所见,过此遂倒"。这里所谓"过此"的"此",即指凹面镜的焦距。这里,他明确地指出了物在凹面镜焦点之内时得正像,在焦点和中心之间看不到像,而在中心之外时得倒像,其研究结果明显比《墨经》更加详细和可靠。沈括还研究了光的折射现象并且解释了虹的成因,此外他还对日蚀、月蚀的成因作了理论总结。例如,他在《梦溪笔谈》里记载:"如一弹丸,以粉涂其半,侧视之,则粉处如钩;对视之,则正圆。"这是人们第一次用类比演示实验来生动形象地说明了月亮圆缺的科学道理。

《梦溪笔谈》中还对我国的一种古铜镜—透光镜的透光原理作了精辟的解释。透光镜在西汉时期已被制造,如图1-7所示就是一个西汉时期的透光镜,但是最早记载出现于隋唐之际王度的《古镜记》中,它记载了透光镜"承日照之,则背上文、画、墨入影内,纤毫无失"。沈括认为镜背的花纹致使镜子的厚度不同,导致冷却速度不同而造成收缩程度差异,所以在镜面出现了微小的花纹,在反射时花纹被放大显现出来。

小孔成像是日常生活中一种常见的光学现象,古代人们也进行了详细的观测和分析。同时,许多文献都对小孔成像作了记载。例如,元代赵友钦在他的著作《革象新书》中记载了一个独特的大规模的关于小孔成像的实验。从该实验得知,当孔很小时,不论孔的形状如何,屏上得到的光斑总是发光物的像;当孔比较大时,则屏上得到的光斑形状随孔的形状而定,孔方则方,孔圆则圆。实验区别了大孔光斑与小孔倒像,还研究了孔形、物距、像距、光源强度等等与照度(影的浓淡)的关系,并且再次证明了光的直进性。更重要的是赵友钦将照度定性地看成由各个发光元素的光叠加而成,开始将光源(物)分为各个小单元来进行分析,初步具有近代菲涅儿的光学思想。而且,赵友钦在进行上述小孔成像的研究中,采用了确定一个因素作为研究对象,控制其他因素不变的实验方法。这种研究方法至今仍为物理教学广泛采用。

明清之际的科学家方以智兼取古今中外知识精华,前后历时22年,完成了综合性的科学巨著《物理小识》。其中记载:"气凝为形,发为光、声,犹有未凝形之空气与之摩荡嘘吸……气凝为形,蕴发为光,窍激为声,皆气也,而未凝、

图1-7 西汉时期的
"见日之光"透光镜

未发、未激之气尚多。故,概举气、形、光、声为四几焉。"这就是说,光、声分别是气的蕴发和激发所生,它们与充满空间的未凝形的气摩荡嘘吸,相互转应,从而溢出其外。因此我们说《物理小识》的光学部分具备了一种广义的光的波动思想。同时,《物理小识》还进一步试图以此去演绎并系统化地解释诸如发光、颜色、视觉、光肥影瘦、形象信息的弥散分布、海市蜃楼以及小孔成像等多种光学现象,这是我国古代自《墨经》以来最伟大的一次公理化的成功尝试。

总之,中国古代对光学的研究不仅开始得早,而且在理论与实践上都达到相当高的水平,为以后的发展打下了坚实的基础。

综上所述,中国古代在物理的力学、磁学和光学等方面有着大量零散的重要的发现和发明,它极大地丰富了古代中国人民的物理知识,提高了人们的生活水平,促进了社会生产力的发展。但是,由于大量生产知识与技术缺乏系统的整理,加之经验性的定性的物理概念缺乏数学的定量引用和系统实验的基础,因此一直处于领先地位的中国物理知识在17世纪后却大大落后于西方的物理技术。这一点是值得我们后人思考和反省的。

1.1.2 中医知识

中医是中国的传统医学,具有悠久的历史。中医学是研究人体生理、病理以及疾病的诊断和防治等的一门科学,有独特的理论体系和丰富的临床经验。中医学的理论体系是受到古代的唯物论和辩证法思想——阴阳五行学说的深刻影响,以整体观念为主导思想,以脏腑经络的生理、病理为基础,以辨证论治为诊疗特点的医学理论体系。中医理论主要来源于对实践的系统性的总结,并在实践中得到不断的充实和发展,这两方面是相辅相成的。

春秋战国时期,人们对鬼神致病论产生了怀疑,出现了对疾病的真正原因进行朴素唯物主义说明的各种尝试。例如,周景王四年(前541年),秦国名医医和应聘为晋侯诊病时,指出其病不是由于鬼神作祟,而是由于沉溺女色所致。医和是中国最早的中医理论家,他提出了六气致病说,认为自然界存在阴、阳、风、雨、晦、明六气,若六气失衡,则会致病。他把疾病归因于外界的因素和人体内部的失衡,与鬼神论划清了界限。无神论的兴起,为医学理论的建立奠定了基础,使医学逐渐冲破鬼神论的羁绊确立了自己的独立地位。

扁鹊是战国时期的一位民间医生,姓秦名越人,约生于公元前5世纪。他年轻时便跟从长桑君习医，学成后，长期在民间行医，足迹遍及当时的齐、赵、卫、郑、秦诸国。他的医疗经验极其丰富，曾编撰过颇有价值的《扁鹊内经》9 卷和《扁鹊外经》12 卷，可惜均已失传，这是祖国医学的极大损失。

图 1-8　扁鹊画像

扁鹊精通望、闻、问、切四诊，尤以望诊和切脉著称。医圣张仲景对其十分尊崇和赞誉。据传扁鹊曾望诊齐桓公的面色，认为他有病，"不治将深"，但他不听劝告，拒绝医治，不久抱病死去。在切脉方面，扁鹊诊断赵简子就是其中一例。当时赵"病五日不知人"，当时赵国大臣们十分惊慌。扁鹊切脉后云"治血脉也"，认为并非死症。后来赵简子果然痊愈。有一次扁鹊路经虢国(今河南省陕县一带)，听说虢太子暴死后正要准备埋葬。扁鹊了解病情后，断定太子没有死，而是患了一种称之为"尸蹶"的病症(类似于现在的休克)。人们对扁鹊的诊断开始时表示怀疑，经扁鹊针刺治疗后，太子很快苏醒，又经敷熨其两胁，太子便能坐起，人们惊叹不已。以后又经过服药 20 天，太子恢复健康。后世所谓的"起死回生"典故，即源于此处。可想扁鹊若无高超的医术，岂敢承揽这等风险之事。

盛誉之下，扁鹊却从不以此炫耀声名，表现出他谦虚谨慎的美德，足以垂范于后人。据传有一次魏文王问名医扁鹊说："你们家兄弟 3 人，都精于医术，到底哪一位最好呢？"扁鹊答："长兄最好，中兄次之，我最差。"文王再问："那么为什么你最出名呢？"扁鹊答："长兄治病，是治病于病情发作之前。由于一般人不知道他事先能铲除病因，所以他的名气无法传出去；中兄治病，是治病于病情初起时。一般人以为他只能治轻微的小病，所以他的名气只及本乡里。而我是治病于病情严重之时。一般人都看到我能做在经脉上穿针管放血、在皮肤上敷药一类的大手术，所以以为我的医术高明，名气因此响遍全国。"

外科医生华佗(约 145—208)是安徽亳县人，是汉末医学家。华佗的医术极高，并且对后世影响极大，人们常用"华佗再世"比喻某人的医术高明。他精通内、外、妇、儿、针灸等科，施针用药，简而有效。华佗尤其擅长外科，他在对患者施外科手术时首先施以他发明的"酒服麻沸散"，对病人进行麻醉。"麻沸散"的发明早于西方发明麻醉药 1600 年，这种用麻醉行手术的思想深深影响了后代医生。华佗善于根据病人的面色、精神、动作、气味等判断疾病及其发展趋势。例如，他把肝硬化腹水的病人定为"面黑、两肋下满"，"张口、汗出不流"者为难治的大病等。

华佗提倡体育锻炼，以防止患病。据《三国志·华佗传》记载，华佗曾对其弟子吴普说："人体欲得劳动，但不当使极尔……吾有一术，名五禽之戏。一曰虎、二曰鹿、三曰熊、四曰猿、五曰鸟。亦以除疾，并利蹄足，以当导引。体中不快，起作禽之戏，沾濡汗

图 1-9　故宫藏的华佗像

出，因上著粉，身体轻便，腹中欲食。"据说，吴普按照他的"五禽戏"每天进行锻炼，则"九十余，耳目聪明，齿牙完坚"。后世之人据此受到启发，创编并发展了多种流派的五禽戏。

据说，华佗的死和曹操有关。由于华佗不愿成为曹操的私人医生，于是被曹操置于牢狱之中。华佗在曹操的牢狱中曾将其一生的医术总结成《青囊经》并欲交予狱卒，以流传后人，可惜狱卒怕连累自己，不敢接受这份稀世珍宝。华佗无奈中将其烧毁，铸成千古遗憾。

公元 3 世纪，东汉著名医圣张仲景在深入钻研《素问》、《针经》、《难经》等古典医籍，广泛采集众人的有效药方，并结合自己的临床经验，在《黄帝内经》理论基础上著成《伤寒杂病论》。该书可以说是中医理论与临床经验相结合的产物，它在诊治急性传染病方面，出色地总结出六经辨证的原则，确立了中医学辨证施治的理论体系与治疗原则，为临床医学的发展奠定了基础。后世又将该书分为《伤寒论》和《金匮要略》。其中，《伤寒论》是专门论述伤寒一类的急性传染病；《金匮要略》则是以论述内科、外科、妇科等

图 1-10　孙思邈

为主要内容。两书基本上概括了临床各科的常用方剂，被誉为"方书之祖"。

唐代名医孙思邈是中医史上一位极其重要的人物，他大约生于公元581 年，京兆华原县（今陕西耀县）人，自幼钻研医术，又善谈老庄，使中医理论更富思辨色彩。在孙思邈的著作中，不仅有如何治病的临床手段和

方法,而且贯穿着医德、养生和巫术理论。他主张医生必须有高尚的品德,不能贪图财物,对求治病人无论贵贱应一视同仁。

他唯一幸存的著作《千金方》,论述各种疾病数百种,收集防治疾病方剂近万帖,为中国最早的临床百科全书。《千金方》谈到了养生问题,孙思邈在书中将人体比喻一盏灯,精、气、神喻作灯中之油膏,生命活动如同灯火之光辉。若灯芯用"大炷",则油尽灯熄较快,人的寿命即短;若灯芯用"小炷",则油尽灯熄较慢,人的寿命自长。孙思邈认为养精大要之"啬

图 1-11 引导气法养生图

神"、"爱气"、"养形"以及"戒房事",都着眼于节护"灯"中之"膏"。主张老人要"反俗",众人大言我小语,众人多繁我小记,众人悖暴我不怒,不以不事为累意,不去强求符合世俗之仪,"淡然无为"。图 1-11 所示的就是《千金方》里的一种养生方法——引导气法。

《千金方》的疗法简单易行,是孙思邈取前人之精华巧工编制的。但有些疗法带有很浓重的巫术色彩,如认为将斧柄置于产妇床下就能生男不生女等。此外,该书收集了 800 多种药物的使用方法,并对其中 200 多种药的采集和炮制作了详细论述。这些内容既是孙思邈对前人药学知识的继承,更是他多年实地采药丰富经验的总结,在中药学上有极高的价值。他被后世尊称为"药王"是当之无愧的。

明代李时珍(1518—1593)在中医发展史上作出过很大的贡献。李时珍是一个医术高明的医生,曾治愈过不少疑难杂症。他在诊断与用药方面常常有独到的见解与处方。为了治疗疾病,他不断地研究各种药物。在医疗实践与药物研究中,他发现中国传统的药物学著作虽然内容广博、知识浩瀚,是一座蕴藏丰富的宝藏,但也存在着诸多的缺陷与失误:一是药物的分类,基本沿用一两千年前的著作《神农本草经》的三品说,很粗疏,不能完整系统地概括众多药物的类属,科学性、系统性受到影响;二是一些本草学的研究者对于药物的名称、种类、性质、功用等的描述,缺少亲

身的经历与考察,往往是转述前人的著
作,以讹传讹,造成许多混乱;三是有关新
药物或者药物新性状、功用的发现没有记
载,如中医特效伤药三七是产于云南的一
种药物,明代始在云贵及广西地方的军队
中普遍使用,但历代本草书中都没有
记载。

作为一个医生,李时珍认为不能凭借
这样混乱的药物书籍来开处方。作为一
名药物学研究者,他感到有必要、有责任

图 1-12　李时珍

来纠正这些错误的记载。他要做一个负责任的医生,做一个实事求是、严
肃认真的本草学的研究者。因此,他决心在宋代唐慎微编的《证类本草》
的基础上,编著一部新的完善的药物学著作。为了编好这部著作,他走访
了河南、江西、江苏、安激等很多地方。每到一处,他就虚心地向药农和其
他劳动人民请教,采集药物标本,收集民间验方。很多人都热情地帮助
他,有的人甚至把祖传秘方也交给了他。就这样,他学到了很多书本上所
没有的知识,还得到了很多药物标本和民间验方。

李时珍从 35 岁起,动手编写,花了 27 年工夫,参考了 800 多种书籍,
经过三次大规模的修改,终于写成了一部新的药物学巨著《本草纲目》。
这时,李时珍已经是 61 岁的老人了。《本草纲目》共 52 卷,190 万字,记
载药物 1892 种,其中新增加的有 374 种。书里对每一种药物,都说明它
的产地、形状、颜色、气味、功用。书里还附了 1160 幅药物形态图,记载了
11096 个医方。这部书系统地总结了我国明朝中期以前药物学的巨大成
就,对药物学的发展起了很大的作用。

李时珍生前没有能看到《本草纲目》的出版。到 1596 年《本草纲目》
在南京刊行时,李时珍已去世三年了。《本草纲目》出版后,传到国外,受
到各国学者的重视,先后被译成日、英、法、德、俄、拉丁等多种文字。西方
称这部书为"东方医学巨典",给予了高度的评价。

综上所述,我国在长期的医疗实践中形成了独具特色的中医、中药理
论,它以内容丰富、功效之神奇享誉中外,时至今日仍是一块挖不尽的宝
藏。它的发展过程虽有起伏曲折,却未曾停止过前进的步伐,即使在西方
近代医学的冲击下,它依然保持着强大的生命力,继续为人类造福。

1.1.3 天文学知识

中国古代的天文学成就包括阴阳历法的制定、天象观测、天文仪器制造使用以及宇宙理论等方面内容。

我国是个农业大国,制定一部合理的、方便使用的历法是一项极其重要的工作。我国古代人民在汉初就已经认识到了制定历法的原则:制作历法必须先观测天象,图 1-13 就是一个明代的古观象台。中国传统的历法主要是考虑到月亮和太阳的运动规律来制定的,即

图 1-13　北京古观象台　建于公元 1442 年

所谓的阴阳合历。这种历法的三个要素就是日、气、朔。气就是农历中的二十四节气,它给人们社会生活和活动带来了很大的方便。气是按照太阳运动规律来编制的,朔是月亮被地球完全挡住阳光变得不可视的时间,因此他们分别属于阳历和阴历成分。将日、朔与二十四节气编制到一起是中国历法的主要工作内容。

历法的制定与天象观测是息息相关的,这些观测及其仪器制作和历法本身构成了中国古代天文学的只要内容。在天象观测方面,我国古代很早就对异常天象和日月运行规律进行了记录。在恒星观测上,我国有世界上公认最早的星表——"甘石星表",大约出现在公元前 5 世纪。在中国古代,还通过对天象的观测,把恒星天空划分成三垣二十八宿。古人把沿黄道和赤道的天区又分成大小不等的二十八个小区,就叫二十八宿。宿就是住地的意思。月亮在绕地球运动过程中,每日从西往东经过一宿。人们又把相连的七宿合称一象,共四象。每象用有代表性的动物名称命名,具体地说就是苍龙:角、亢、氐、房、心、尾、箕七宿;玄武(龟和蛇):斗、牛、女、虚、危、室、壁七宿;白虎:奎、娄、胃、昴、毕、觜、参七宿;朱雀:井、鬼、柳、星、张、翼、轸七宿。中国古代还把二十八宿以外的星区划分为三垣:紫微垣、太微垣和天市垣。垣就是墙的意思,就是以墙围起的星区。紫微垣包括北天极附近的星区,太微垣大致包括室女星座、后发星座和狮子星座,天市垣包括蛇夫、武仙、巨蛇、天鹰等星座,如图 1-14 所示。中国古代还给明亮的恒星起了专门的名字。例如,根据恒星所在的天区命名

的天关星、北河二等;根据神话故事的情节命名的牛郎星、织女星等;根据中国二十八宿命名的角宿一、心宿二等。

在异常天象的观测记录方面,中国古代人们作出了极大的贡献。中国古代天文学家对异常天文现象做了很多记录。例如,《汉书·五行志》记录了公元前28年3月的太阳黑子现象。《汉书·天文志》还记录了公元前32年10月24日的极光现象和公元134年的一颗新星。马王堆出土的29幅彗星图(如图1-15所示),表明了当时对彗星的观测已经非常细致,它不但注意到了彗头、彗核和彗尾,而且还知道彗头和彗尾有不同的类型。

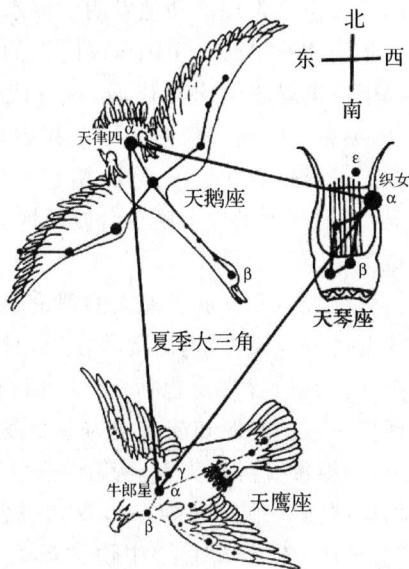

图1-14　古代星座图

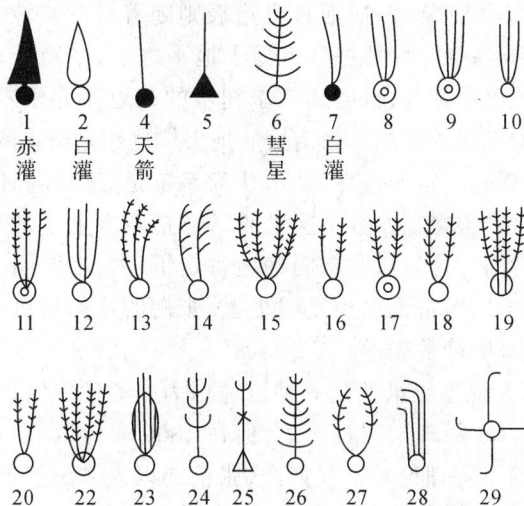

图1-15　马王堆出土的彗星图

中国古代非常活跃的天文观测活动造就和培养了一大批的天文学家,产生了宇宙结构的初步理论,同时也发明了独具特色的观测仪器。张

13

衡的浑天说宇宙理论和他发明的漏水浑天仪就是一个典型的代表。

张衡(78—139),中国东汉时期的科学家。张衡是中国天文学史上浑天说宇宙论思想的杰出代表,对古代天文学的发展作出了卓越的贡献。所著《灵宪》和《浑天仪图注》,是我国古代天文学的重要代表作。他创制了世界上第一台水运浑象仪,用它可使人们不分昼夜地了解当时的天象情况,又创制了世界上第一台候风地动仪,可以用它准确地测定出地震的方位。

张衡继承和发展了前人的理论成果,提出了浑天说宇宙论。他在《浑天仪图注》和《灵宪》这两部著作里,对浑天宇宙论思想进行了全面而系统的阐述。其内容主要包括三个方面:首先,关于宇宙起源和演变的思想。张衡把宇宙的起源和演变视为一个发展的过程,并把这个过程分为三个阶段,即溟涬、庞鸿、太玄。其次,关于宇宙结构模型的思想。张衡的宇宙结构模型把天地比喻为一个鸡蛋,视天体为浑圆如弹丸,所以称为"浑天"。他在《浑天仪图注》中说:"浑天如鸡子。天体圆如弹丸,地如鸡子黄,孤居于内,天大而地小,天表里有水,天之包地,犹壳之裹黄。天地各乘气而立,载水而浮。"这是说天地就好像是一个鸡蛋,地是里面的蛋黄,天是外面的蛋壳,天包着地,就如蛋壳包着蛋黄一样。张衡认为,天体像一个圆球一样不停地旋转着,而日月星辰则随着天的旋转一起运动。天绕着地每天旋转一周,所以总是半见于地平之上,半隐于地平之下。另外,张衡把大地比作蛋黄,也已经有了初步的视地体为球体的地圆思想。最后,关于宇宙无限的思想。张衡虽然把天体比作是鸡蛋的蛋壳,但并不认为这个蛋壳就是宇宙的边界,并不认为宇宙是有限的。他在《灵宪》中说:"宇之表无极,宙之端无穷。"这里的"宇"指四方上下,即空间;"宙"指古往今来,即时间。这句话非常明确地肯定了宇宙在空间上和时间上都是无限的。在中国宇宙论思想发展史上,张衡的这句话可以说是关于宇宙无限思想的最明确的表述。

张衡的浑天说思想虽然是一种以地球为中心的宇宙理论,不能与近代天文学"日心说"的理论同日而语,但在1800多年以前,它却是当时最先进、最科学的宇宙理论。不仅如此,张衡还以这一思想理论为基础,得到了一些新的天文研究成果。例如,他认识到行星运动的快慢与它们距离地球的远近有关;他还正确地解释了月食的成因,指出月光是日光的反照,月食是由于月球进入地影而产生的,等等。这一切都极大地丰富了古代天文学知识的宝库。

张衡还根据他的浑天说理论制作了漏水浑天仪，奠定了我国天文学仪器的制造学基础。图 1-16 所示的漏水转浑天仪的主体是一个球体模型代表天球。球里面有一根铁轴贯穿球心，轴的方向就是天球的方向，也是地球自转轴的方向。图 1-17 给出了比较详细的图解。如图所示，轴和球有两个交点，一个是北极（北天极），一个是南极（南天极）。北极高出地平面成 36 度角，这正是当时东汉首都洛阳的地理纬度。在球的外表面上刻有二十八星宿和其他恒星。在球面上还有地平圈和子午圈，天球半露在地平圈之上，半隐在地平圈之上。

图 1-16　漏水浑天仪还原图

另外还有黄道圈和赤道圈，互成 24 度的交角。在赤道和黄道上，各列有二十四节气，并从冬至点起，刻分成三百六十五又四分之一度，每度又分四格，太阳每天在黄道上移动一度。为了让浑天仪能自己转动，张衡采用齿轮系统把浑象和记时用的漏壶联系起来，用漏壶滴出来的水的力量带动齿轮，齿轮带动浑象绕轴旋转，一天一周，与天球同步转动。这样，就可以准确地把天象的变化表示出来。人在屋子里看着仪器，就可以知道某星正从东方升起，某星已到中天，某星就要从西方落下。

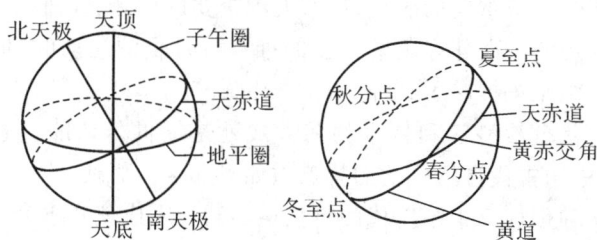

图 1-17　浑天仪上各个圆的图像

漏水转浑天仪是有明确历史记载的世界上第一架用水力发动的天文仪器。在浑天仪中应用到的齿轮机构和凸轮机构十分复杂，这中间的转动如果不使用逐渐减速的齿轮系统，很难做到。远在 1800 多年前的时候，中国古人就可以造出这样复杂的仪器是很值得自豪的。可惜的是，这

15

套复杂的传动系统因为年代久远没有能够流传下来。

　　郭守敬(1231—1316),元代邢台人,是中国古代天文学的一个杰出代表。郭守敬制作了圭表和浑仪。圭表是古代测量日影长度的天文仪器,它一般有圭和表两个部分组成。图1-18所示的是河南的观星台,它同时也是一个石圭。在圭表制作上,他创造性地运用了高表和景符,使得测量精度大为提高。在浑仪制作上,他发明了简仪。他改变过去旋环过多,不利于观测的状况,把浑仪分解为两个独立的装置,赤道

图 1-18　位于河南登封的元代观星台和石圭

装置和地平装置。并且在窥孔上加线,提高了观测精度。而且,他还制作了观测太阳用的仰仪、自动报时用的七宝灯漏等仪器。清朝初年,西方的传教士汤若望来到中国,看到郭守敬创造的天文仪器,表示非常敬佩,尊称郭守敬为"中国的第谷"。第谷是 16 世纪欧洲著名的天文学家,也制造了许多天文学仪器并进行了大量而详实的天文观测。

　　郭守敬不仅是一位杰出的仪器制造专家,还是著名的天文观测家,他所参与创制的《授时历》是我国中古时期历法的最佳典范。该历定的回归年长度为 365.2425 日(与今天世界通用的格里高利历即公历一样),和地球公转周期只差 26 秒,并正确地认识到回归年长度古大今小。《授时历》对旧历法作了七项重要的改正,还有五项重要的创新,因而成为我国古代最好的一部历法。而郭守敬所首创的推算日月星的运动的"创法五事",则将天象预测工程推向了高峰。

　　中国古代自然科学和技术的伟大成就是举世公认的。通过前面介绍,可以对中国古代自然科学的特点做如下几点的概括。

　　首先是独创性。中国古代的自然科学和技术成就几乎全是中国人自己独立发展出来和发明创造的。中国古代不论在物理、天文学、医学等方面、还是在冶金、机械、水利工程、纺织、造船等各个领域中,属于中国首创之项,其量之多,水平之高,乃是世界上任何一个国家或民族所不及的。这一点充分体现了中国人民的聪明才智和创造精神。正是这种独创性成就的长期发展、历代继承,才形成了具有中国特色的自然科学和技术体系。

　　其次是实用性。中国古代自然科学和技术服务于生产和巩固统治的

需要,具有很强的实用性。例如,中国古代天文学成就突出,其原因在于王朝一统天下的统治以"授命于天"为根据;历法的编制是为了"授农以时";古代医药学以为"君亲除疾",为民除厄为目的,保障人们身体健康,从而保证了农业有充足的劳动力;又如,沈括继《墨经》之后对光的成像的研究,目的就是为了解释和改进铜镜工艺上的问题,而李时珍的《本草纲目》等科学著作无一不是强调应用。中国自然科学和技术的这一特色,既是优点,在一定条件下,又变成了忽视理论的缺点。

最后是经验性。中国古代自然科学和技术著作大多是对生产经验的直接记载或对现象的直观描述,具有较强的经验性。我国古代的许多自然科学工作者通常满足于对经验现象的个别的、片断的、零星的、就事论事的解释,不谋求全面、系统、深入的解释。对科学的认识,长期停留在靠个人经验、直观的知识上,不能自觉地应用技术手段寻根究底。

1.2 古希腊自然科学

现代科学各个学科的基本问题,其源头几乎都可以追溯到古希腊,但古希腊留给现代科学的遗产,让任何其他民族都难以望其项背的科学成就,并不只是这些,更重要的是它所创立的科学基本思想和方法。比如,泰勒斯的自然主义世界观,德谟克利特的还原论,阿基米德的数理方法,欧几里得和亚里士多德的形式逻辑体系等等。

如果我们把科学精神分为探索、怀疑、理性和实证四个方面的话,那么古希腊自然哲学家们已把探索、怀疑和理性精神发挥到了极致,创造了古代文明的奇迹。只是他们在实证方面仍有欠缺而已。所以一旦文艺复兴时期的巨人们把实验方法注入其中,现代科学便诞生了。本节通过有限的篇幅简要介绍对古希腊自然科学方面作出重要贡献和影响深刻的自然哲学家以及他们的主要成就和思想。

1.2.1 希腊古典时代的自然科学

科学成为一种独立的精神活动,最早起源于古希腊。希腊古代自然科学的一个最大特点就是自然科学知识与哲学思想交织在一起。正是这个特点,有利于自然科学形成自己的理论体系,从而成为一门独立的科学;同时它作为哲学基础也有利于哲学思想的发展,大大丰富了哲学思想。在希腊早期的自然科学发展过程中,出现了一些典型代表人物和观点,下面对其作简要介绍。

自然哲学家泰勒斯(Thales,前 624—前 547),西方自然科学的开拓者和奠基者,被誉为"科学之祖"。泰勒斯生于地中海东岸爱奥尼亚地区的希腊殖民城邦米利都的一个奴隶主贵族家庭,家庭政治地位显贵,经济生活富足。但是,泰勒斯对这些均不屑一顾,而是倾注全部精力从事哲学与科学的钻研。在年轻时,他四处游学,到过金字塔之国,在那里学会了天文观测、几何测量。他也到过两河流域的巴比伦,饱学了东方璀璨的文化。回到家乡米利都后,创立了米利都学派,后成为古希腊著名的七大学派之首。

西方古代自然哲学的一个核心的问题就是如何回答世界本原问题,各个学派的自然哲学家提出不同的见解。泰勒斯认为水是万物的始基,一切生于水还于水,大地漂浮在水上,图 1-19 很好地说明了泰勒斯的世界本原。这种认识是一种高度的抽象,创立了用自然本身的物质去说明自然的唯物主义世界观。具体地说,他认识到万物的本源是物质性的,不同于人类的精神活动,自然界本身是可以说明和解释自然界的。泰勒斯这种用水的无定形和流动性来描绘自然界的生成和变化,超越经验的抽象思维和综合思考方式开创了人类的科学分析和哲学概况认识世界的新纪元。

图 1-19　泰勒斯的世界本原抽象图

阿纳克西曼德(Anaximander,前 611—前 546)沿着导师泰勒斯开辟的道路提出世界本原是一种抽象的无限,只有无限才能永恒存在,无限在运动中产生矛盾,如冷与热、干旱与潮湿等,这就把世界万物统一到一个相同的概念之中,比泰勒斯把许多不同事物抽象到一个具体概念中有了很大进步。其观点无疑比他的老师具有更加的合理性,而且也有一定的自恰性。阿纳克西曼德的学生阿纳克西美尼(公元前 6 世纪中期前后)则认为世界的本原是空气,它的膨胀和收缩产生了世界万物。一切都在永恒的空气中发生和转变,其中也包括神灵。这三位早期哲学家均活动在爱奥尼亚地区的米利都,如图 1-20 所示,且保持着师承关系,因而被称作米利都学派或者爱奥尼亚学派。公元前 5 世纪初,波斯毁灭米利都后,米利都学派也随之消失,但这一学派的历史功绩不可磨灭。泰勒斯等人力求从自然本身去解释自然现象根本原因的做法开创了一种与神话和宗教根本不同的思维方式,这就为科学的发生与发展创造了先决条件。

图 1-20　古希腊区域图

古代希腊自然哲学最有价值的成就是德谟克利特(Democritos,约前460—约前 370),他集前人之大成,提出了著名的原子论,马克思、恩格斯称他为"经验的自然科学家和希腊人中第一个百科全书式的学者"(《马克思恩格斯全集》第 3 卷,第 146 页)。列宁还把唯物主义发展路线称为"德谟克利特路线"。

德谟克利特的思想主要归纳为三部分。首先,他在世界本原的认识上,认为万物的本原是原子和虚空,他认为世界是由实在的原子和虚空所组成,灵魂由光滑精细、运动极快的、圆形的原子结合而成,因而也是一种物体。他坚持和发展了泰勒斯的唯物观,是早期的唯物主义的典型代表。其次,他认为组成万物的原子都是最小的、不可分割的、不可改变的物质粒子,就是说原子是组成万物的最小单位、基本单位。而且,他对原子的特点做了进一步的描述,认为各种原子在本质上是相同的,它们的区别在于形状、次序和位置,正是这种差异形成了千差万别的各种事物。最后,他还对物质在世界中的运动过程进行了解释,他认为原子在虚空中必然向四面八方相冲击和碰撞,形成漩涡运动,使得原子之间相互结合或者分离。它们之间的结合和分离导致了万物的生成和消失。

德谟克利特的原子论是当时人们在世界本原和物质结构问题上达到的最高成就,标志着古代自然哲学在认识自然方面所取得的丰硕成果。虽然,它有一定的缺陷,只是建立在直观经验的基础之上,但是它的思想和方法对后来科学思想的发展有着极大的启发和影响。

亚里士多德(Aristotelēs,前 384—前 322)是古希腊对近代自然科学影响最大的古代学者。他出生于希腊北部的斯塔吉亚,幼年时父母双亡,由亲戚抚养成人。他跟随当时的大哲学家柏拉图学习,受到了良好的教育。亚里士多德全部作品的数目大得惊人,有 47 部留存下来,古代书名册上记录表明他写的书不少于 170 本。但是令人吃惊的不仅在于他的作品数量,而且在于他知识的博大精深。实际上他的科学著作构成了他所在时代的一部科

图 1-21 亚里士多德

学知识百科全书。其中包括天文学、动物学、地理学、地质学、物理学、解剖学、生理学,几乎古希腊人所掌握的任何其他学科都无所不有。他的科学著作一部分是对其他人已经获得的知识的汇编,一部分是他雇用助手为他收集资料所获的创造成果,一部分是他自己通过大量的观察而获得的成果。他总结了前人的成果,在各个领域创造性地提出了自己的理论。在物理学方面主要有著作《物理学》、《论产生和消灭》、《天论》和《天象学》

等,在生物学方面有《动物的历史》和《论动物的结构》等等,他还在逻辑学、伦理学,甚至是文学等方面均有突出的成就,因此他确实是一位百科全书式的学者。在自然哲学方面,主要思想体现在四元素说、地球中心说和运动观。

在世界本原认识上,亚里士多德认为地上世界的物质是有冷、热、干和湿四种性质结合而形成的四种元素:火、气、水和土组成的,提出了著名的四元素说,其中最主要的观点是物质的性质的改变就能改变物质本身,因此它为后来的炼金术提供了哲学基础。同时,亚里士多德认为宇宙空间的组成与地上世界是不一样的,他认为宇宙空间充满了一种神圣的,甚至可以说是神秘的物质"以太"。这个概念后来在物理学发展过程中起到重大的作用。

亚里士多德的另外两个众所周知的观点就是地球中心说和运动观。他认为,一切天体分别以不同的半径围绕地球做圆周运动,地球处于宇宙的中心。该学说由于符合基督教会的观点,被教会所利用,并在漫长的欧洲中世纪占了绝对统治地位。因此,该学说虽然在当时提出来时候有一定的合理性,但是后来却成为科学发展的极大阻力。对于运动观,亚里士多德认为"凡运动着的事物必然都有推动者在推着它运动",但一个推一个不能无限地追溯上去,因而"必然存在第一推动者",即存在超自然的神力,这种运动观对后世影响很大。这里的运动是指一般意义下的运动,也包括力学运动在内。人们对伽利略的比萨斜塔实验可能已经相当熟悉了,该实验就是为了反驳亚里士多德的一个运动观:越重的物体下落越快。当然,他的很多运动观是被证明是正确的。他的可贵之处在于对经验事实进行了理论概括,使之上升到概念系统,为人们提供了一种极为重要的理性科学研究方法。

公元前 343 年,亚里士多德应聘当上 13 岁的马其顿王子亚历山大的家庭教师。这期间,他为王子编写过《王制》和《拓殖》两篇论文,并收集了有关各城邦政制的大量资料。不久,马其顿征服了希腊,亚历山大继位,亚里士多德便返回故乡。公元前 335 年,他又来到希腊,并在郊外创办了吕克昂学园。在这里,除授课外,他致力于著书立说,公元前 322 年,因病去世。

亚里士多德不但是一个百科全书式的学者,同时也是一个很有影响的教育家。在教育上,亚里士多德根据他的灵魂论把教育划分为三个组成部分:体育、德育、智育。其中体育是基础,智育是最终的目的。亚里士多德不仅最早明确地提出了体育、德育和智育的划分,而且也是最早根据儿童身心发展的特点提出按年龄划分教育阶段的主张。

1.2.2 希腊化时代和罗马时代的自然科学

科学从自然哲学分化出来大约在公元前 4 世纪到前 2 世纪中叶这段 300 多年里。这一时期又称为"希腊化时代"它是古希腊科学发展的顶峰。它的特点是科学脱离了直觉和思辨,沿着实践这条道路朝着专门化的方向发展起来。其中最为典型的代表的就是阿基米德的力学。它是物理学经历从猜测到实验、定性到定量发展的见证,是古代希腊实验定量研究的杰出代表。

阿基米德(Archimedes,前 287—前 212)出生于西西里岛的叙拉古。青年时代,他来到当时的世界学术中心亚历山大城,就读于欧几里得的弟子柯农门下。他在物理学方面的贡献主要集中在力学方面,出版了著作《论浮体》、《论平板的平衡》和《论杠杆》等。他建立了杠杆原理,该原理解释了为什么人可以用一根绳子抬起很大的石头。对此,阿基米德有句名言:"给我一个支点,我可以撬动地球。"如图 1-22 所示。有人认为阿基米德很狂妄,其实,根据力学中的杠杆原理,在原则

图 1-22　阿基米德讲解杠杆原理

上只要给定了力的大小,就可以移动了任何重量的物体。据说,国王希龙对此话生疑,阿基米德请他到一个港口看了一次演示。他在那里安装了一组动滑轮,然后叫人把绳子的一端系在港口里的一条满载货物的船上,自己则很悠闲地坐在一张椅子上很轻松地用一只手将大船拖到了岸边。国王顿时为之折服。

阿基米德还发现了浮体定律,提出了相对密度的概念。关于浮力定律的传说人们可能很熟悉了。据说有一次,国王希龙请人用纯金打了一顶王冠,王冠做好之后国王觉得不太像纯金,可是又没办法证实,因此他请阿基米德帮忙鉴定一下,要求既不能破坏王冠又能鉴定出结果。阿基米德接了这个任务以后一直在思考,希望能找到一个好的鉴定方法。有一天,他正在苦思冥想的时候,仆人请他去洗澡,由于仆人把水放得太满

了,当他坐进浴盆时有许多水溢出来。他心不在焉地看着溢出的水,突然豁然开朗起来,他意识到溢出的水正好等于他浸入水的体积,如果他把王冠整个浸入水中就可以得到它的体积,然后与同质量的纯金的体积相比较就可以辨别该王冠是否由纯金打造的。阿基米德想到这里的时候十分激动,他一下子就从浴盆里跳了出来,光着身子就跑了出去,边跑边喊:"尤里卡,尤里卡(希腊语发现了的意思)。"为了纪念这个事件,现代最著名的发明博览会就以"尤里卡"命名。尤里卡世界发明博览会每年开一次,至今已经有55届。他根据这一次的浴盆事件进一步总结出浮力原理:浸在液体中的物体所受到的向上的浮力大小等于物体所排开的液体的重量,定量地给出了浮力的大小和方向,是流体静力学的基本原理。

　　阿基米德还在机械工程方面有重大的发现。在亚历山大求学时期,他曾发明了一种螺旋提水器,到现在仍然被称为阿基米德螺旋,而且到了20世纪,现在的埃及还有人在使用这种器械。他还曾经制作了一个利用水力作动力的天象仪,它可以模拟天体的运动,演示日食和月食现象。

　　阿基米德研究力学的方法是,首先通过实验和观察得出结论,然后运用演绎的方法,做出数学的严密论证,把实验的经验研究方法和几何学的演绎推理方法联系在一起,使得他的力学成为古代希腊自然科学的一种典型。这大概和青年时期受到的严格的数学训练有关。

　　公元前2世纪中叶到公元3世纪的大约400多年里,科学史上称为罗马时期。这个时期把科学推向实用方面有较大的发展。这个时期在自然科学方面的典型代表就是托勒密和普林尼。

　　托勒密(Claudius Ptolemaeus,约90—168),生于埃及。托勒密是古希腊最杰出的天文学家。他统一说明了天体的运动现象,把前人的全部"地心"思想系统化,并巧妙地利用几何模型方法,建立了一个比较完整的地心体系,使得古代天文学发展到了高峰。托勒密系统总结了希腊天文学的优秀成果,写出了流传千古的著作《天文学的伟大的数学表述》,又名《至大论》。

　　在这部长达13卷的巨著中,托勒密既采用了阿波隆尼的本轮和均轮体系,也采用

图1-23　托勒密

了喜帕恰斯的偏心圆,集前人之大成,并形成了以他的名字命名的球壳宇

宙观,即托勒密地心学说,其模型如图1-24所示。他指出:日、月、五大行星都在绕地球的偏心圆轨道上运转,并且各有其轨道层次。离地球最近的第一圈轨道上是月亮,叫做月亮天。第二圈轨道上是水星,叫做水星天。第三圈轨道上是金星,叫做金星天。第四、第五、第六、第七圈轨道上依次是太阳、火星、木星、土星,并分别叫做太阳天、火星天、木星天、土星天。这七个

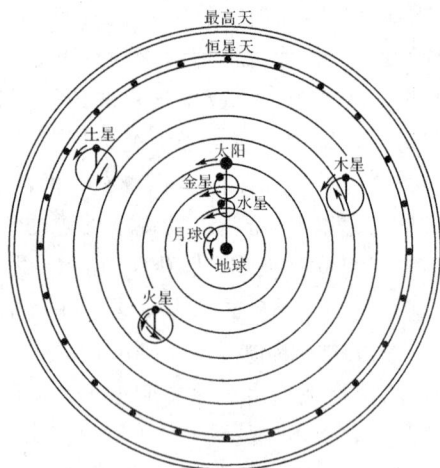

图1-24 托勒密的地心体系简图

轨道圈中,太阳和月亮是直接绕地球运转的。而水、金、火、木、土五大行星则都有其本轮轨道,这五个本轮的中心又按各自的轨道绕地球运转,本轮中心的轨道就是均轮。

在托勒密的设计中,土星天以外,第八层是所谓恒星天,满天恒星都嵌在它上面。再往外,还有三个天层,即晶莹天、最高天和净火天。托勒密假定这些天层是诸神的居住处。这样,便得到一个在他看来是完美无缺的宇宙体系了。托勒密得意地说:"如果要考虑在天体运动中所观察到的不规则性,而这些不规则性却能以正常的圆周运动来加以解释时,就不会奇怪我们所引用的许多圆圈了。"由于亚里士多德和托勒密的声望,加上这种理论迎合了后来罗马教廷的宗教思想,地心说整整统治欧洲达1000多年之久。

托勒密的工作基本上是对前人工作的一种综合。但是,更加重要的是,他形成了一种研究天文学的方法。这套方法是,首先,注重天象观测,取得数据。其次,在数据基础上,建立模型假设。然后,他运用几何学论证。他主张天文学应该建立在算术和几何的无可争辩的方法之上。最后,检验理论结果。在托勒密的研究方法中,最为突出的是几何图像和定量分析,它成为古代希腊天文学的主要特色。

托勒密对光学研究也作出了很大的贡献。关于托勒密之前的希腊光学,令人所能了解的情况非常之少,因为文献缺乏。有一种欧几里得的著作,讨论所谓"纯光学",其中只有一些从日常现象中简化而得的粗略的公

设,以及若干从公设中导出的基本几何定律。在反射光学方面,留下了希罗(约公元 60 年)一种著作的错谬百出的拉丁译本。与上述情况相比而言,传世的托勒密《光学》一书,要算一部结构完整的巨著了。和《至大论》的情形相仿,托勒密在光学方面也完全当得起古希腊传统的压轴大师。

《光学》第一卷已经佚失,但其内容仍可由余下几卷及旁的材料推知,这一卷是讨论视觉的。托勒密和不少古代学者一样,相信有一种"视流"从人眼中发出,并呈锥状散射而及于物体,这种锥状流束被称为"视线"。第二卷接着讨论光和颜色在视觉中的作用。

《光学》第三、四两卷专门研究反射光学理论,这是此书中非常有价值的部分。首先,托勒密确认了三条定理:其一,镜中物体之像成于人眼与镜面反射点连线的延长线上某一点处;其二,镜中物体之像成于物体与镜面垂直线的延长线上某一点处;其三,视线的入射角与反射角相等。由上述三条,镜中成像的位置和形状自然就可唯一确定。接下去,托勒密又对上述三条反射光学定理加以发展,讨论了许多非平面镜的反射规律,其中包括球凸镜、球凹镜等,甚至还有一些他所谓的"组合镜",如柱面镜之类。

《光学》第五卷是全书最有价值的部分。托勒密在这一卷中讨论折射理论。他先描述了水使容器底部的物体看起来像被抬高了的实验,以说明光线从空气进入水这一不同媒质时,在两媒质边界处有折射发生。接着,托勒密详细说明一个测定折射规律的定量实验,如图 1-25 所示,在一个铜盘上以两条直径垂直中分成 4 个象限,铜盘圆心处有一小杆可如钟面时针那样转动;将铜盘置于注水的缸中,盘面与水平面垂直,且使水正好浸没盘的一半。这样,设在露于空气中的上半铜盘缘某处,比如图中的 ε 处,作一标记,人

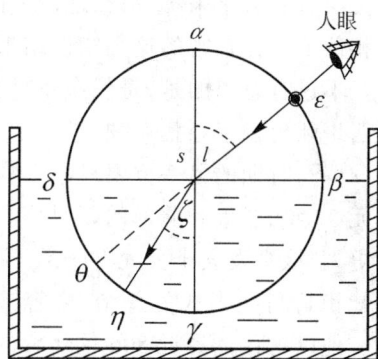

图 1-25　托勒密测定光线折射规律的实验

眼从 ε 处望铜盘圆心,再转动处在水中的小杆,使之看起来与 ε 及圆心在同一直线上,则小杆此时与铜盘边缘相交于 η 点,只要不断改变 ε 点的位置,则 η 点的位置也必随之改变,于是可以记下一系列入射角 l 与折射角 ζ 之值,从中看到两者的变化规律。托勒密记录了一系列的数据,数

据表明,对于给定的两种媒质而言,在其分界面上发生的折射,其入射角的正弦与折射角的正弦之比为常数,也就是图中:$\dfrac{\sin l}{\sin \zeta} =$ 常数。因此,有人认为他有可能比斯聂耳早约 1500 年就发现了折射定律。但事实上托勒密的上述数据与折射定律只是近似而已,并未很好地吻合,所以他其实距斯聂耳的定律尚远。

在《光学》第五卷中,托勒密还研究了光线在空气与玻璃交界面上的折射,他发现玻璃对空气的折射率比水对空的折射率大,这是正确的。在这一卷中,托勒密又论及与天文观测有关的折射,以及折射量与媒质密度的关系、折射的成像等问题。不过托勒密最终未能将他所讨论的折射规律表示为数学公式。

托勒密还写过一本《地理学入门》。在这本书里,他记载了罗马军队征服世界各地的情况,还依照这些情况画出了更加新的世界地图。这本书显示托勒密已经知道了马来半岛和中国。他同时也计算了地球的半径,但是他的计算结果比准确数值小了很多。对古代人来说这个数据并不显得很大,其实当时埃拉托色尼已经计算出比较准确的数值了,但是如果按照这个数字来算,那么地球上的大部分面积将都是海洋,这太令人难以相信了。托勒密的这个错误结果随着他的权威的确立,流传了 1000 多年。不过有意思的是,哥伦布正是相信了这个比较小的数值,他才有勇气从西班牙出发去寻找亚洲,进行了一次伟大的航行,结果发现了新大陆。

罗马时期的另一重要科学人物是博物学家普林尼(Pliny),他出生于公元 23 年,意大利北部的新科莫。普林尼的最重要的著作是 37 卷的《自然史》。该书发表于公元 77 年,不久他就去世了。这部巨著是对古代自然知识百科全书式的总结,内容涉及天文、地理、动物、植物和医学等科目。他以古代世界近 500 位作者的 2000 本著作为基础,分 34707 个条目汇编了自然知识,内容范围极其广泛。但是,他在复述前人的观点时虽然忠实,但是缺乏批判精神,各种观点不论正确与否一概得到反映。特别是谈到动物和人类时,许多神话鬼怪故事夹杂其中,像美人鱼、独角兽等传说中的动物也被他当作真实的东西与其他生物并列。但是,《自然史》对第二手材料的忠实为后人研究古人的自然知识提供了珍贵的依据,特别是在他所参照的绝大多数的原著已经失传的情况下。

普林尼的基本哲学观点是人类中心论。这个观点贯穿在他的《自然史》中,得到了日益兴盛起来的基督教的认同,从而大大有助于他的著作的流传。无论如何,该著作出于一位对大自然充满好奇心的人,它诱使人们对大自然保持新奇感。这种对大自然的好奇和关注,使自然科学得以发展的内在动力。

本章简要叙述了中国古代和西方古代的自然科学发展概况。通过这些简要叙述,我们知道古代中西方自然科学研究方法是有明显不同的。

我国古代自然观讨论的是世界的本原问题和对运动规律的思辩解说,主要是各家的主观臆测。对事物的认识是从整体角度考虑的,注重的是辩证统一,即整体论。整体论的主要特征在于主张"主客不分"、"天人合一"、"天人感应"。中国古人在研究任何具体事物时,总是居高临下,俯视鸟瞰,把它放到一个包容着它的更大的环境系统之中;对问题的讨论也只局限于对已有知识和经验的综合、归纳,泛泛而谈、不作深究。

西方科学家在研究一个具体事物或事物的某一局部时,总要把它从错综复杂的整体中分离出来,独立地考察它的实体和属性。如果说整体论采用的是综合法,那么"原子论"用的就是分析法。而近代科学总体采用的研究方法就是分析法或分解法。比如研究对象从单个物质进入到单个分子,从单个分子又进入到单个原子,从单个原子又进入到原子核,从原子核又到基本粒子(质子、中子、电子),现在人们已经认识到夸克层子水平上了。认识层次的逐渐分化是近代科学的一大特点,而这个思想最初来源于古希腊的原子论,没有原子论也就没有今天的各种学科。因此,可以说思维方式的差异造成了中西方自然科学的差异。

【附录】 柏拉图的自然哲学观

柏拉图认为任何一种哲学要能具有普遍性,必须包括一个关于自然和宇宙的学说在内。柏拉图试图掌握有关个人和大自然永恒不变的真理,因此发展一种适合并从属于他的政治见解和神学见解的自然哲学。柏拉图认为,自然界中有形的东西是流动的,但是构成这些有形物质的"形式"或"理念"却是永恒不变的。柏拉图指出,当我们说到"马"时,我们没有指任何一匹马,而是称任何一种马。而"马"的含义本身独立于各种马("有形的"),它不存在于空间和时间中,因此是永恒的。但是某一匹特定的、有形的、存在于感官世界的马,却是"流动"的,会死亡,会腐烂。这可以作为柏拉图的"理念论"的一个初步的解说。

柏拉图认为,我们对那些变换的、流动的事物不可能有真正的认识,我们对它们只有意见或看法,我们唯一能够真正了解的,只有那些我们能够运用我们的理智来了解的"形式"或者"理念"。因此柏拉图认为,知识是固定的和肯定的,不可能有错误的知识。但是意见是有可能错误的。

在柏拉图的《理想国》(*The Republic*)中,有这么一个著名的洞穴比喻来解释理念论:有一群囚犯在一个洞穴中,他们手脚都被捆绑,身体也无法转动,只能背对着洞口。他们面前有一堵白墙,他们身后燃烧着一堆火。在那面白墙上他们看到了自己以及身后到火堆之间事物的影子,由于他们看不到任何其他东西,这群囚犯会以为影子就是真实的东西。最后,一个人挣脱了枷锁,并且摸索出了洞口。他第一次看到了真实的事物。他返回洞穴并试图向其他人解释,那些影子其实只是虚幻的事物,并向他们指明光明的道路。但是对于那些囚犯来说,那个人似乎比他逃出去之前更加愚蠢,并向他宣称,除了墙上的影子之外,世界上没有其他东西了。

柏拉图利用这个故事来告诉我们,"形式"其实就是那阳光照耀下的实物,而我们的感官世界所能感受到的不过是那白墙上的影子而已。我们的大自然比起鲜明的理性世界来说,是黑暗而单调的。不懂哲学的人能看到的只是那些影子,而哲学家则在真理的阳光下看到外部事物。

柏拉图企图使天文学成为数学的一个部门。他认为:"天文学和几何学一样,可以靠提出问题和解决问题来研究,而不去管天上的星界。"柏拉图认为宇宙开头是没有区别的一片混沌。这片混沌的开辟是一个超自然的神的活动的结果。依照柏拉图的说法,宇宙由混沌变得秩序井然,其最重要的特征就是造物主为世界制定了一个理性方案;关于这个方案付诸实施的机械过程,则是一种想当然的自然事件。

柏拉图的宇宙观基本上是一种数学的宇宙观。他设想宇宙开头有两种直角三角形,一种是正方形的一半,另一种是等边三角形的一半。从这些三角形就合理地产生出四种正多面体,这就组成四种元素的微粒。火微粒是正四面体,气微粒是正八面体,水微粒是正二十面体,土微粒是立方体。第五种正多面体是由正五边形形成的十二面体,这是组成天上物质的第五种元素,叫做以太。整个宇宙是一个圆球,因为圆球是对称和完善的,球面上的任何一点都是一样。宇宙也是活的,运动的,有一个灵魂充溢全部空间。宇宙的运动是一种环行运动,因为圆周运动是最完善的,不需要手或脚来推动。四大元素中每一种元素在宇宙内的数量是这样的:火对气的比例等于气对水的比例和水对土的比例。万物都可以用一个数目来定名,这个数目就是表现它们所含元素的比例。

柏拉图与他的学生亚里士多德比起来,在西方得到更多的尊重和注意。因为他的作品是西方文化的奠基文献。

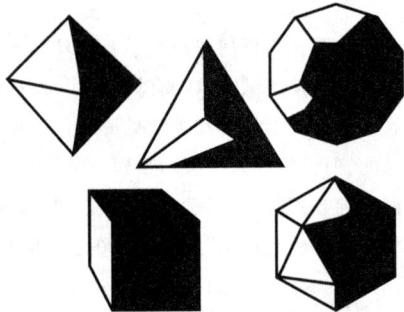

附图 1-1　柏拉图的五种完美立体

在西方哲学的各个学派中,很难找到没有吸收过他的著作的学派。在后世哲学家和基督教教义中,柏拉图的思想保持着巨大的辐射力。有的哲学史家认为,直到近代,西方哲学才逐渐摆脱了柏拉图思想的控制。

(部分摘自网络 http://www.abbs.com.cn/bbs/post)

参考文献

1. 李约瑟.中国古代科学.上海:上海书店出版社,2001.

2. 潘永祥.自然科学发展简史.北京:北京大学出版社,1984.

3. 郑积源.科学技术简史.上海:上海人民出版社,1990.

4. 邹海林,徐建培.科学技术史概论.北京:科学出版社,2004.

5. 王锦光.赵友钦及其光学研究.科技史文集 第 12 辑.上海:上海科学技术出版社,1984.

6. 杜石然,范楚玉等.中国科学技术史稿上册.北京:科学出版社,1982.

7. 王玉仓.科学技术史第二版.北京:中国人民大学出版社,1997.

8. 盛维勇,张明国,王东梅.科学技术哲学教程.北京:中国环境科学出版社,2000.

9. 吴国盛.科学的历程(第二版).北京:北京大学出版社,2002.

10. 沈为国.论自然科学的若干基本问题.福州:海风出版社,1998.

11. 李申.中国古代哲学和自然科学.上海:上海人民出版社,2002.

12. 王鸿生.世界科学技术史.北京:中国人民大学出版社,2003.

第 2 章

经典物理学史概述

2.1 力学概述

力学是人们生活中最经常接触,与人们的关系最为密切,因此古代人们对力学已经进行了广泛的研究,它是物理学中发展的最早的一个分支。虽然,古希腊时代就出现了杠杆原理和阿基米德的浮力原理,而我国古代的春秋战国时期墨家的《墨经》就总结了大量的力学知识,但是 16 世纪以后,由于生产经济的发展,力学研究才得到了真正的发展。以伽利略为代表的物理学家对力学开展了广泛的研究,得到了突出的成果,他为力学的发展奠定了思想基础。随后,牛顿把天体运动和地面上的实验研究成果加以综合,进一步得到了力学的基本规律,建立了牛顿运动三个定律,奠定了力学体系的基础。牛顿力学经过伯努利、拉格朗日、达朗贝尔、哈密顿等人的推广和完善,形成了系统的力学体系,并且得到了广泛的应用。18 世纪,经典力学已经相当成熟,成为自然科学中的主导和领先的学科。

2.1.1 伽利略的运动学研究

伽利略(Galileo Galilei,1564—1642),意大利物理学家和天文学家,科学革命的先驱。历史上他首先在科学实验的基础上融会贯通了数学、物理学和天文学三门知识,扩大、加深并改变了人类对物质运动和宇宙的认识。为了证实和传播哥白尼的日心说,伽利略献出了毕生精力。由此,他晚年受到教会迫害,并被终身监禁。他以系统的实验和观察推翻了以亚里士多德为代表的、纯属思辨的传统的自然观,开创了以实验事实为根据

图 2-1 伽利略

并具有严密逻辑体系的近代科学。因此,他被称为

"近代科学之父"。他的工作为牛顿的理论体系的建立奠定了基础。

通过第一章的介绍,我们知道希腊自然哲学家亚里士多德的学说无疑地起过广泛的影响,然而他关于物理学的论述,许多都是错误的。比如,他把物体的运动分为自然运动和强制运动。他认为圆周是完善的几何图形,圆周运动对于所有星体都是天然的,因而是自然运动。另外,地球上的物体都具有其天然位置,重物趋于向下,轻物趋于向上,如果没有其他物体阻碍,物体力图回到天然位置的运动也是自然运动,其他所有形式的运动则都是强制运动。他还进而指出,关于物体的强制运动,只有在外力的不断作用下才能发生,当外力的作用停止时,运动也立即停止。从今天来看,这显然是错误的,然而它束缚了人们近两千年。

伽利略开创了实验和理性思维相结合的近代物理研究方法,并用于研究物体的运动。他对于亚里士多德关于物体运动的粗糙的日常观察、抽象的猜测玄想和想当然的思辨推理十分不满。他通过科学实验和科学推理得到许多正确的结果,总结在他的著作《关于托勒密和哥白尼两大世界体系的对话》和《关于力学和运动两门新科学的对话》。图 2-2 是英国探索频道关于《关于托勒密和哥白尼两大世界体系的对话》的纪录片里的一个场景。

图 2-2 《两大世界体系对话》场景

伽利略第一次用斜面实验详细地观察和说明物体的惯性,其实验装置如图 2-3 所示。伽利略观察到一个沿着光滑斜面向上滑动的物体,因斜面的斜角不同而受到不同程度的减速,而且斜角越小减速越小。显然,如果物体在无阻力的水平面上滑动,

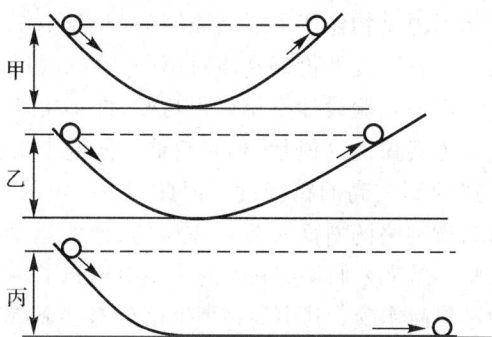

图 2-3 伽利略的理想实验之一

则应保持原来的速度永远滑动。因而他在《关于力学和运动两门新科学的对话》中指出:"一个运动的物体,假如有了某种速度以后,只要没有增加或减小速度的外部原因,便会始终保持这种速度。这个条件只有在水

平的平面上才有可能,因为在斜面的情况下,朝下的斜面提供了加速的起因,而朝上的斜面提供了减速的起因。由此可知,只有在水平面上运动才是不变的"。这样,伽利略便第一次提出了惯性概念,并第一次把外力和"引起加速或减速的外部原因"即运动的改变联系起来,为牛顿力学理论体系的建立奠定了基础。这种新的惯性概念,推翻了一千多年以来亚里士多德学派的物体运动观念。伽利略虽然没有明确地写出惯性原理,可是他明确表明了这是属于物体的本性的客观规律。然而他未能摆脱柏拉图关于行星作圆运动的观点,相信"圆惯性"的存在,因此未能将惯性运动概念推广到一切物体运动上。

伽利略还在斜面上进一步研究了物体的加速运动。为了减少摩擦,他把羊皮纸贴上斜面,使得斜面非常光滑而平直。在这个实验中,光滑的铜球从斜面顶端静止开始滑下,记录它滑到底端所需要的时间。在同样条件下,改变斜面倾斜角的大小,分别测量路程的大小和它滑到一般路程所需要的时间。据说斜面实验重复了整整100次,才获得了铜球的运动路程与所用时间的平方成正比例关系。那么当时是如何来记录时间的呢?为了测量时间,伽利略把一个盛水的大容器置于高处,在容器底部焊上一根口径很细的管子,用小杯子收集每次下降时由细管流出的水,然后用极精密的天平称出水的重量。这些水重之差和比值就给出了时间之差。伽利略把物体速度的大小和方向的改变或加速度的产生归因于力的作用,这是对力的性质的客观认识,也是牛顿第二定律的雏形。斜面实验破除了力是物体产生运动原因的旧概念,而认为力是改变运动状态的原因。牛顿高度评价伽利略对第一、第二两运动定律所做的开创性工作。

斜面实验设计安排得很巧妙,许多年来,人们都确信伽利略就是按照这个方案做的。但是,当人们重复他这个实验时,却发现很难得到如他所描述的那么高的精确度。因此,20世纪的科学史家依雷提出一种见解,认为伽利略的斜面实验是虚构的,他的运动定律来自于逻辑推理和理想实验。后来人们从伽利略的手稿中找到了一些证据,证明了他早年确实考虑过斜面实验。其中的一页手稿画着一个草图,两个小球正沿着不同倾斜度的斜面向下运动,这说明了他确实考虑过斜面实验。后人对他的手稿进行了研究后,倾向于认为他是先有了时间平方关系的假设后,然后再用实验加以验证。也就是说时间平方关系并不是直接从实验当中得到的。

伽利略对运动学的另外一个重要贡献是他对落体运动的研究。关于落体运动的讨论,在伽利略1589年当比萨大学教授之前就已经广泛展开了,并且有人做过实验,得到的是尽人皆知、与生活经验相符合的结论。问题在于没人敢于触犯亚里士多德的教条。对于伽利略的比萨斜塔实验,人们现在是相当熟悉了。比萨斜塔如图 2-4 所示,由著名建筑师皮萨诺主持修建于 1173 年,位于罗马式大教堂后面右侧,是比萨城的标志。比萨斜塔高 100 米左右,完工后塔顶已经偏离垂直线大约 3.5 米。据说,伽利略爬到比萨斜塔的顶端,同时抛下两只重量相差很大的铁球,并观测到两只铁球同时落到地面,验证了自己新提出的落体定律,从而推翻了亚里士多德有关落体速度

图 2-4　比萨斜塔

的权威性结论。但是,对于历史上是否真的进行过"比萨斜塔实验",科学史专家们是有争论的。人们曾经做过许多考证工作,遗憾的是直到今天,还没有得出一致的意见。有人说比萨斜塔实验对亚里士多德的理论是致命一击;也有人说,伽利略是第一个做这类实验的人。然而,伽利略在他的名著《关于两门新科学的对话》中并没有提到比萨斜塔实验。

实际上,真正驳倒亚里士多德落体结论的,是伽利略在自己的《关于两门新科学的对话》著作中所运用的巧妙推论。他设计的这个推论尽管极其简单,却具有无可辩驳的逻辑力量,毫不费力地把亚里士多德的常识性结论置于死地。这个推论简单描述如下:甲和乙两个球,甲球比乙球重,两个球从同一高度自由地往下降落。根据亚里士多德的落体结论,甲球比乙球重,甲球的速度也将比乙球速度快。如果把甲和乙两个球捆在一起,我们称之为丙球。让丙球也从相同的高度自由下落,那么请问,丙球速度将会怎样呢?很明显,按照亚里士多德的落体结论,丙球应该比甲球和乙球都要下落快。但是,按照逻辑推理,甲乙两个球连接在一起后,甲球速度快,会拖着乙球,使得乙球速度变快,另一方面乙球速度慢拉着甲球会使得甲球速度变慢。因此,甲乙两球连接后的下落速度应该是在甲球和乙球的速度之间。所以亚里士多德的落体结论就陷入了一个无法调节的矛盾之中。为了消除这个窘境,唯一的出路就是,确认甲球、乙球、丙球、乃至所有物体的下落速度都完全相等,物体的下落速度,与物体自身的重量没有关系。因此,伽利略得到了物体落体的速度与重量无关的

33

重要结论。

那么,落体运动的速度或者说运动规律到底如何呢?伽利略在他的《关于两门新科学的对话》有过详细的描述。他进一步改进了如图 2-3 所示的斜面实验,提出了一个理想的实验。他把斜面实验中的倾斜角提高到 90 度时,这时斜面运动就转化为自由落体运动,如图 2-5 所示。此时他认为这个时间平方规律还是成立的,因此他得到了落体运动的规律。

另外,伽利略还发现了运动独立性原理和运动的合成、分解定律。在弹道的研究中,伽利略发现水平与垂

图 2-5 伽利略的理想实验之二

直两方向的运动各具有独立性,互不干涉,但通过平行四边形法则又可合成实际的运动径迹。他从垂直于地面的匀加速运动和水平方向的匀速运动,完整地解释了弹道的抛物线性质,这是运动的合成研究的重大收获,并具有实用意义。伽利略用物理学原理为哥白尼地动学说进行辩解时,应用运动独立性原理通俗地说明了石子从桅杆顶上掉落到桅杆脚下而不向船尾偏移的道路。他又进一步以做匀速直线运动的船舱中物体运动规律不变的著名论述,第一次提出惯性参照系的概念。这一原理被爱因斯坦称为伽利略相对性原理,是狭义相对论的先导。

我们回顾伽利略研究运动学的过程,可以得到那些启示呢?首先,我们要认识到伽利略在研究运动学过程中的方法——推理和实验相结合的方法。这给以后的科学研究提供了新的强有力的研究方法,其意义甚至于超过了他的运动学规律的本身。其次,承认伽利略在研究运动学过程中的思辨方法,并不是要否定实验在物理学发展中的地位。实验的设计和实现总是有一定目的的,离不开指导思想。物理学是一门实验科学,只有实验的发展才能导致物理学的不断前进。

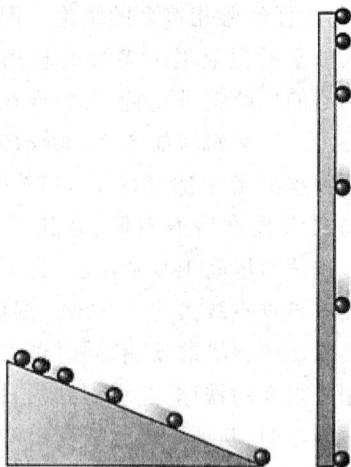

2.1.2 牛顿的力学研究

牛顿(Isaac Newton,1643—1727),英国著名物理学家,数学家和天

文学家。牛顿对物理学作出了划时代的贡献，主要体现在力学，光学等方面，图2-6是牛顿的画像和他涉及到的物理学领域。牛顿于 1642 年 12 月 25 日诞生于英国林肯郡伍尔索普的一个农民家庭。牛顿出世前两个月父亲病故，他自己不足月就降生世界，体重只有三磅。他母亲叹息说："咳，这么一个小不点儿，我简直可以把他塞进一只杯子里去！"大人们担心他很难活下来，出人意料的是这个弱小的生命竟顽强地活下来了。牛顿 12 岁进入金格斯中学上学，那时他喜欢动手制作玩具、风筝、水车之类的东西。由于心灵手巧，肯动脑钻研，他制作的风筝比商店里卖的飞得还要高。他制作的一架精巧的风车，里面还别出心裁地放进一只老鼠，名叫"老鼠开磨坊"。1658 年九月的一天，16 岁的牛顿做了一次科学实验：那天狂风大作，飞沙走石，别人都往家里躲，唯独牛顿在大路上来回奔跑，一会儿顺风前进，一会儿又逆风行走。原来他是在测试顺风和逆风的速度差，想计算出风力的大小。

牛顿少年时代表现出来的好学精神，终于感动了他的母亲和舅舅。1661 年，他们送牛顿到剑桥大学三一学院学习。两年之后，三一学院创办了"卢卡斯自然科学讲座"，内容包括地理、物理。天文和数学。这个讲座的教授是著名的数学家巴罗。牛顿对这些课程十分喜欢，如饥似渴地学习。很快就崭露头角。巴罗教授不愧是一位多才多识的"伯乐"，他看出牛顿才华非凡，就指导他先后钻研了开普勒的《光学》、欧几里得的《几何学原本》等名著。1665 年，牛顿大学毕业，取得学士学位，留校做研究工作。

图 2-6　牛顿和他的科学成就

牛顿的一句名言是："如果我看得更远那是因为站在巨人的肩上。"他这里提到的巨人是指胡克、笛卡儿、伽利略、开普勒和哥白尼等人。也就是说牛顿善于继承前人的成果，这是和他少年时期养成的奋发好学、勤于思考的习惯分不开的。有人问牛顿是怎样发现万有引力定律的，他回答：靠不停地思考。大家对牛顿的苹果故事是很熟悉了，但是千万不要认为牛顿就是因为苹果落到了他头上了，他就发现了万有定律了。如果是这样，那么有那么多苹果和人，怎么偏偏是牛顿发现了万有引力定律呢？下面我们来回顾一下牛顿发现万有引力的过程。

在万有引力定律的发现过程中，开普勒起到了重要的作用。开普勒通过观测提出了他的行星运行三大规律,如图2-7所示,就是开普勒第二定律的示意图。它表明对于太阳系的任何一个行星,它在相等的时间内扫过的面积相等。自从行星运动的正圆轨道被开普勒的观测证实是错误的以后,天文学家开始关注这样的一个问题:为什么行星总是绕太阳做封闭曲线运动,而不是做直线运动脱离太阳呢? 当时,伽利略只认识到力是改变地面上的物体运动的原因,天体运动是例外的。1684年,胡克对当时的

图2-7 开普勒定律示意图

英国皇家学会主席雷恩和天文学家哈雷声称,自己已经发现了天体在与距离平方成反比的力作用下的轨道运行规律,但是他给不出数学证明。雷恩于是决定悬赏征解这个问题。哈雷是牛顿的好朋友,因此为了此事于8月份专程去剑桥,请教牛顿在与距离平方反比的力作用下行星做何运动。牛顿肯定地回答说运动轨道是椭圆,并且说他几年前就已经做过计算,但是一时找不到,并答应在三个月后将计算重新写出。当年11月,牛顿写出了《论运动》手稿,就行星运动轨道与按距离平方反比地作用力地关系做了透彻的数学证明。实际上,从开普勒第三定律和向心力公式就可以很容易得到向心力与半径的平方成反比。牛顿早在伍尔索普时期就得出了这个结论。到了17世纪80年代,胡克、哈恩和哈雷都独立发现了这个关系,但是他们都没能给出严格的数学证明,只有牛顿做到了这点。

然而,即使确认了椭圆轨道与平方反比力之间的这种关系,也并不是等于已经发现了万有引力。我们必须确认它是一种万有的力,是普遍存在的力。首先,人们必须肯定那个支配行星运动的力和地面物体受到的重力是同一种类型的力。牛顿最先意识到了这一点,著名的苹果落地的故事说得就是这段历史了。那个时候他在伍尔索普他母亲的农场里干活。一个炎热的中午,牛顿坐在一棵苹果树下面思考行星运动问题,一个熟透了的苹果在他眼前落下,使他想到了促使苹果落地的重力是不是也是可以促使月亮保持在它的轨道上而不掉下来的力。这个故事出自牛顿的朋友也是第一位传记作者威廉写的牛顿传记,当时就传开了,真假已不可考了。重要的是,牛顿当时确实想到过重力既支配苹果的下落也支配月亮的旋转。1685年,牛顿运用他发现的微积分证明了地球吸引外部物

体时,就像全部的质量都集中在球心一样。这个困难一旦解决,"宇宙的全部奥妙就展现在他的面前了"。在哈雷的鼓励下,牛顿全力投入了一本著作的写作,系统地总结了他关于动力学和引力问题地研究。1687年,牛顿发表了科学史上最伟大的一部著作《自然哲学的数学原理》,该年被称为物理学史上的奇迹年。这部物理学巨著系统地总结了力学的研究成果,提出了牛顿力学三大定律和万有引力定律,标志着经典力学体系的初步建立。这是物理学史上的第一次大综合,它是天文学、数学和力学历史发展的产物,也是牛顿创造性工作的结晶。

《自然哲学的数学原理》共分为三部分。引言部分他定义了极为重要的物理量,如质量,动量等。第一篇运用前面确立的基本定律研究引力问题。讨论了向心力,直线运动的规律等等。第二篇讨论物体在介质中的运动,在这篇的结尾,牛顿批评了当时广泛流行的笛卡儿的宇宙学说,认为行星在漩涡中的运动不可能符合开普勒定律。第三篇讨论宇宙体系,是牛顿力学在天文学中具体应用。同时,他还讲述了他所主张的科学方法论。《原理》的出版使得牛顿名声大振。他开辟了一个全新的体系,是那样的明澈和有条理,使得守旧分子毫无抵抗力。英国著名诗人波普有一首赞美牛顿的诗歌:"大自然和它的规律,隐藏在黑暗之中,上帝说:让牛顿去吧,于是一切便灿然明朗。"

牛顿晚年时位居皇家造币厂厂长,但其数学能力并未衰退。1696年,瑞士数学家伯努利出了两个问题,向欧洲数学家挑战。牛顿知道后,当天晚上就解决了,第二天他匿名寄去了答案。伯努利一眼就看出是牛顿的手笔,叫道:"我一眼就认出了狮子的利爪。"但是,牛顿在晚年却主要致力于神学的研究。而且由于牛顿的神学手稿大多数都

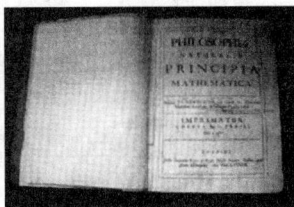

图2-8 《自然哲学的数学原理》书影

在20世纪30年代的一个拍卖会上被一位名叫亚伯拉罕·雅胡达的神秘收藏家买走,这些手稿后来的下落一直不为世人所知,因此后世科学家也根本无从知道牛顿穷极半生之力,到底在手稿上算出了些什么。直到最近,耶路撒冷希伯来民族博物馆的研究人员竟然在馆藏中发现了这些尘封的牛顿手稿。在数千页写得密密麻麻的纸上,让研究人员目瞪口呆的是,这位严谨的科学家在复杂枯燥的算式最后,竟在一张字迹潦草的纸上将世界末日定于2060年! 手稿上,牛顿预言世界末日的到来将伴随着瘟

疫和战争的爆发,并预言圣人到时将再次降临地球,他自己可能也将成为圣人之一。研究人员看到牛顿尝试用自己发现的牛顿定律等复杂的公式破译所谓"圣经密码",并试图计算宇宙的"末日"。

2.1.3　力学的分析化

牛顿三大定律和万有引力定律建立后,天上地下的力学问题在原则上都可以解决了。但是,牛顿理论体系本身还有不完善之处,而且,在应用实践方面出现了越来越多、越来越复杂的力学问题,仅用牛顿定律实际上是无法解决的。为此,18世纪的数学家们创立和发展了分析力学,用先进的数学工具对牛顿力学体系进行了重新表述。分析力学主要表现在三个方面对牛顿力学进行了改进:第一,用更加普遍的原理代替牛顿定律;第二,以能量和功等标量函数代替了力和动量这样的几何矢量;第三,引入了广义坐标,用纯粹的代数方法来表述力学问题。

这里有几个普遍的原理值得我们提出来。第一个值得一提的是虚功原理。1717年,约翰·伯努利提出,对于任何一组力作用下保持平衡的物体系统来说,可以假定它有一个很小的位移,对于这组力中的每个力来说,它们都会有一个很小的假定的虚位移,由于它们是平衡力,那么它们的力和对应的虚位移的乘积之和应该等于零,因为位移和力的乘积是功,因此被称为虚功原理。第二个普遍原理是达朗贝尔原理。达朗贝尔是个私生子,他出生不久就被遗弃在教堂里。1743年,在他26岁的时候,他发表了《论动力学》一书,提出了分析力学中占有重要地位的达朗贝尔定理。虚功原理在处理静力学中取得了重大的成就,但是它不能应用到动力学,而达朗贝尔原理则应用于处理动力学问题。他把作用于物体系统的所有作用力分为内力和外力。内力对于系统而言相互抵消,没有起到作用,而系统外力就可以看成独立的决定质点的运动。他对这个原理进行大量的应用,并且推广到流体运动。对分析力学作出极大贡献的是拉格朗日。他被拿破仑称为数学科学高耸的金字塔,被德皇腓特烈二世称为欧洲最伟大的数学家。他的父亲本来很富有,但是后来搞投机破产了。拉格朗日后来说,要不是我一无所有,我可能就不会搞数学了。在《分析力学》中,拉格朗日提出了著名的拉格朗日方程。由虚功原理和达朗贝尔原理,可以得到所谓的力学普遍方程。在这个基础上,他引入了广义坐标和广义速度、广义力,将力学普遍方程改造为拉格朗日方程。这个方程相当于牛顿第二定律,但是它更加普遍化、数学化,适用于几乎一切力学系统。后来经过哈密顿等人的发展和完善,经典力学的理论体系已经很完整地建立起来,并且在社会实践中得到了极大的应用。

【附录】 "伽利略"卫星定位系统

说起卫星定位导航系统,人们就会想到 GPS,但是现在,伴随着众多卫星定位导航系统的兴起,全球卫星定位导航系统有了一个全新的称呼:GNSS。当前,在这一领域最吸引人眼球的除了 GPS 外,就是欧盟和我国合作的"伽利略"导航卫星系统。

"伽利略"计划是一种中高度圆轨道卫星定位方案。"伽利略"卫星导航定位系统的建立将于 2007 年底之前完成,2008 年投入使用,总共发射 30 颗卫星,其中 27 颗卫星为工作卫星,3 颗为候补卫星。卫星高度为 24126 公里,位于 3 个倾角为 56 度的轨道平面内,如附图 2-1 所示。该系统除了 30 颗中高度圆轨道卫星外,还有 2 个地面控制中心。

"伽利略"系统将为欧盟成员国和中国的公路、铁路、空中和海洋运输甚至徒步旅行者有保障地提供精度为 1 米的定位导航服务,从而也将打破美国独霸全球卫星导航系统的格局。按计划,首批两枚实验卫星将于 2005 年末和 2006 年发射升空。

"伽利略"系统是世界上第一个基于民用的全球卫星导航定位系统,在 2008 年投入运行后,全球的用户将使用多制式的接收机,获得更多的导航定位卫星的信号,将无形中极大地提高导航定位的精度,这是"伽利略"计划给用户带来的直接好处。另外,由于全球将出现多套全球导航定位系统,从市场的发展来看,将会出现 GPS 系统与"伽利略"系统竞争的局面,竞争会使用户得到更稳定的信号、更优质的服务。世界上多套全球导航定位系统并存,相互之间的制约和互补将是各国大力发展全球导航定位产业的根本保证。

"伽利略"计划是欧洲自主、独立的全球多模式卫星定位导航系统,提供高精度,高可靠性的定位服务,实现完全非军方控制、管理,可以进行覆盖全球的导航和定位功能。"伽利略"系统还能够和美国的 GPS、俄罗斯的 GLONASS 系统实现多系统内的相互合作,任何用户将来都可以用一个多系统接收机采集各个系统的数据或者各系统数据的组合来实现定位导航的要求。

"伽利略"系统可以发送实时的高精度定位信息,这是现有的卫星导航系统所没有的,同时"伽利略"系统能够保证在许多特殊情况下提供服务,如果失败也能在几秒钟内通知客户。与美国的 GPS 相比,"伽利略"系统更先进,也更可靠。美国 GPS 提供的卫星信号,只能发现地面大约 10 米长的物体,而"伽利略"的卫星则能发现 1 米长的目标。一位军事专家形象地比喻说,GPS 系统,只能找到街道,而"伽利略"则可找到家门。

目前全世界使用的导航定位系统主要是美国的 GPS 系统,欧洲人认为这并不安全。为了建立欧洲自己控制的民用全球导航定位系统,欧洲人决定实施"伽利略"计划。2003年9月18日,欧盟和中国草签了中国参与"伽利略"计划的协议。2004年10月9日,双方又签署了此项目的技术合作协议;因而引发美国媒体发出美国可能击毁"伽利略"卫星的报道。可见,此项目不但具有极高经济价值,也深具政治和军事战略意义。

参与"伽利略"计划是迄今为止我国与欧洲最大的合作计划。全球导航定位系统的应用十分广泛,从经济建设、国防建设等各方面来考虑,我国都应该建立自己的全球导航定位系统。比如,将来我们建立起全国的车辆定位系统后,如果我们没有其他导航定位系统而只依靠GPS系统,那么一旦出现意外情况,将使整个交通系统瘫痪。"伽利略"计划总值36亿欧元,我国投资约5%,这标志着我国航天事业在国际合作领域迈出了走向欧洲化的第一大步。

(资料摘自:http://new. xinhuanet. com/st/2005 - 06/10/content - 3065896 htm.)

2.2 热学概述

热力学第一定律和热力学第二定律的确立是19世纪物理学最伟大的成就之一。其后出现的分子运动论结合统计理论则为热力学基础作出了微观解释。实际上,近代热学发展史就是热力学和统计物理学的发展史,按照时间顺序热学发展史可以分为三个时期。

第一个时期,热学的早期史,从17世纪末到19世纪中叶。这个时期主要是关于热的本质方面进行了研究,它为热力学理论的建立做了准备;第二个时期从19世纪中叶到19世纪70年代。在这段时间里,发展了唯象热力学和分子运动论,但是在这个时期唯象热力学和分子运动论还是彼此隔绝的;第三个时期内唯象热力学和分子运动论相互结合,导致了统计热力学的产生,建立了完整的热学体系,经典热力学达到了顶峰。我们将按照热力学的主要事迹描述如下。

2.2.1 热力学第一定律

热力学第一定律,即能量守恒定律是在19世纪40年代被发现,这个时期正处于第一时期和第二时期的过渡时期。其中对这个定律的建立起到重要作用的主要有迈尔、焦耳和赫尔姆霍茨。

最早提出这个原理的是德国物理学家、医生迈尔(J. R. Mayer, 1814—1878)。1840年,迈尔发现爪哇的病人的静脉血比他原先预计的要红的多,因此开始思考动物的热量问题,也就是在这些思考中,他萌发了能量守恒的想法。1842 年,他发表了《关于无机界力的说明》一文。当时的力的概念其实就是能量的意思。他认识到力是不可毁的,可变换的,不可称量的存在物。但是,迈尔文章的思辨风格使得当时的科学界不能接受,第一次投稿时被一家科学杂志退稿,后来才在一个不太知名的杂志上刊登出来,但是没有引起注意。后来迈尔又写了几篇文章,继续阐述他的能量守恒原理,而且范围也越来越广,把它推广到了化学、天文学和生命科学。可是,他还是不能得到人们的理解,长期的孤军奋战使得他精神受到很大的打击。再加上,在 1848 年他的两个孩子相继夭折,弟弟也因革命活动被逮捕,使得他精神上受到致命打击。次年他从三层楼上跳下自杀,但是被救活过来,变成残废。1851 年,他被送进了精神病院接受原始而残酷的治疗,心理受到进一步的摧残。但是,在晚年,迈尔终于看到自己的工作获得了承认,得到了应有的荣誉。1871 年,他被英国皇家学会授予科普利奖章。

关于能量守恒定律的发现,其中不得不提到的一个人就是大家都很熟悉的英国科学家焦耳(J. P. Joule,1818—1889),他对能量守恒定律作出了极大的贡献,后人为了纪念他的工作,把能量的单位定义为焦耳。焦耳出生在英国的兰开夏尔的一个酿酒商家庭,从小就跟着爸爸酿酒,没有进过学校,但小焦耳勤奋好学,一边劳动一边认字,后来有幸还认识了著名化学家道尔顿。焦耳虽然在酿酒厂里当技师,却把注意力放在工作之余从事的科学实验上。他把父亲的一间房子改成了实验室,开始了对电学以至热学的研究。1840 年,焦耳测量电流通过电阻所放出的热量,得到了焦耳定律,即导体在单位时间内放出的热量与电路的电阻成正比,与电流强度的平方成正比。这个定律给出了电能向热能转化的定量关系,为发现普遍的能量守恒和转化定律打下了基础。1843 年,焦耳用手摇发电机发电,将电流通入线圈中,线圈放置在水中,测量

图 2-9　焦耳的热功当量实验仪器

所产生的热量,如图 2-9 所示。这个实验显示了机械做功如何转变为电能,最后转变为热的全过程。在此基础上,焦耳进一步测量了机械功的量,从而第一次测定了热功当量的数值:每千卡热量相当于 460 千克米的功。他认为热功当量是对能量不灭原理的一个重要表述。

焦耳的划时代的工作没有引起应有的注意。这或许是因为他只是一个业余的实验爱好者，更因为相当多的学者不相信电与热的关系竟是那么简单。但是，科学就是科学，它从来不需要取悦于权力，因为世界上只有真理最有力量。焦耳继续着他的实验，坚持着他的观点。一年后，俄国科学家、彼德堡科学院院士楞次重复了焦耳的实验，测量的结果和焦耳的一致，无疑这对焦耳是一个有力的支持。尽管如此，英国皇家学会还是不承认。皇家学会拒绝发表他早期的两篇论文，他的关于热功当量的论文只能在一家报纸上全文发表。有一次，在牛津的一次科学会议上，当焦耳在宣读热和功的论文中再一次谈到他的实验和定律时，大会主持人居然横加干涉，要焦耳少讲一点自己的实验。这种粗暴的态度激怒了一些正直的科学家。大约到了1850年，他的实验才得到了公众的广泛认可，以热功当量实验为基础的能量守恒和转化定律开始确立起来。

为了争取到这个局面，德国物理学家赫尔姆霍茨（H. L. F. von Helmholtz，1821—1894）作出了重要的贡献。1847年，他发表了《论力的守恒》一文，系统而严格地论证了力，也就是能量的守恒原理。首先，他用数学化形式表述了在孤立系统中机械能的守恒。然后，他把能量的概念推广到热学、电磁学、天文学和生理学领域，提出了能量的各种形式相互转化和守恒的思想。他将能量守恒和转化原理与永动机不可能相提并论，使得这个原理更加有说服力。

热力学第一定律的建立宣告了第一类永动机是不可能实现的。所谓第一类永动机就是试图不消耗能量却能对外源源不断地输出能量，永远运动下去。如图2-10所示是17世纪的英国人约翰·维尔金斯设计的一种永动机模型。这位发明家想，如果在槽 M 上放一个小铁球 B，由于磁铁 A 的吸引力，小球会向上滚，可

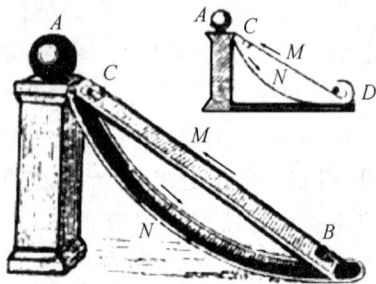

图 2-10　想象中的永动机

是滚到小孔处，它就要落到槽 N 上，一直滚到 N 槽的下端，然后顺着弯曲处 D 绕上来，运动到槽 M 上。在这里，它又受到磁铁的吸引，重新向上滚，再从小孔里落下去，沿着 N 槽滚下去，然后再经过弯曲处回到上槽里来，以便重新开始运动。这样，小球就会不停地前后奔走，进行"永恒的运动"。这个发明的荒谬的地方在哪里呢？其实小球在转弯处 D 是不可能

有足够大的速度上升到 C 处的。同时在实际运动过程中,摩擦力总是要考虑的,它也要消耗掉一部分能量。因此,这种永动机实际上是不可能实现的。说来也奇怪,有一种类似的设计,竟在 1878 年,也就是在能量守恒定律确立 30 年以后,在德国取得了专利权!这位发明家把他那磁力"永动机"的荒谬的基本观念竟掩饰得这样高明,甚至迷惑了颁发专利特许证的技术委员会。

2.2.2　热力学第二定律

热力学第二定律的发现与提高热机效率的研究有着密切的关系。蒸汽机在工业化生产中的巨大作用,如图2-11所示,就是一台瓦特改良过的蒸汽机模型。卡诺很早就认识到热机效率的重要性,因此他致力于热机理论的研究。卡诺(Carnot)是法国物理学家、工程师,1796 年 6 月 1 日生于巴黎,是数学家 L·卡诺的长子。1812 年进巴黎查理曼大帝公立中学学习,不久以优异成绩考入巴黎工艺学院,从师于 S·D·泊松、盖-吕萨克等人。

图 2-11　瓦特的蒸汽机

卡诺第一次从理论上对热机运行过程进行研究,建立热力学原理。1824 年,卡诺出版了《关于火的动力的思考》,这是他唯一的一部著作。在这本书中,他提出了他的热机理论,奠定了热力学基础。由于当时蒸汽机的效率都非常低下,大量的热能被白白浪费掉,探索和解决热机效率成为一个非常紧迫的问题。卡诺想从理论上知道究竟热机能有多大的效率。他设想有这么一台理想的热机,即由一个高温热源和低温热源组成的热机,后来人们称为卡诺热机,如图2-12 所示。他认为所有热机做功的原因是因为热从高温流到了低温热源时产生的。他很严格地证明了所有热机效率以卡诺热机效率最高。而且,该热机效率与高低温热源温度之差成正

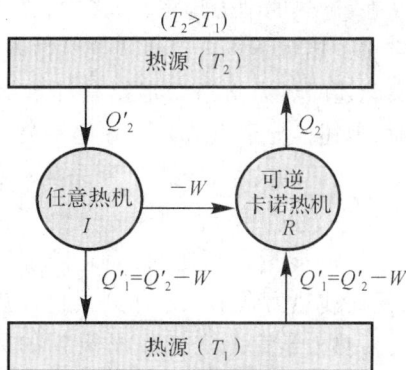

$(T_2 > T_1)$

热源(T_2)

Q_2'　　　Q_2

任意热机 I　$-W$　可逆卡诺热机 R

$Q_1' = Q_2' - W$　　　$Q_1' = Q_2' - W$

热源(T_1)

图 2-12　卡诺定理图解

43

比,与循环过程中的温度变化无关。卡诺的结论是正确的,我们现在把这个结论称为是卡诺定理。但是,他借以论证的理想的基础却是热质说。他认为热机在两个热源之间做功就相当于水从高处向低处落下做功一样。他说:"我们可以恰当地把热的动力与一个瀑布的动力相比。瀑布的动力依赖于它的高度和水量,热的动力依赖于所用的热质的量和我们可以称之为热质的下落高度,即交换热质的物体之间的温差。"这种解释好像很有道理,但是我们知道并不存在什么热质,而且卡诺相信热机工作过程中热量并没有损失,这当然是不对的。

卡诺的理论当时并不为人们所重视,一直到了19世纪50年代,他的理论才逐步被人们承认。有两位科学家从能量转换的观点分析了卡诺发现的意义,以不同的表述形式总结出了热力学第二定律,他们就是克劳修斯和开尔文。

克劳修斯(R. J. E. Clausius, 1822—1888),生于普鲁士的克斯林。他的母亲是一位女教师,家中有多个兄弟姐妹。他中学毕业后,先考入了哈雷大学,后转入柏林大学学习。为了抚养弟妹,在上学期间他不得不去做家庭补习教师。1850年,克劳修斯被聘为柏林大学副教授并兼任柏林帝国炮兵工程学校的讲师。同年,他对热机过程,特别是卡诺循环进行了精心的研究。克劳修斯从卡诺的热动力机理论出发,以机械热力理论为依据,逐渐发现了热力学基本现象,得出了热力学第二定律的克劳修斯陈述。

图 2-13　克劳修斯

在《论热的动力理论》一文中,克劳修斯首次提出了热力学第二定律的定义:"热量不能自动地从低温物体传向高温物体。"这与下面提到的开尔文陈述的热力学第二定律是等价的,它们是热力学的重要理论基础。同时,他还推导了克劳修斯方程—关于气体的压强、体积、温度和气体普适常数之间的关系,修正了原来的范德瓦尔斯方程。1854年,克劳修斯最先提出了熵的概念,进一步发展了热力学理论。他将热力学定律表达为:宇宙的能量是不变的,而它的熵则总在增加。由于他引进了熵的概念,因而使热力学第二定律公式化,使它的应用更为广泛了。

对热力学第二定律作出贡献的另外一个科学家是开尔文(Kelvin, 1824—1907)。开尔文生于爱尔兰的贝尔法斯特。他从小聪慧好学,10岁时就进格拉斯哥大学预科学习。17岁时,曾立志"科学领路到哪里,就在哪里攀登不息"。1845 年毕业于剑桥大学,在大学学习期间曾获兰格勒奖金第二名,史密斯奖金第一名。毕业后他赴巴黎跟随物理学家和化学家勒尼奥从事实验工作一年,1846 年受聘为格拉斯哥大学自然哲学教授,任职达 53 年之久。由于装设第一条大西洋海底电缆有功,英政府于 1866 年封他为爵士,并于 1892 年晋升为开尔文勋爵,开尔文这个名字就是从此开始的。1890—1895 年任伦敦皇家学会会长。1877 年被选为法国科学院院士。1904 年任格拉斯哥大学校长,直到 1907 年 12 月 17 日在苏格兰的内瑟霍尔逝世为止。

开尔文在热力学的发展中作出了一系列的重大贡献。他根据盖-吕萨克、卡诺和克拉珀龙的理论于 1848 年创立了热力学温标。他指出:"这个温标的特点是它完全不依赖于任何特殊物质的物理性质。"这是现代科学上的标准温标。他是热力学第二定律的两个主要奠基人之一,1851 年他提出热力学第二定律:"不可能从单一热源吸热使之完全变为有用功而不产生其他影响。"这是公认的热力学第二定律的标准说法。并且指出,如果此定律不成立,就必须承认可以有一种永动机,它借助于使海水或土壤冷却而无限制地得到机械功,即所谓的第二种永动机。他从热力学第二定律断言,能量耗散是普遍的趋势。

2.2.3　分子运动论和统计物理学

在 17 世纪,就已经产生了分子运动论的基本概念,能够解释一些热学现象。但是,由于热质说占统治地位,分子运动论的发展十分缓慢。19 世纪中叶,热力学第一和第二定律的建立解释了热学的一般现象和规律,但是对热的本质和它的内部机理并没有得到深入的研究。我们知道,一门学科只研究它的宏观现象是远远不够的,必须对它的内部机理进行研究。分子运动论为科学家打开了通向热学内部本质的研究之路,其总体思想是认为气体或者说系统是有大量的分子组成的,分子永不停息地做无规则运动。虽然,在分子运动论早期,科学家没办法直接观察到运动的运动情况,但是可能通过布朗运动间接观测。

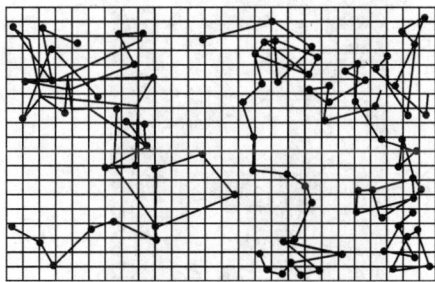

图 2-14　布朗运动

布朗运动是指微粒在液体或者气体的无规则运动(如上页图 2-14 所示)。每个分子的微观状态的总和就体现出系统的宏观热力学性质。很显然,分子的数量是巨大的,系统的宏观性质就必须是分子的统计平均结果。因此,分子运动论的早期研究开辟了统计物理学这个新的物理学分支。

统计物理学是指运用数学的统计理论的方法,利用力学的定律研究大量的数目的微粒的运动,并得到其系统的统计规律的一门学科。英国著名物理学家麦克斯韦(J.C.Maxwell)用概率统计的方法研究了气体的性质,并于 1859 年发现了气体处于平衡态时其分子的数目按照它的速度大小分布的规律,图 2-16 为麦克斯韦在卡文迪许实验室使用过的仪器。这个规律后来被称为麦克斯韦速度分布律,它表明气体在宏观上达到平衡态时,虽然大量的分子速度各不相同,而且由于它们之间的频繁的相互碰撞,但是总体上来说,它们在某个速度范围的分子数目占总体分子数的比例是一定的,而且这个比例只和气体的种类和温度有关。1868 年,奥地利物理学家玻尔兹曼(Boltzmann)进一步推广了麦克斯韦的理论,提出了平衡态气体分子的能量均分定律,并且对熵的概念作出了统计解释。他证明熵与几率 W 的对数成正比。后来普朗克把这个关系写成 $S = k \ln W$,并且称 k 为玻尔兹曼常数。有了这个关系,其他的热力学量都可以推导出来。这样就可以明确地对热力学第二定律进行统计解释:在孤立系统中,熵的增加对应于分子运动状态的几率趋向于最大值。玻尔兹曼是坚决拥护原子论,他为分子运动论和统计物理学的理论综合打下了基础。但是,由于当时人们并没有认识到玻尔兹曼工作的意义,反而对他

图 2-15　麦克斯韦　　　　　图 2-16　麦克斯韦使用过的仪器

进行围攻。他终因长期孤军论战和忧愤成疾,在 1906 年厌世自杀。

吉布斯(Gibbs)发展了玻尔兹曼和麦克斯韦的统计思想,使得热力学发展为一门体系严密、应用方便的普遍理论。吉布斯是美国耶鲁大学的数学物理教授,但是他一开始研究的就是热力学,曾经连续发表好几篇开创性的论文。他开创了几何热力学,解决了非均匀体系的热力学基本方程。他还引入了化学势、自由能和焓等基本概念,于 1902 年发表了《统计力学基本原理》一书,提出和发展了统计平均、统计涨落和统计相似三种方法,完成了热力学与分子运动论的理论综合。

【附录】　麦克斯韦妖和信息熵

1867 年麦克斯韦写给泰特一封信,他设想了一种方式,在外界没有给系统输入功的情况下,热物体能够从冷物体获得热。他设想用一个膜片把容器分成 A 和 B 两个部分,假设 A 中气体的温度比 B 中气体的温度高。然后,他又设想了一个能够见到单个分子的极小的生物,如附图 2-1 所示。后来威廉·汤姆孙用"精灵"这个词来表示这个极小的生物,后人又把它称为"麦克斯韦妖"。这个精灵类似操作阀门一样能够打开和关闭在膜片上的小孔,可以任意地允许分子从 A 和 B 通过这个小孔,而且有选择地只让 B 中速度快地分子进入 A,而慢分子进入 B。其结果是 A 中的能量增加,B 中的能量减少;热物体边的更热,冷物体变得更冷。这样,它将在不消耗功的情形下,只用一个观察力极其敏锐的,且能熟练拨开小孔的极为灵敏的精灵,就能将热量从冷物体送到热物体。

麦克斯韦提出这个机智的论据的用意是什么呢? 他的用意是要表明热力学第二定律是描述大量分子系统性质的统计性规律,而不是描述单个分子的行为。上述单个分子从冷物体流向热物体的过程是在分子级别上自发出现的。在不断出现的单个分子的自发涨落中,通过分子的无规律运动,快分子从冷物体运动到热物体,这种随机的涨落并没有违反热力学第二定律,因为热力学第二定律描述的是明显的热流,而不是分子的随机涨落。

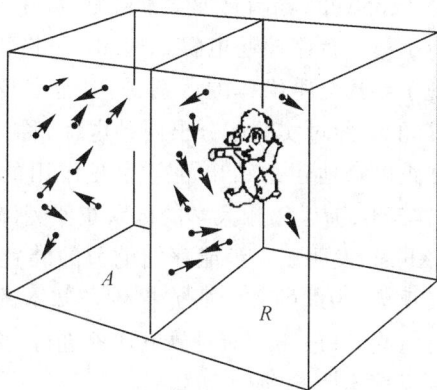

附图 2-1　麦克斯韦妖

麦克斯韦妖不但以鲜明的图像澄清了热力学第二定律的一些疑团,更重要的是揭示了熵与信息之间的联系,成为信息论这一门学科的先导。

在前述麦克斯韦妖操作过程中,首先这个妖精要能够看得见运动的分子,并能够判断其运动速度,当麦克斯韦妖接收到有关分子运动的信息之后,再通过操作阀门来使快、慢分子分离,来减少系统的熵。信息的取得会导致系统中熵的增大,而操作阀门减少的熵,就数量而言,并不能超过前者。因此包含这两个步骤全过程的总熵还是增加的。布里渊认为,有关熵减过程,是由于信息对麦克斯韦妖的作用引起的,故信息应视为系统熵的负项,既信息是负的熵。正是由于这个负熵的作用,才使系统的熵减小,但若包括所有的过程,总熵依然使有所增加的。这充分说明,麦克斯韦妖只能并且必须使一个可以从外部引入负熵的开放系统,正因为如此,它并不违背热力学第二定律。

这里,信息与负熵相当,信息的失去为负熵的增加所补偿,因而使系统的熵减少。从麦克斯韦妖可知,若要不做功而使系统熵减少,就意味着必须获得信息,即吸取外界的负熵。

(摘编自 http://col.njtu.edu.cn/zskj 的物理化学部分)

2.3　电磁学概述

2.3.1　早期的电磁学研究

早期的电磁学研究比较零散,下面按照时间顺序将主要事件列出如下:1650 年,德国物理学家格里凯(Guericke)在对静电研究的基础上,制造了第一台摩擦起电机。1720 年,格雷(Gray)研究了电的传导现象,发现了导体与绝缘体的区别,同时也发现了静电感应现象。1733 年,杜菲(Dufay)经过实验区分出两种电荷,称为松脂电和玻璃电,即现在的负电和正电。他还总结出静电相互作用的基本特征,同性排斥,异性相吸。1745 年,荷兰莱顿大学的穆欣布罗克(Musschenbroek)和德国的克莱斯特(Kleist)发明了一种能存储电荷的装置——莱顿瓶,它和起电机一样,意义重大,为电的实验研究提供了基本的实验工具。1752 年,美国科学家富兰克林(Franklin)对放电现象进行了研究,他冒着生命危险进行了著名的风筝实验,发明了避雷针。

1777 年,法国物理学家库仑(Coulomb)通过研究毛发和金属丝的扭转弹性而发明了扭秤,如图 2-17 所示。1785—1786 年,他用这种扭秤测量了电荷之间的作用力,并且从牛顿的万有引力规律得到启发,用类比的方法得到了电荷相互作用力与距离的平反成反比的规律,后来被称为库仑定律。

在早期的电磁学研究中,还值得提到的一个科学家是大家都已经在中学物理课本中学过的欧姆定律的创立者——欧姆。欧姆(Ohm),1787 年 3 月 16 日生于德国埃尔兰根城,父亲是锁匠。父亲自学了数学和物理方面的知识,并教给少年时期的欧姆,唤起了欧姆对科学的兴趣。16 岁时他进入埃尔兰根大学研究数学、物理与哲学,由于经济困难,中途辍学,到 1813 年才完成博士学业。欧姆是一个很有天才和科学

图 2-17 库仑扭秤

抱负的人,他长期担任中学教师,由于缺少资料和仪器,给他的研究工作带来不少困难,但他在孤独与困难的环境中始终坚持不懈地进行科学研究,自己动手制作仪器。

欧姆对导线中的电流进行了研究。他从傅立叶发现的热传导规律受到启发,导热杆中两点间的热流正比于这两点间的温度差。因而欧姆认为,电流现象与此相似,猜想导线中两点之间的电流也许正比于它们之间的某种驱动力,即现在所称的电动势,并且花了很大的精力在这方面进行研究。开始他用伏打电堆作电源,但是因为电流不稳定,效果不好。后来他接受别人的建议改用温差电池作电源,从而保证了电流的稳定性。但是如何测量电流的大小,这在当时还是一个没有解决的难题。开始,欧姆利用电流的热效应,用热胀冷缩的方法来测量

图 2-18 欧姆实验
用的仪器

电流,但这种方法难以得到精确的结果。后来他把奥斯特关于电流磁效应的发现和库仑扭秤结合起来,巧妙地设计了一个电流扭秤,用一根扭丝悬挂一磁针,让通电导线和磁针都沿子午线方向平行放置。再用铋和铜温差电池,一端浸在沸水中,另一端浸在碎冰中,并用两个水银槽作电极,与铜线相连,如图 2-18 所示。当导线中通过电流时,磁针的偏转角与导线中的电流成正比。实验中他用粗细相同、长度不同的八根铜导线进行了测量,得出了欧姆定律,也就是通过导体的电流与电势差成正比与电阻

成反比。这个结果发表于 1826 年,次年他又出版了《关于电路的数学研究》,给出了欧姆定律的理论推导。

欧姆定律发现初期,许多物理学家不能正确理解和评价这一发现,并遭到怀疑和尖锐的批评。研究成果被忽视,经济极其困难,使欧姆精神抑郁。直到 1841 年英国皇家学会授予他最高荣誉的科普利金牌,才引起德国科学界的重视。

2.3.2 安培和法拉第奠定了电动力学基础

1820 年间,奥斯特(Oersted)在给学生讲课时,意外地发现了电流的小磁针偏转的现象。其实验示意图如图 2-19 所示,当导线通电流时,小磁针产生了偏转。这个消息传到巴黎后,启发了法国物理学家安培(Ampere)。他思考,既然磁与磁之间、电流与磁之间都有作用力,那么电流与电流之间是否也存在作用力呢? 他重复了奥斯特的实验,几天后向巴黎科

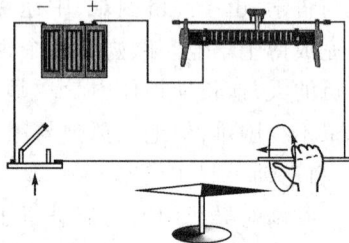

图 2-19 奥斯特的电流磁现象

学院提交了第一篇论文,提出了磁针转动方向与电流方向的关系,就是大家在高中学习过的右手定则。再一周后,他向科学院提交了第二篇论文,在该文中,他讨论了平行载流导线之间的相互作用问题。同时,他还发现如果给两个螺线管通电流,它们就会像两个条形磁铁一样相互吸引或者排斥。1822 年,安培在实验的基础上,以严密数学形式表述了电流产生磁力的基本定律,即安培定律。该定律表明,两个电流元的作用力与它们之间距离的平方成反比,与库仑定律很类似,但是它们作用力的方向却要由右手定则来判断。安培通过研究电流和磁铁的磁力情况,他认为磁铁的磁力在本质上和电流的磁力是一样的,提出了著名的安培分子电流假说。如图 2-20 所示,该假说认为在物体内部的每个微粒都有一个环形电流,它们实际上就相当于一个小磁针,当这些小磁针的磁性排列一致时,就体现出宏观磁性。这一假说在当时不被人们看重,一直到了 70 年后人们才真的发现了这种带电粒子,证明了安培假说的正确性。

既然电流有磁效应,那么磁是否也会有电流效应呢? 根据物理的相互作用原理,这个结果应该是显然的,因此不少人为此做了很多实验,试图发现磁的电流效应。但是这个现象直到奥斯特发现电流磁效应的 10

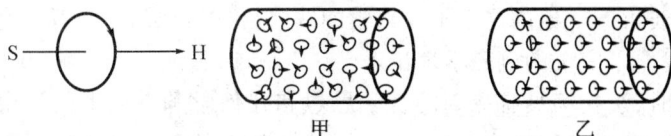

图 2-20 安培的分子电流假说

多年后,才被英国物理学家法拉第发现。

法拉第(Michael Faraday,1791—1867),生于一个手工工人家庭,家里人没有特别的文化,而且颇为贫穷。法拉第的父亲是一个铁匠。法拉第小时候受到的学校教育是很差的。13 岁时,他就到一家装订和出售书籍兼营文具生意的铺子里当了学徒。

法拉第是一个伟大的实验物理学家,他在电磁学方面的主要贡献就是现在称之为法拉第电磁感应定律,并且提出了力线和场的概念。前面提到的安培和奥斯特等人的工作说明了电和磁之间存在着必然的联系,法拉第发现的电磁感应定律比他们前进了一大步。他用实验证明了电不仅可以转化为磁,磁也同样可以转变为电。运动中的电能感应出磁,同样运动中的磁也能感应出电。法拉第的发现为大规模利用电力提供了基础,后来人们利用法拉第电磁感应定律制造了感应发电机,从此蒸汽机时代进入了电气化时代。1831 年,法拉第用铁粉做实验,形象地证明了磁力线的存在。他指出,这种力线不是几何的,而是一种具有物理性质的客观存在,图 2-21 为带电体的电场。从这个实验说明,电荷或者磁极周围

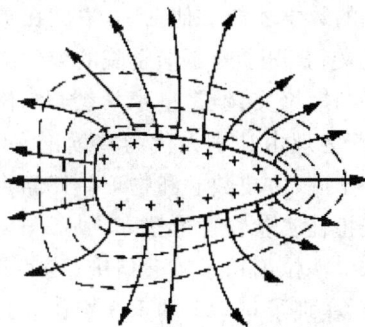

图 2-21 带电体的电场线

空间并不是以前那样认为是一无所有的、空虚的,而是充满了向各个方向散发的这种力线。他把这种力线存在的空间称之为场,各种力就是通过这种场进行传递的。

法拉第将他的一生所做的实验进行了总结,写出了《电学实验研究》。由于法拉第基本上不懂数学,在这部著作中人们几乎找不到一个数学公式,以至于有人认为它只是一本关于电磁学的实验报告。但是,正是因为他不懂数学,他才不得不想尽方法用简单易懂的语言来表达高深的物理规律,才有力线和场这样简明而优美的概念。法拉第同时还是一个出色

的科普演讲家。他的这个不懂数学的缺陷恰好被他的后来者麦克斯韦所弥补,建立了完美的电磁学理论。

同时,法拉第具有深刻的哲学思想和几何学和空间上的洞察力。他的善于持久思考的能力,正好补偿了他数学上的不足。在他留下来的笔记中,有这么一段话:"我一直冥思苦索什么是使哲学家获得成功的条件。是勤奋和坚韧精神加上良好的感觉能力和机智吗?……但是,我长期以来为我们实验室寻找天才却从未找到过。不过我看到了许多人,如果他们真能严格要求自己,我想他们已成为有成就的实验哲学家了。"

开尔文勋爵对法拉第非常了解,他在纪念法拉第的文章中说:"他的敏捷和活跃的品质,难以用言语形容。他的天才光辉四射,使他的出现呈现出智慧之光,他的神态有一种独特之美,这有幸在他家里或者皇家学院见过他的任何人都会感觉到的,从思想最深刻的哲学家到最质朴的儿童。"

2.3.3 麦克斯韦的电动力学

麦克斯韦出生于苏格兰爱丁堡的一个名门望族。他从小便显露出出色的数学才能。他在 14 岁就在英国《爱丁堡皇家学会学报》上发表数学论文,获得了爱丁堡学院的数学奖。后来,麦克斯韦给英国皇家学会送去了两篇论文,但是皇家学会以"不适宜一个穿夹克的小孩登上这里的讲台"为理由让别人代为宣读论文。1850 年,麦克斯韦考入了剑桥大学三一学院,主攻数学和物理。1854 年以优异的成绩毕业。1871 年回到了母校担任实验物理教授。

法拉第精于实验研究,麦克斯韦擅长于理论分析概括,他们相辅相成,实现了科学上的重大突破。1855 年,24 岁的麦克斯韦发表了他的论文《论法拉第的力线》,对法拉第的力线概念进行了数学分析。1862 年,他继续发表了《论物理的力线》。在这篇论文中,他不但解释了法拉第的实验研究结果,而且还发展了法拉第的场的思想,提出了涡旋电场和位移电流的概念,初步提出了完整的电磁学理论。

1873 年,麦克斯韦完成了电磁理论的经典著作《电磁学通论》,建立了著名的麦克斯韦方程组,以非常优美简洁的数学语言概括了全部电磁现象。这一方程组有积分形式和微分形式。其积分形式有四个等式组成。$\oint_S D \cdot \mathrm{d}S = \int_V \rho \mathrm{d}V$,就是说通过任意闭合曲面的电通量等于它包围住的自由电荷的代数和 $\oint_l E \cdot dl = -\int_S \dfrac{\partial B}{\partial t} \cdot dS$,说明在任何电场中电场强度沿着任意闭合曲线的积分等于通过此闭合曲线包围面积的磁通量随时间变化律的负值。$\oint_S B \cdot dS = 0$,即在任何磁场中,通过任意封闭曲面的磁通量等于零。$\oint_l H \cdot dl = \int_S \left(j + \dfrac{\partial D}{\partial t} \right) \cdot dS$,说明任何磁场中磁场强度沿着任意闭合曲线的积分等于通过此闭合曲线所包围面积内的全电流。

　　麦克斯韦方程组把电荷、电流、磁场和电场的变化用数学公式全部统一起来了。从该方程组可以知道,变化的磁场能够产生电场,变化的电场能产生磁场,它们将以波动的形式在空间传播,如图 2-22 所示,因此麦克斯韦预言了电磁波的存在,并且推导出电磁波传播速度就是光速,因此他也同时说明了光波就是一种特殊的电磁波。这样,麦克斯韦方程组的建立就标志着完整的电磁学理论体系的建立,《电磁学通论》的科学价值可以与牛顿的《自然哲学的数学原理》相媲美。

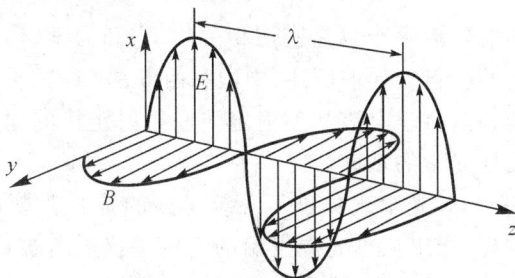

图 2-22　某一时刻的电磁波图像

　　通过麦克斯韦的科学经历,我们可以看到数学在物理学科中的重要作用。麦克斯韦精通数学,他用精确的数学语言把实验结果升华为理论,用数学完美的形式使得法拉第的实验结果更加和谐美丽,显示了数学的巨大威力。

　　由于没有实验的验证,麦克斯韦理论当时得不到大多数科学家的理解。物理学家劳厄(Laue)说:"像赫尔姆霍茨和玻尔兹曼这样有异常才能的人为了理解它也需要花几年的力气。"因此,支持他理论的科学家就更加少了。1883 年,赫兹(Hertz)注意到一个有关的新研究,有人提出,如果电磁波存在,那么莱顿瓶在振荡放电的时候,应该产生电磁波。1886 年,赫兹在进行放电实验时,发现近旁一个没有闭合的线圈也出现了火花,他得到启发,很快制作出了可以检测电磁波的电波环。如图 2-23 所示,电波环的结构非常简单,在一根弯成环状的粗铜线两端,安上两个金属球,小球间的距离可以进行调整。赫兹经历了无数次失败,不断改变实验设计和装置,反复调整实验仪器。终于观察到,调节电波环的两个金属球之间的间隙,当感应圈两极的金属球之间有火花跳过时,可以使在电波环的间隙处也有火花跳过,这样,他就终于检测到了电磁波。

图 2-23 赫兹验证电磁波的实验仪器

2.4 光学概述

2.4.1 早期的光学

光学与人们的生活生产也是密切相关的,它和力学、热学、电磁学一样也是一门古老的学科。如前所述,中国和西方古代就对光学有所研究,但是它真正成为一门科学应该从反射定律和折射定律的建立开始,这两个定律奠定了几何光学的基础。

在近代,第一个对光学现象进行系统考察的是开普勒(Kepler)。他提出了光度学定理,指出从点光源发出的光的强度随着被照明的距离的平方成反比。17—18 世纪光学取得了一系列发展。荷兰数学家斯涅尔(Snell)通过实验发现了折射定律,发现了折射与光速的关系。1661 年,法国数学家费尔马(Fermat)运用极值原理推导出了光的反射和折射定律,极大推动了光学的发展。1655 年,意大利科学家格里马蒂发现了光的衍射现象和薄膜干涉现象,后来胡克对薄膜干涉现象进行了解释。

从 1665 年开始,牛顿通过分光实验,提出了光的新理论。他认为白光是由连续变化的若干单色光具有不同的折射率,因此它们通过三棱镜时就有不同的折射角,从而在屏幕的不同位置得到不同颜色的单色光。

2.4.2 光的波动学说

光的波动观点是由意大利的格里马蒂首先提出来的。他通过实验证明不是光线不是严格走直线,因而提出了光是一种能够做波浪运动的精细流体。1665年,胡克(Hooke)提出光是一种快速的小振幅的振动,并根据云母片的干涉现象,认为光是类似水波的某种快速脉冲。1678年,荷兰物理学家惠更斯(Huygens)对光的波动学说理论进行系统而精密的论证,提出光是一种微小粒子在宇宙空间的以太中的传播过程。1690年,他出版了《光论》进一步阐述了他的观点。

　　英国物理学家托马斯·扬(Thomas Young)认为如果光如果是一种波动的话,那么它就会发生干涉,因此他设计了一个双缝干涉实验,其装置如图2-24所示。在他的双缝干涉实验中,他很好地解决了干涉光源问题,他让一束光通过两个小孔,结果在屏幕上得到了明暗相间的干涉条纹,从而强有力地证明了光的波动性。1817年,法国物理学家吕马斯发现了光的偏振性,提出了光是横波的新见解。他的观点虽然得到了实验支持,但是并没有得到重视。

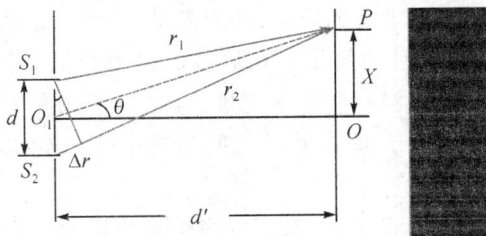

图2-24　杨氏双缝干涉实验示意图

　　法国工程师菲涅儿(Fresnel)从1815年开始对光的衍射现象进行了研究,观察到了光的衍射现象,如图2-25所示。他还独立地发现了光的干涉和衍射方面的规律,建立了比较完整的理论,并且向法国科学院提交了自己关于光的一篇论文。论文从托马斯·杨的光波动假说出发,证明了光的偏振等已知的光现象都可以用光的横波说得到解释。但是,由于菲涅儿的论文在数

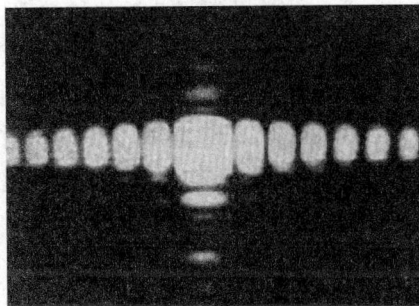

图2-25　红光的单缝衍射条纹

学上不够完整,他的工作遭到了不少人的排斥和怀疑。后来,他付出了更加艰苦的努力,运用数学工具进行了完善,终于使人们认可光的波动说。

菲涅儿的工作开创了物理光学的新领域,使得光学的研究进入了新的阶段。1873年,麦克斯韦创立了电磁波理论,进一步揭示了光的电磁性质,其实光是一种特殊波段的电磁波,进一步发展和完善了光的波动学说。

2.4.3 关于光的本性的争论

光和人们的生活是密切相关的,也是我们最常接触的东西,人们当然会思考光到底是什么?它的本性是什么?随着光学的发现,人们对光的本性提出了各自的看法,其中有两种学说最有代表性。一种是认为光是一种波动,另外一种认为光是微粒。在历史上,这两种学说曾经进行长时间的争论。

光的微粒说来源于古希腊的原子论者和毕达格拉斯学派。笛卡儿认为光是从发光物体产生的压力,通过空中的物质以太传播到被照射的物体上。牛顿也倾向于笛卡儿的观点,认为光是微粒流,是从光源向各个方向发射的小物体,这些运动的微粒在周围的以太介质中激起一种振动。光的微粒说虽然能够解释一些光学现象,但是笛卡儿和牛顿仍然没对光的本性做出明确的解释。但是,由于当时牛顿在科学界的崇高地位,光的微粒说占据了统治地位。

如前所述,到了19世纪,一系列的光学实验说明了光是不能用微粒学说来解释的,特别是光的干涉和衍射的现象的实验。因此,光的波动学说得到了复兴。特别是,麦克斯韦电磁学理论的建立,把光的波动说推进到一个新的发展阶段。赫兹的电磁波实验更加证明了光就是一种特殊的电磁波,成为科学界不可动摇的科学理论。但是,也就是在赫兹的电磁波实验中,他发现了光电效应,我们将在第三章进行介绍。光电效应是没办法用当时的光的电磁波理论进行解释的,光的波动说陷入了新的困境。一直到了1905年,爱因斯坦才用光量子说解释了这个效应,人们重新认识到光的微粒性。我们说,光的本性是很奇怪的,实验证明它既是一种波,同时也是微粒,因此,人们认为光具有波粒二象性。只不过它在不同的场合表现出不同的性质而已,它是一个矛盾的统一体。

光的波动说与微粒说之争从17世纪初笛卡儿提出的假说开始,至20世纪初以光的波粒二象性告终,前后共经历了300多年的时间。牛顿、惠更斯、托马斯·杨、菲涅儿等多位著名的科学家成为这一论战双方的主辩手。正是他们的努力揭开了遮盖在"光的本质"外面那层扑朔迷离的面纱。经过三个世纪的研究,我们得出了光具有波粒二象性的结论,然而随着科学的不断向前发展,在光的本性问题上是否还会有新的观点、新的论据出现呢? 波粒二象性真的是最后结果吗? 群星璀璨的科学史上,不断有新星划破长空,不断有陈星殒坠尘埃,到底哪一颗是恒星、哪一颗是流星呢?

【附录】 立体电影

立体电影原理　经典光学的研究、人们对光的本性的探索不仅与现代物理学两个两大支柱,量子力学和相对论的诞生密切相关,而且它还和人们的日常生活是息息相关的。我们虽然生活在一个色彩斑斓的、动感立体的世界上,但是为什么人们看到的电影电视大部分没有很强的立体感觉呢? 原来,人以两只眼睛看东西,并以其夹角来测定距离及产生立体感,所以左右眼看同样的对象,所见却是不同的角度。愈靠近的物体左右眼视角差愈大,愈远则视角差愈小,看极远方则左右眼是几近平行。

立体电影的原理即为以两台摄影机仿真人眼睛的视角同时拍摄,在放映时亦以两台投影机同步放映至同一面银幕上,并以偏光镜片分离出左右眼不同的画面,如附图 2-2 所示。

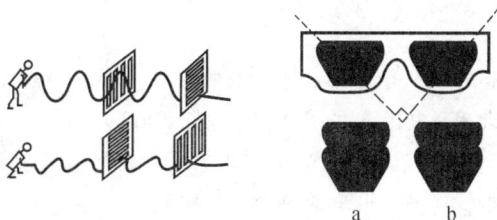

附图 2-2　偏振光和偏振眼镜片

立体电影的拍摄　拍摄立体电影时需将两台摄影机架在一具可调角度的特制云台上,并以互相向内的夹角来拍摄。两台摄影机的同步性非常重要,因为哪怕是几十分之一秒的误差都会让左右眼觉得不协调。所以在拍片时打板是必要的,因为唯有如此在剪辑时才能找得到同步点。此外摄影时不必在镜头前面加偏光镜,那是放映时才需要的。

立体电影的放映　放映立体电影两台投影机都必须是 DLP(Digital Light Processing)等级的才能使用。通常我们把两台投影机以上下背负方式放置,并将两个画面点对点完全一致地投射在同一个银幕内,如附图 2-3 所示。

放映立体电影的银幕必须是特制专用能分离出偏极光而非一般的银幕。在每台投影机的镜头前都必须加一片偏光镜,一台是横向偏光,一台是纵向偏光(或斜角交叉),观众亦要戴上偏光眼镜,偏光方向的左右必须与投影机搭配,如此左右眼就可以各自过滤掉不合偏光方向的画面从而分离出他们应该看到的画面,其效果就栩栩

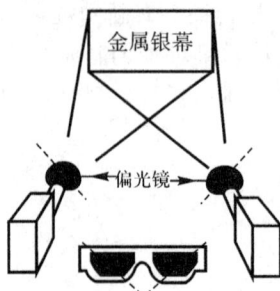

附图 2-3　立体电影的放映

附图 2-4　立体电影效果图

如生,动感逼人了,如附图 2-4 所示。

(改编自:http://www.pep.com.cn/200434453.htm)

参考文献

1. 李艳平,申先甲.物理学史教程.北京:科学出版社,2003.

2. 江晓原.世界著名科学家传记·天文学家Ⅱ.北京:科学出版社, 1994.

3. 李秀林,王于,李淮春.辩证唯物主义和历史唯物主义原理(第5 版).北京:中国人民大学出版社,2003.

4. 郭奕玲,沈慧君.物理学史.北京:清华大学出版社,1992.

5. 梁励芬,蒋平.大学物理简明教程.上海:复旦大学出版社, 2002.

6. 何义和.大学物理导论(上、下册).北京:清华大学出版社, 2000.

7. 马里奥·邦格.物理学哲学.石家庄:河北科学技术出版社, 2002.

8. 钱临照,许良英.世界著名科学家传记·物理学家Ⅴ.北京:科学 出版社,1999.

9. 林德宏.科学思想史.南京:江苏科学技术出版社,2004.

10. 颜振钰.物理学史新编.贵阳:贵州科技出版社,2002.

11. 乔治·伽莫夫,罗素·斯坦纳德.物理世界奇遇记.长沙:湖南教 育出版社,2000.

第3章

现代物理学史概述

3.1 19世纪末的物理学新发现

第2章介绍了经典物理学经过两个多世纪的发展和完善,已经在力学,热学、电磁学和光学方面都已经建立了完整的理论体系,并且得到了广泛的应用,极大地促进了社会生产力的发展。面对当时力学、热学、电磁学和光学等这些主要物理学领域所取得的这些成就,许多物理学家认为物理学的基本框架已经构成,整个物质世界,从宏观的宇宙天体到微观的分子,基本问题都已经研究清楚了,所剩下的工作只是把这些基本规律应用到一些具体的问题上或者只是把一些物理常数测量得更加精确而已。例如,1900年英国著名物理学家开尔文勋爵在一篇展望20世纪物理学的文章中写道:"在已经建成的物理学大厦中,后辈物理学家只要做一些零碎的修补工作就行了。"但他又很不放心地指出:"在物理学的晴朗天空的远处,还有两朵小小的令人不安的乌云。"这两朵乌云就是指当时的经典物理学无法解释的两个重要的实验现象,即黑体辐射实验和迈克耳逊-莫雷实验。

从1895年伦琴(W. Rontgen)发现X射线,到1905年爱因斯坦建立狭义相对论为止,在这10年左右世纪之交的年代里,不仅仅是黑体辐射和迈克耳逊-莫雷实验,还出现了一系列的具有重大意义的实验发现。这并不是偶然的,是具有深刻的历史和社会原因的,它是生产和技术发展的必然产物。例如,电力工业的发展,电气照明开始广泛应用,导致了科学家研究气体放电和真空技术的研究,这样才有可能发现x射线和电子。而x射线一旦发现,立即取得了广泛的应用,反过来又导致了人们研究物理学的热潮。这也从某个方面说明了科学和技术的关系,可以从物理学史上发现很多这样例子。这些实验大部分是无法用经典物理学现有理论来解释的,它们的出现,打破了沉闷的空气,把人们的注意力引向到更深入、更广阔的天地,从而揭开了现代物理学革命的序幕。

下面我们介绍电子的发现、以太漂移实验和黑体热辐射这三个与现代物理学革命关系最密切的方面。

3.1.1　电子的发现

　　阴极射线的研究　电子是在研究低压气体放电过程中的所谓阴极射线发现的。阴极射线早在 1858 年就由德国科学家普吕克尔(Plucker)在观察放电管中的放电现象时发现,图 3-1 就是一个放电管产生的阴极射线。当时他看到正对阴极的管壁发出绿色的荧光。1876 年,另一位德国物理学家哥尔茨坦(Goldstein)认为这是从阴极发出的某种射线,并命名为阴极射线。他根据这一射线会引起化学作用的性质,判断它是类似于紫外线的以太波。这一观点后来得到了赫兹等人的支持。另一方面,由于人们发现阴极射线在磁场中会偏转,它很自然被认为是一种微粒,因此以有一批科学家,如英国物理学家瓦尔利(Varley),克鲁克斯(Crookes)和舒斯特(Schuster)等人支持阴极射线是微粒。于是,在 19 世纪后期,对阴极射线的本性的认识形成了两种对立的观点:德国学派的以太说和英国学派的微粒说。

　　双方争执不下,为了证明自己观点的正确,他们都做了很多实验来支持自己的论据。其中比较有名的是哥尔茨坦的光谱实验,该实验很好地支持了阴极射线的以太说。该实验发现不管是射线管的哪一端发出的阴极射线,其谱线的波长都没改变。如果阴极射线是分子流,是微粒,那么它发出的光应该能产生多普勒效应,其波长应该会改变,说明它不是微粒,因此以太论者就认为这是对以太说的一个支持。另外,1894 年勒纳德(Lenard)的实验也很有力地支持了以太说。另一方面,微粒论者也在寻找论据。其中,以 1895 年法国物理学家佩兰(Perrin)所作的实验最为有名,其实验装置是一个圆桶电极安装在阴极射线管中,用静电计测量圆桶接受到的电荷。结果他发现测量到的是负电,因此他支持带电微粒说,并且发表了论文支持他的观点。但是,反驳者认为他测量到的电荷不一定就是阴极射线的电荷。

　　电子的发现　对阴极射线的本性研究作出重大贡献的是英国物理学家汤姆生(J.J.Thomson)。他认为克鲁克斯等人的带电微粒说更加符合实际情况,决心用实验进行精确的判断,找出确凿的证据。他设计了下面一系列的实验,通过循序渐进的方法来完成他的目的。首先直接测量阴极射线所携带的电荷。其次阴极射线能在静电作用下偏转。然后测量阴极射线的电荷和质量的比值。最后证明该微粒——电子是普遍存在的。

为了直接测量阴极射线所携带的电荷,汤姆生将佩兰的实验装置进行了适当的改进。主要改进是把静电计和电荷接收器安装在真空管的一侧,这样就使得电荷不能进入接收器。当存在磁场时,射线发生了偏转,而且当磁场强度达到某个数值时,接收器收到的电荷大大增加,这样就说明了电荷确实是来自阴极射线。但是,证明了阴极射线带电还不足以反驳阴极射线的以太说,为了进一步证明阴极射线确实是微粒而不是以太波,汤姆生又做了静电偏转实验,该实验和赫兹的实验类似。当时,赫兹的静电偏转实验没有观测到阴极射线偏转,因此他认为阴极射线是以太波,不是微粒。但是,他的实验结果其实是不精确的。主要是赫兹实验中的放电管真空度不够,因此没观测到结果,获得了错误的结论。汤姆生刚开始也没观察到阴极射线的偏转。但是当他不断地重复实验的时候,他发现在加上电压的瞬间,射线束很轻微地摆动了一下。他的敏锐的实验观察力帮助了他,他马上认识到这是由于真空管中残余气体分子在电场作用下发生了电离,正负电荷把电极上的电压抵消了,因此没观测到电场偏转效应。于是,他在实验室技师的协助下采取了降低真空度的方法,终于观测到了稳定的阴极射线的静电偏转效应。这样,汤姆生通过合理的实验,有力地反驳了阴极射线的以太说。

那么,阴极射线所携带的微粒到底是那种微粒呢?它又具有那些性质呢?为了进一步解开这些谜团,必须测量它的电荷和质量的比值,即荷质比。汤姆生采用了不同方法进行了荷质比测量。其中一个方法是,在管子的两侧加上一对通电线圈,产生垂直于电场方向的磁场。然后根据电场和磁场分别造成的偏转角度,利用经典物理学知识很容易计算出荷质比 e/m 的数值。另外一种方法,就是通过测量阳极的温度改变。因为阴极射线撞击到阳极,会引起阳极温度的升高。根据温升和阳极的热容量可以计算出粒子的动能,再从阴极射线在磁场中的偏转半径推算出阴极射线的荷质比。两种不同方法测得的结果几乎完全一致,都是 1011 库仑/千克。这两种计算方法在高中理科物理中都已经介绍过,并不困难。现在测量电子的荷质比已经成为大学教学中的一个普通物理实验,图3-1所示的就是中国科学技术大学的测量电子荷质比的实验仪器。随后,汤姆生和他的学生改进实验技术,直接测量得到了该带电粒子的电量,发现它和氢离子的带电量相同。因此他采用了斯坦尼(Stoney)的"电子"一词来表示他发现的带电粒子。这样电子就被发现了。

但是,汤姆生并不是到此为止,他进一步做了很多实验,以证明电子存在的普遍性。例如,他测量了 1887 年赫兹发现的光电效应的光电流的荷质比,发现光电流其实就是由电子组成的。他验证了热电发射效应,并且磁场截止法测量该带电粒子的荷质比,证明了它也是电子等等。汤姆生在掌握了大量的证据之后,果断地判断:不论是不同材料产生地阴极射线,光电流还是各种材料的热辐射发出的粒子,都是同样的带电粒子,电子,它是组成物质原子的

图 3-1　测量电子荷
质比的实验仪器

图 3-2　汤姆生的葡萄干面包原子模型

基本组成部分。这是一个很重要的结论,传统的原子不分的观念彻底破灭了。同时,汤姆生还提出了他自己的一个原子模型,如图 3-2 所示。在该模型中,电子是均匀地分布在原子内部,就好像很多葡萄干均匀地分布在面包中间一样,因此被很形象地称为葡萄干面包原子模型。

3.1.2　以太漂移实验

电子的发现为现代物理学从电学方面开辟了道路,而以太漂移实验则从光学的方面打开了另外一个缺口,促使现代物理学革命的爆发。

在第 2 章曾经介绍,笛卡儿在《哲学原理》提出了以太的概念。他认为宇宙中是不存在虚空的,整个宇宙充满着一种特殊的物质—以太。随着光学的发展,出现了光的波动学说,而以太这时就很好地满足了当时光的波动说要求,因为根据物理学家已往的经验,光如果是一种波的话,那么它就需要一种载体,此时以太就充当了这个角色。随着光的波动学说的流行,以太这个概念也得到了大部分科学家的认可。但是,一直到 19 世纪,还没有一个实验能直接证明以太的实际存在。

以太要充当光波的传播介质,它必须具有一些很特殊而不可想象的性质。例如:它是无所不在、绝对静止、极其稀薄而刚性还要比钢铁还大的稀薄气体。对于以太这些特殊的性质,科学们进行很多理论和实验

方面的研究,其中比较有名的理论是菲涅尔提出的部分曳引说。它认为以太能被部分地被进入其中的物体拖曳。1851 年斐索的流水实验和 1868 年的霍克实验均支持了菲涅儿的理论。菲涅尔的理论一再得到实验证实,使得它成为以太理论的重要支柱。

根据以太理论,物体在以太中运动,从物体上看,就好像以太在漂移。例如,地球在宇宙中的以太中运动,那么就必然在相反方向形成以太风。这实际上给人们提供了一种验证以太存在的途径,通过测量以太相对于地球的漂移速度,来证实以太的存在和探求以太的性质。物理学家试图确定地球相对于以太的运动速度。假如以太存在,地球以 30 公里/秒的速度绕太阳运动,就像疾驰的火车相对于周围空气运动而产生一股风一样,就必然会遇到 30 公里/秒的“以太风”迎面吹来,这“以太风”也必然对光的传播产生干扰,这种干扰可产生一种干涉条纹漂移效应,应该可以通过光学实验仪器观察到。

在寻找以太风的各种实验中,以迈克尔逊-莫雷实验最为著名。1881 年,美国物理学家迈克尔逊(Michelson)根据麦克斯韦提出的原理设计了一个极为精密的实验,未发现干涉条纹漂移。1887 年,迈克尔逊再度与化学家、物理学家莫雷(Morley)合作,以更高精度重复实验。实验原理如图 3-3 所示。从某一单色光源 S 发出的光束到达半镀镜 M 后分为两束,一束透射至反射镜 M_1 折回,又在 M 处反射并到达望远镜 T。另一束在 M 处反射后到达上面的反射镜后折回至 M,透射后亦达到 T。两束光重新相遇时会由于相位差而发生振幅相加或相消的干涉现象,从而出现明暗的干涉条纹。如果相位差发生变化,则将出现干涉条纹的移动。这就是迈克尔逊-莫雷实验的基本原理。如果以太固定不动,地球在以太中运动,由于因素,那么实验中应该有 0.4 条干涉条纹的移动,然而实验结果却让所有人都心寒不已。观察得到的干涉条纹不超过 0.01 条。

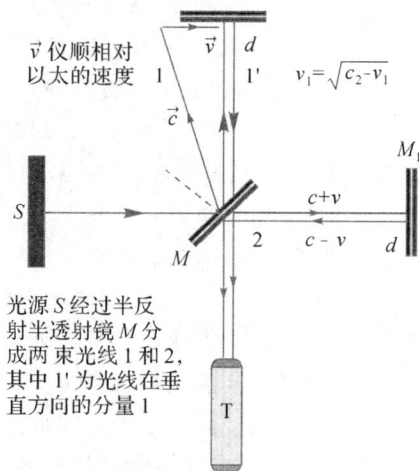

$\vec{v}$ 仪顺相对以太的速度　1

$\vec{c}$

$v_1 = \sqrt{c_2 - v_1}$

$c+v$

$c-v$

光源 S 经过半反射半透射镜 M 分成两束光线 1 和 2,其中 1' 为光线在垂直方向的分量 1

图 3-3　迈克尔逊-莫雷实验

63

以后又有其他学者做实验,均得到类似的结果,实验始终没有观察到预期的干涉条纹漂移。这说明并没有什么"以太风"对光的传播产生影响,地球同设想的以太之间没有相对运动。这就使科学家处于左右为难的境地,他们要么放弃以太理论,要么相信地球是静止的,这样才不会与静止的以太发生相对运动。但是相信地球是静止的,这显然是很荒谬的。以太漂移的"零"结果对以太学说是个沉重的打击,使经典物理学的基础——绝对时空观面临严峻挑战。在迈克尔逊-莫雷实验的基础上,爱因斯坦分析了前人的工作,特别是分析了洛仑兹等人的工作,认识到麦克斯韦-洛仑兹的电磁学理论是普遍成立的,但是他们所认为的时间和空间绝对性是值得怀疑的,最后导致产生了一种新的时空观——相对论。

3.1.3　黑体辐射的研究

黑体辐射问题所研究的是辐射与周围物体处于平衡状态时的能量按波长(或频率)的分布。对于外来辐射,物体有反射或吸收的作用,如果一个物体能全部吸收投射在它上面的辐射而无反射,这种物体就称为绝对黑体。

在黑体辐射实验中,科学家们企图用经典物理学来解释这种能量分布的规律。如 1896 年,德国物理学家维恩(Wien)根据经典热力学理论,并结合一些假设凑出了一个描述能量分布曲线的辐射公式——维恩公式。但是这条公式在短波部分与实验结果较符合,在长波部分与实验结果明显不一致。其后瑞利和金斯根据经典电动力学和统计物理学经过理论推导得到黑体辐射分布公式,瑞利-金斯公式。该公式在长波部分与实验结果比较符合,但是在短波部分却是完全不符的,出现了"紫外灾难",如图 3-4 所示。"紫外灾难"反映出经典物理学已遭遇严重的障碍。

为了解决"紫外灾难",德国物理学家普朗克(Planck)开始致力于黑体辐射问题的研究。首先,他采用模型与数学相结合的方法,提出了黑体辐射的物理模型。然后他利用热力学理论,在维恩公式和瑞利-金斯公式的基础上,通过数学方法以及一系列的假设得出了一个新的黑体辐射经验公式,这公式与实验结果达到了惊人的一致。但在普朗克寻找这条公式的理论依据时,遇到了很大的困难,即经典物理学的理论无法解释这条公式的物理意义。后来他放弃经典的能量均分原理,在解释黑体辐射的实验规律中,大胆地提出了振荡偶极子能量量子化的假设,并提出了"能量子"这个新概念。他认为黑体可以看成是由一些谐振子所组成的物理

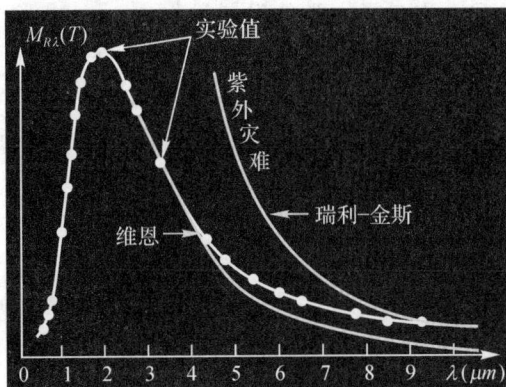

图 3-4　黑体辐射实验和理论结果

体系。谐振子吸收或辐射的能量不是连续变化的，即能量 $E = nhv$；其中 n 必须是整数，即 $n = 1, 2, 3, \cdots$，v 是辐射的频率，h 是常数，后被称为普朗克常数。它是能量最小化的量度，即分立性量度。这个最小能量的单位就是"能量子"。根据这个假设，他推导出了普朗克公式。从图 3-4 可知，虽然从实验结果看瑞利-金斯公式仅在低频部分适用，而维恩公式也仅适用于高频部分，但是由普朗克提出的普朗克公式却与实验结果十分符合，它准确地描述了黑体辐射的规律。

1900 年提出的普朗克"能量子"思想不仅在解决热辐射问题中起了巨大的作用，而且在物理学发展史上成为一个新纪元的开端，它标志着人类对自然的认识、对客观规律的探索从宏观领域进入到了微观领域。

3.2　量子物理

量子物理的发展史是物理学上最激动人心的篇章之一，我们会看到物理大厦在狂风暴雨下轰然坍塌，却又在熊熊烈焰中得到了洗礼和重生。自从普朗克提出了能量子的概念，为量子物理打下了第一块开创性的基石以后，量子论被不断地发展和应用。爱因斯坦为了解释赫兹发现的光电效应，进一步的发展了量子的概念，提出了应该把光的能量也看成是一份份分立的能量，很完美地解释了光电效应。他提出了光子的概念，重新说明了光这个古老的研究对象应该同时具有波动和微粒的两种性质，如第 2 章所介绍。其后，德布罗意把光的波粒二象性进一步推广到了所有的实物粒子，提出了物质波的概念，量子物理从早期的量子论进入到了量子力学的发展阶段。在量子力学的发展过程中,一大批科学家作出了重要的贡献。薛定谔提出了波动力学,而海森堡发展了量子力学的矩阵力学。波动力学和矩阵力学随后被证明是完全等价的,它们不过是量子力学的两种表述不同的形式而已。狄拉克把量子力学推广到相对论情况,提出了相对论量子力学,并且提出了量子场论的概念,量子物理进入了量子场论时期。

今天,我们的现代文明,从电脑、电视、手机到核能、航天、生物技术,几乎没有哪个领域不依赖于量子物理。而且在自然哲学观上,量子物理带给了我们前所未有的冲击和震动,甚至改变了整个物理世界的基本思想。它的观念是如此的革命,乃至于最不保守的科学家都在潜意识里对它怀有深深的惧意,以致量子物理的奠基人之一玻尔都要说:"如果谁不为量子论而感到困惑,那他就是没有理解量子论。"

量子物理不但是现代科学的一个支柱,成为几乎所有现代物理科学的理论基础,而且它又重新焕发出新的生命力。例如,量子信息科学的研究,它为人们寻找未来的计算机和通讯方式提供了一条可行而引人入胜的方法。我们相信,量子物理的不断发展一定会给我们带来不断的惊喜。本节将主要从物质波概念开始,介绍量子物理发展过程中的主要内容。其中涉及一大批的科学家,从中我们或许能体会到科学协作的团队精神在量子物理的发展史中的重要性。

3.2.1 德布罗意假设

法国物理学家德布罗意(L. V. de Broglie,1892—1987)在光具有波粒二象性的启迪下,认为人们在光学研究上,以前人们重视了光的波动性而忽略了光的微粒性。那么是否在粒子理论上发生了相反的错误呢?即过分重视了实体的粒子性而忽略了实体的波动性。据此,他提出了微观粒子也具有波动性的假说。也就是说波—粒二象性并不只是光具有的特性,而是一切粒子共有的属性。1924 年,德布罗意在他的博士论文《关于量子理论的研究》中提出了"物质波"的假说。并把粒子和波通过关系式:$E = h\nu = \hbar\omega$,$p = h/\lambda$ 联系起来。其中 E、p 分别为粒子能量和粒子动量,ν、λ 分别为波的频率和波长。这公式被称为德布罗意公式,或德布罗意关系。1927 年戴维

图 3-5 德布罗意

孙(Davisson)和革末(Germer)所做的镍单晶表面的散射实验(图3-6)观测到电子束。该实验验证了德布罗意物质波假说的正确性。而且,该实验还测量了电子的波长,充分地说明了电子具有波动性。

在实验中,他们将具有一定能量的电子垂直射向镍单晶表面,观察散射电子束的强度和散射角之间的关系,便可得到如图3-7的电子衍射图样。根据实验结果,我们可以推知德布罗意关系 $\lambda = h/p$ 是正确的。以后许多类似的实验都证实了不仅是电子,而且质子、中子、原子等都是具有波动性的。

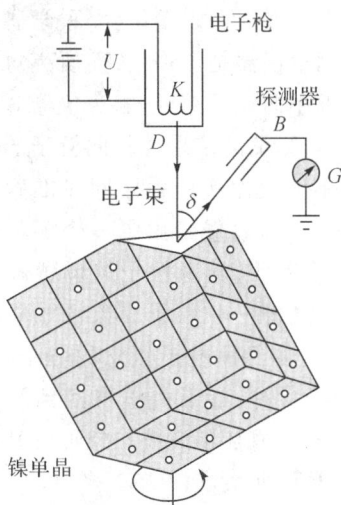

图3-6 电子衍射实验装置简图

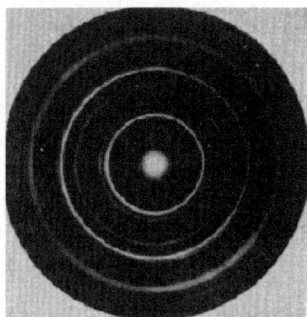

图3-7 电子衍射图样

德布罗意的物质波假说,成功地将爱因斯坦首先提出的波粒二象性推广到一切物质粒子。这一思想在波尔的原子结构理论发展为量子力学的过程中起到了关键作用。

3.2.2 海森堡创立矩阵力学

继德布罗意之后,从另一方面对微观物理理论做出根本性突破的是直接受到玻尔影响的海森堡(W. Heisenberg)。他受到了爱因斯坦建立的狭义相对论否定牛顿绝对时间概念启发,在考察了波尔的原子结构理论后,他认为原子物理中所谓的轨道上运动的电子的位置和速度是不可观测的一种虚构,而可观测的是原子发射出的谱线的频率和强度,这就是海森堡建立矩阵力学的主导思想。1925年7月,海森堡完成题为《关于运动学和动力学关系的量子论诠释》的论文,第一次给出了描述微观粒子运动规律的矩阵力学。玻恩(Born)和约尔丹(Jordan)用数学的矩阵方法把海森堡的思想发展成系统的理论,即矩阵力学。于 1925 年 11 月玻恩、约尔丹和海森堡合作完成了一篇论文,题为《关于量子力学(Ⅱ)》,论文较全面地阐述了矩阵力学的原理和方法,并把原来一个自由度的体系推广到任意有限个自由度,引入正则变换,建立了定态微扰和含时微扰的基础,从矩阵力学观点讨论了用动量、谱线强度和选择定则等。

1927 年 3 月,海森堡在《量子论的运动学与动力学的直觉内容》论文中,提出量子力学的另一基本原理测不准关系。海森堡认为,科学研究工作有宏观领域进入微观领域时,会遇到测量仪器是宏观的,而研究对象是微观的矛盾。在微观世界里,对于质量极小的粒子来说,宏观仪器对微观粒子的干扰是不可忽视的,也是无法控制,测量的结果也就同粒子的原来状态不完全相同。所以在微观系统中,不能使用实验手段同时准确地测出微观粒子的位置和动量。根据数学推导,海森堡给出了一个测不准关系式:$\Delta x \Delta p \geqslant h$、$\Delta t \Delta E \geqslant h$。测不准关系表明,微观粒子的位置和动量不能同时具有完全确定的值,它是物质的波动——粒子二象性矛盾的反映。海森堡的测不准关系给我们指出了使用经典粒子概念的一个限度。这个限度用普朗克常数 h 来表征,当 $h \to 0$ 时,量子力学将回到经典力学。同年,玻尔提出了互补原理,从哲学角度概括了波粒二象性。互补原理和测不准关系是量子力学哥本哈根解释的两大支柱。

3.2.3　薛定谔创建波动力学

在海森堡、玻恩、和约尔丹创立矩阵力学的同时,薛定谔(E. Schrödinger)从另一途径创建了波动力学。1925 年薛定谔受爱因斯坦关于理想气体的量子论一文的启发,对德布罗意"物质波"假说发生了兴趣。但他并不满足于德布罗意的工作,认为实体粒子既具有粒子性,又具有波动性,描述它的不仅应该有质点力学,而且应该有波动力学。他试图寻找一个表示物质

图 3-8　薛定谔

波本身的波函数和一个表示物质波传播的波动方程。1926 年他先后发表了 4 篇论文,创立了波动力学。它采用波函数来描述微观粒子在时空中的运动,建立了波函数所服从的波动方程,即薛定谔方程:$\nabla^2 \psi +$

$\dfrac{8\pi^2 m}{h^2}(E-V)\psi = 0$。其中，$E$ 为总能量，V 为粒子在力场中的势能，m 为粒子的质量，ψ 为波函数。薛定谔方程的重要性不仅在于能够解释电子绕射问题，而且从对于 ψ 函数所加的条件上，即可自然地提出前面所讲的粒子所具有的能量、动量等量子化条件。它深刻地揭示了微观客体的运动规律，提供了系统的、定量的处理原子结构问题的理论。1926 年，玻恩在《散射过程的量子力学》一文中，采纳了波尔的几率波思想，提出了波函数的统计解释。按照他的解释，波函数在空间某一点的强度，与在该点出现粒子的几率成正比，所以描述粒子的波是几率波。

在矩阵力学和波动力学创建初期由于互不了解，导致了双方相互反对，认为对方的理论存在缺陷。矩阵力学基于从光谱线的分立性着手，强调不连续性，即粒子性。而波动力学的概念是波动的。1926 年 3 月薛定谔证明了波动力学和矩阵力学在数学上是完全等价的，它们都是以微观客体的二象性为基础，通过与经典物理对比，运用不同的数学手段而建立起来的，所以这两种理论统称为量子力学。

量子力学与经典物理有明显的区别，我们可以从以下几个角度来研究。首先，运动状态的描述，在经典力学中，质点的运动状态由坐标和动量来描述，这些量是可以在实验中直接测量而出的，并可以通过测量来直接验证理论。而在量子力学中描述微观粒子的运动状态是由波函数描述的，它不是实验中直接可测的量。它是一个复数，是一个理论工具。所以说量子力学中运动状态的描述与实验的直接可测量是割裂的。其次，在经典力学中，对于确定的时刻 t 都有与之对应的坐标和动量来描述该质点的运动状态。但是在量子力学中对于一个确定时刻 t，只能得到微观粒子在某一坐标 r 出现的几率，所以说量子力学是一个统计论的理论。从这点上看，我们可以得出经典力学具有严格的因果律，而量子力学是统计性的。最后，在经典力学中的力学量之间的运算满足代数运算规则，对易式 $\lfloor x_\alpha , p_\beta \rfloor$，可是这些力学量在量子力学中，对易式为 $\lfloor x_\alpha , p_\beta \rfloor = ih\delta_{\alpha\beta}$，通过这两个对易式我们可以看出经典物理与量子力学的区别。从以上三方面我们可以看出量子力学与经典物理的区别，但同时他们又是相互联系的，经典力学研究的是宏观领域而量子力学研究的是微观世界。

3.2.4 相对论量子力学和量子场论

狄拉克(P. Dirac)为寻找一个爱因斯坦狭义相对论要求的、更为普遍的量子力学数学关系,在1927年发表了《量子代数学》的论文,提出了符合狭义相对论要求的电子论,开创了相对性波动力学的研究。通过把量子化过程应用于电磁场波函数本身,建立了完备的辐射理论;从量子力学出发,推导出爱因斯坦辐射理论,开创了量子电动力学和量子场论。1928年他把量子论和相对论相结合,建立了有关电子理论的狄拉克方

图 3-9　狄拉克

程。但是随着狄拉克这一理论的提出,也出现了负能困难,随着负能问题的解决也同时预言了正电子的存在和创立的反物质理论。

1932年,美国科学家安德森(P. W. Anderson)在照片中发现一条奇特的径迹,与电子的径迹相似,却又具相反的方向,如图3-10所示。显示这是某种带正电的粒子。安德逊利用云室拍摄的照片证实了正电子的存在。其后,英国剑桥大学卡文迪什实验室的布拉开特与奥恰利尼用盖革计数器自动控制云室拍摄宇宙射线时又发现了正、负电子对的产生。1956年,美国洛仑兹辐射实验室的柯克等人利用质子和反质

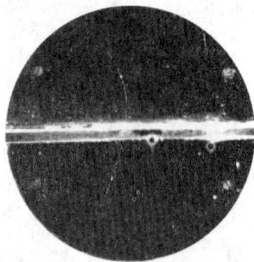

图 3-10　正电子的
　　　　　云室照片

子的非碰撞反应发现了反中子,不久,科学家相继找到了介子、超子、夸克等多种基本粒子和相对应的反粒子——反介子、反超子、反夸克……这些科学家的工作为狄拉克的发现奠定了实验基础。

1916年,爱因斯坦研究电子从激发态跃迁到基态时原子怎样辐射光的过程,并称其为自发辐射,但他无法计算自发辐射系数。解决这个问题需要发展电磁场的相对论量子理论,量子力学是解释粒子的理论,而量子场论是研究场的理论,不仅是电磁场,还有后来发现的其他场。

1925年,玻恩、海森堡和约尔丹发表了光的量子场论的初步想法,1926年狄拉克提出了电磁场的量子描述,建立了量子场论的基础。但狄拉克的理论存在很多缺陷,预测出无限大量,与对应原理矛盾。20世纪

40年代,科学家们通过重整化的办法回避了无穷大量,部分地克服了发散困难。

量子场的概念是狄拉克在处理电磁场和电子场的量子化是引入的。即各种微观粒子都对应着一种存在的场,利用场的激发产生粒子,激发消失,粒子也消失。不同场之间发生相互作用时,可以得到不同粒子间的相互转换。

通过此理论就可以将本来为连续分布的量子场,通过量子化处理后得到量子化的结果,还可以获得总角动量的量子化结果。可见,量子场论,对微观粒子二象性的描述与相对论量子力学的描述有本质的区别,在于不把其解释为空间分布函数,而是定义为描述客观存在的量子场的场函数,对场函数的量子化即可得出所对应场的量子化。因此,量子场论将波粒二象性统一到场与它的量子化上。量子场论是量子力学的自然延续,是现代粒子物理,核物理和凝聚态物理的基础。

2004年10月5日瑞典皇家科学院宣布,将2004年诺贝尔物理学奖授予戴维·格罗斯(D.J.Gross)和他的学生弗兰克·维尔切克(F.Wilczek)和戴维·波利策(H.D.Politzer)三位美国科学家,以表彰他们对量子场中夸克渐近自由过程中的开创性发现,他们发现量子场中夸克渐近自由现象,构建适用于所有物质的"万有理论"。

【附录】 上帝在掷骰子吗?——爱因斯坦与玻尔关于量子力学解释和完备性的论战

爱因斯坦与玻尔关于量子力学解释和完备性的不同观点之间的大论战是量子力学创建和发展过程中最具有代表性意义的一场争论。

1927年海森伯提出"不确定关系"后,玻尔接着于同年9月在意大利科摩城召开的纪念伏打逝世100周年国际物理学会议上发表了题为《量子公设和原子理论的晚近发展》的演讲,提出了著名的"互补原理",引起学术界很大震动。互补原理认为:微粒和波的概念是互相补充的,同时又是互相矛盾的,它们是运动过程中的互补图像。这决定了量子力学的规律只能是概率性的。为了描述微观客体,必须抛弃决定性的因果性原理。量子力学精确地描写了单个粒子体系的状态,它是完备的。玻尔特别强调微观客体的行为有赖于观测条件。他认为一个物理量或特征,不是本身即存在,而是由我们作观测或度量时才有意义。哥本哈根学派写了大量文章,宣传互补原理,提出了主客观不可分的观点。他们还将互补原理推广到生物学、心理学,甚至社会历史各个领域,认为互补原理是一切科学研究的指导思想。1927年10月24日至29日在布鲁塞尔召开了第五届索尔维会议,玻尔在会上又一次阐述了他的互补原理,量子力学的哥本哈根解释为众多的物理学家所接受,成为量子力学的正统解释。但是在会上,互补原理却遭到了爱因斯坦、薛定谔等人的强烈反对,开始了物理学史上前所未有的长达几十年之久的爱因斯坦-玻尔大论战。

爱因斯坦坚决反对量子力学的概率解释,不赞成抛弃因果性和决定性的概念。他坚信基本理论不应当是统计性的。他说,"上帝是不会掷骰子的。"他认为在概率解释的背后应当有更深一层的关系,他把场作为物理学的更基本的概念,而把粒子归结为场的奇异点,他还试图把量子理论纳入一个基于因果性原理和连续性原理的统一场论中去,因此他在第五届索尔威会议上支持德布罗意的导波理论,并且在发言中强调量子力学不能描写单个体系的状态,只能描写许多全同体系的一个系统的行为,因而是不完备的理论。

爱因斯坦精心地设计了一系列理想实验,企图超越不确定关系的限制来揭露量子力学理论的逻辑矛盾。玻尔和海森伯等人则把量子理论同相对论作比较,有力地驳斥了爱因斯坦。1930年10月第六届索尔维会议上,爱因斯坦又绞尽脑汁提出了一个"光子箱"的理想实验,向量子力学提出了严峻的挑战。玻尔经过一个不眠之夜的紧张思考,终于发现可以用爱因斯坦自己的广义相对论来回击爱因斯坦。在第二天的会议上,玻尔指出爱因斯坦在自己的理想实验中忽略了自己的红移公式。爱因斯坦的挑战再一次被驳倒,他不得不承认量子力学的逻辑一贯性。此后,爱因斯坦转而集中批评量子力学理论的不完备性。

1935年5月,爱因斯坦同波多尔斯基和罗森一起发表了题为《能认为量子力学对物理实在的描述是完备的吗?》一文,提出了著名的以三位作者的姓的首个字母简称的"EPR悖论",使这场论战再次出现了高潮。由于第二次世界大战,论战平息了一个时期。1949年,为了纪念爱因斯坦70寿辰,玻尔在题为《爱因斯坦:哲学家—科学家》的论文集中发表了《就原子物理学的认识论问题和爱因斯坦进行的商榷》一文,全面系统地阐述了自己的观点,总结了他同爱因斯坦的论战。爱因斯坦在《对批评的回答》一文中,对玻尔的文章作了答复,批评了哥本哈根学派的实证主义倾向。直到爱因斯坦逝世以后,玻尔还在内心继续同爱因斯坦论战,玻尔去世的前一天晚上,他在工作室黑板上所画的最后一个图,就是爱因斯坦的"光子箱"草图。

以爱因斯坦和玻尔为代表的两方论战是科学史上持续最久、斗争最激烈、最富有哲学意义的论战之一,它一直持续到今天。现在物理学家们还不能作出谁是谁非的结论。因为物理学中不同哲学观点的争论不可能单靠争论自身来解决,它最终要靠物理学的理论和实践的进一步发展来裁决。

(摘自 http://book.sina.cn/nzt/liagzishihua/index.shtml)

3.3 相对论

狭义相对论和广义相对论建立以来,已经过去了很长时间,它经受住了实践和历史的考验,是人们普遍承认的真理。相对论对于现代物理学的发展和现代人类思想的发展都有巨大的影响。相对论从逻辑思想上统一了经典物理学,使经典物理学成为一个完美的科学体系。狭义相对论在狭义相对性原理的基础上统一了牛顿力学和麦克斯韦电动力学两个体系,指出它们都服从狭义相对性原理,都是对洛伦兹变换协变的,牛顿力学只不过是物体在低速运动下很好的近似规律。广义相对论又在广义协变的基础上,通过等效原理,得到了所有物理规律的广义协变形式,并建立了广义协变的引力理论,而牛顿引力理论只是它的一级近似。这就从根本上解决了以前物理学只限于惯性参照系的问题,从逻辑上得到了合理的安排。相对论严格地考察了时间、空间、物质和运动这些物理学的基本概念,给出了科学而系统的时空观和物质观,从而使物理学在逻辑上成为完美的科学体系。

　　狭义相对论给出了物体在高速运动下的运动规律,并提示了质量与能量相当,给出了质能关系式。这两项成果对低速运动的宏观物体并不明显,但在研究微观粒子时却显示了极端的重要性。因为微观粒子的运动速度一般都比较快,有的接近甚至达到光速,所以粒子的物理学离不开相对论。质能关系式不仅为量子理论的建立和发展创造了必要的条件,而且为原子核物理学的发展和应用提供了根据。

　　广义相对论建立了完善的引力理论,而引力理论主要涉及的是天体。到现在,相对论宇宙学进一步发展,而引力波物理、致密天体物理和黑洞物理这些属于相对论天体物理学的分支学科都有一定的进展,吸引了许多科学家进行研究。

　　一位法国物理学家曾经这样评价爱因斯坦:"在我们这一时代的物理学家中,爱因斯坦将位于最前列。他现在是、将来也还是人类宇宙中最有光辉的巨星之一","按照我的看法,他也许比牛顿更伟大,因为他对于科学的贡献,更加深入地进入了人类思想基本要领的结构中"。本节主要介绍狭义相对论和广义相对论的主要内容及其应用。

3.3.1　相对论的诞生和爱因斯坦生平

　　麦克斯韦电磁场理论有着牢固的实验基础,然而电磁现象出现的高速度(光速)与建立在低速领域基础上的伽利略变换存在着不可调和的矛盾。科学家提出了各种各样的可能性,如爱尔兰物理学家菲茨杰拉德(G. F. Fitz-Gerald)与荷兰物理学家洛伦兹(H. A. Lorentz)分别于 1889 年和 1892 年提出了收缩假说。他们认为在运动方向上,物理长度将会缩短,以致我们无法在光学实验中探测出"以太"漂移的迹象。洛伦兹还提出了著名的"洛伦兹变换",该变换使相对于"以太"运动以及相对于"以太"静止的两种坐标系均满足同样形式的麦克斯韦方程组,使经典物理学保持了形式上的完美。而且还提出了一切在以太中运动的粒子的速度上限是光速。但这就会出现一个问题,在物体的运动方向上发生长度收缩,那么物体的密度在各个方向上会有所不同,这可以通过双折射现象加以证明。但是,瑞利以及其他人通过一系列实验都没观察到这一现象。

1898 年,法国物理学家彭加勒(H. Poincarè)提出"光具有不变的速度,在各个方向上是同性的",他认为洛伦兹提出太多的假设,因而他主张对"以太"漂移实验的零结果引入更普通的观念。1904 年他提出没有任何实验方法可用来识别我们自身是否处于匀速运动中。1905 年,他弥补了洛伦兹公式在形式上的缺陷,强调了相对性原理的普遍性与严格性。

彭加勒和洛伦兹的先驱性工作可说都叩响了相对论的大门,可是他们都局限于牛顿绝对时空观念,始终没有放弃存在静止"以太"的假说,没有从根本上解决问题。真正突破旧理论,开辟现代物理新篇章的是德国青年物理学家爱因斯坦,他一直在苦思"以太之谜",而他走的道路与所有的人都不同。

2005 年是世界物理年,是爱因斯坦创立狭义相对论 100 周年和他逝世 50 周年。通过了解这位世界伟人的生平,将会加强我们对相对论的认识。

爱因斯坦(Albert Einstein,1879—1955)出生在德国乌尔姆市的一个犹太人家庭。和牛顿一样,爱因斯坦年幼时也未显出智力超群,相反,到 4 岁多还不会说话,家里人甚至担心他是个低能儿。6 岁时他进入了国民学校,是一个十分沉静的孩子,喜欢玩一些需要耐心和坚韧的游戏,例如用纸片搭房子。1888 年进入了中学后,学业也不突出,除了数学很好以外,其他功课都不怎么样,尤其是拉丁文和希腊文,他对古典语言毫无兴趣。当时的德国学校必须接受宗教教育,开始时爱因斯坦非常认真,但当他读了通俗的科学书籍后,认识到宗教里有许多故事是不真实的。12 岁时,他放弃了对宗教的信仰,并对所有权威和社会环境中的信念产生了怀疑,并发展成一种自由的思想。爱因斯坦发现周围有一个巨大的自然世界,它离开人类独立存在,就像一个永恒的谜。他看到,许多他非常尊敬和钦佩的人在专心从事这项事业时,找到了内心的自由和安宁。于是,少年时代的爱因斯坦就选择了科学事业,希望掌握这个自然世界的奥秘,而一旦选择了这一道路,就坚持不懈地走了下去,从来没有后悔过。

1895年,爱因斯坦来到瑞士苏黎世,准备投考苏黎世的联邦工业大学,虽然他的数学和物理考得很不错,但其他科目没有考好,学校校长推荐他去瑞士的阿劳州立中学学习一年,以补齐功课。在阿劳州立中学的这段时光中使爱因斯坦感到快乐,他尝到了瑞士自由的空气和阳光,并决心放弃德国国籍。1896年,爱因斯坦正式成为一个无国籍的人,并考进了联邦工业大学。在大学期间,他只对自己感兴趣的学科着迷。他迷上

图 3-11　晚年爱因斯坦

了物理学,他的大部分时间花在实验中,并自学了著名物理学家基尔霍夫、赫尔姆霍茨、赫兹、马赫和麦克斯韦等人的著作,数学却被冷落一旁,考试全凭一位叫格罗斯曼的同学的笔记来应付。1901年他加入了瑞士国籍,大学毕业后经过两年的努力才在尼泊尔瑞士专利局找到技术员的固定职业。1902年和索洛文、哈比希特成立了奥林匹亚科学院,大家一起讨论物理、哲学、音乐等一切能让他们感兴趣的东西。1905年前后,他在物理学的辐射理论、分子动理论、力学和电动力学基本理论及量子理论等不同领域,发表了5篇具有历史意义的论文,其中《论动体的电动力学》宣告了狭义相对论的诞生,是一篇具有划时代意义的论文。

在爱因斯坦的一生中,除了物理学,音乐也是他生命中最重要的事情之一。每当他觉得找不到解决办法或在工作中处于困惑境况时,他都会逃到音乐中,音乐通常都会解决他的所有困难。爱因斯坦自6岁起就练习拉小提琴,几年后,在母亲的伴同下,他很快就能演奏莫扎特和贝多芬的奏鸣曲了。而他对巴赫作品的态度就是倾听,演奏,爱戴,崇敬。音乐给爱因斯坦一个和谐美丽的图景,同时他也醉心于大自然的静谧。大自然给了他独自沉思的生活、研究方式,也给了他无穷的灵感、启迪,给了他排除纷繁烦恼的慰藉,所以他总是寻求远离繁华都市的乡村作为居住地。

可以说爱因斯坦日后无与伦比的创造性思维是源自于他对生生不息的大自然的感应和醒悟,同时也形成了他自由自在、不拘一格的性格。他独来独往,不爱和人交流,这样让他陷入孤独的状态。但事实上爱因斯坦有自己坚定的信念,坚信自己的选择是正确的,因而他从不惧怕孤独的痛

苦,这些可以从他的《自述》中体现出来。

爱因斯坦还具有高尚的道德和真、善、美的社会良心。在 1914 年签署了一个反对第一次世界大战的声明。二战后,为开展反对核战争的和平运动和反对美国国内法西斯危险,进行了不懈的努力。他于 1955 年 4 月 18 日在美国逝世的,但在他逝世前几天还签署了"罗素-爱因斯坦宣言",希望世界各国能用和平办法解决他们之间的争端。

3.3.2　狭义相对论

爱因斯坦在 16 岁时提出这样一个问题:如果一个人跟着光线跑而企图抓住它,那会发生什么现象呢? 对于这个问题他默默地思索了十年,认识到牛顿的绝对时空观是不存在的,即静止以太概念是不存在的。伽利略变换不能先验地假定是正确的,因为它是从牛顿力学的不变性得到的一个合理结论。1905 年,他发表了《论运动物体的电动力学》论文,以空间和时间具有均匀性为前提提出了狭义相对论的两个基本原理:

相对性原理——对于描述一切物理过程(包括物体位置变动、电磁以及原子过程)的规律,所有惯性系都是等价的。这里的物理过程也包括了光现象在内。爱因斯坦的狭义相对性原理是伽利略力学相对性原理的推广。也就是说,一切惯性系都是等价的,一切物理规律在惯性系中都可以表示为相同的形式。

光速不变原理——在所有相对于光源静止或做匀速直线运动的惯性参考系中观察,真空中的光速都相同。换句话说,真空中的光速 c 是对任何惯性参考系都使用的一个恒定值,与光源和观察者的运动状态无关。

基于以上论述,现在需要寻找一组新的时空坐标变换关系,该变换关系应当满足两个条件:首先,满足狭义相对性原理和光速不变原理这两条基本假设,其次,当质点速率远小于真空中光速时,新的变换关系应能使伽利略变换重新成立。爱因斯坦从他的两个基本原理出发,根据逻辑推理,获得了一组新的时空变换关系式,如果两个相对运动的坐标系是沿着

x 方向运动,则我们可以得到 $x' = \dfrac{x - vt}{\sqrt{1 - \beta^2}}$,$t' = \dfrac{t - \dfrac{v}{c^2}x}{\sqrt{1 - \beta^2}}$,其中 $\beta = \dfrac{v}{c}$。这组变换关系式实际上就是经典电磁学中已经提到的洛伦兹变换。可以看出来,当 $\beta \to 0$ 时,该变换又回到了伽利略变换 $x' = x - vt$,$t' = t$。

从洛伦兹变换可看出来,为使 x' 和 t' 保持为实数,v 必须不大于 c,

这表明在相对论中,任何物体的速率均不会超过光速。空间间隔、时间和时间间隔都变成相对的量。时空不可分割而与运动紧密的联系在一起。

以洛伦兹变换对牛顿方程与麦克斯韦方程进行坐标变化,麦克斯韦方程的数学形式不变,牛顿方程经过适当修改后也可保持不变,也就是说,他们都可以满足相对性原理。这样一来,力学规律与电磁运动规律的时空性质就统一起来了。

洛伦兹变换是狭义相对论的一个重要结论,但是两者的含义却截然不同。洛伦兹提出的变换方程仅仅是一种数学技巧,并不清楚它的物理意义,而爱因斯坦是基于两个基本原理推导出来的,具有本质的意义,它彻底否定了绝对时空观以及时间和空间毫不相关的传统观念,是时空观的一个重大变革。

狭义相对论不但深刻地改变了人们的经典时空观,而且得到了全新的质量和能量的关系,下面我们主要介绍狭义相对论的尺缩效应、时间膨胀效应和质能关系。

首先是尺缩效应,它是指一个物体相对于观察者静止时,它的长度测量值最大,如一把尺子,静止长度为 l_0,如果它相对于观察者以速度 v 运动时,那么,沿相对运动方向上,它的长度要缩短,其长度变为:$l = l_0 \sqrt{1-\beta^2}$。这个比较容易得到证明:将一把尺子静止于 S' 系中,在初始时刻 S 和 S' 系的原点 O 重合,S' 相对于 S 以速度 $v = \beta c$ 运动,在初始时刻测量尺子两端在 S' 系坐标为 x'_1 和 x'_2,则:$l_0 = x'_2 - x'_1$。经过 t 时间后,测量尺两端在 S 系的坐标为 x_1 和 x_2,尺子以速度 $v = \beta c$ 运动的长度 $l = x_2 - x_1$,由洛伦兹变换得到 $l_0 = \dfrac{l}{\sqrt{1-\beta^2}}$,得 $l = l_0 \sqrt{1-\beta^2}$,由相对性原理知,如果将尺子静止放在 S' 系,那么在 S' 系的观察者同样见到尺子缩短为原来的 $\sqrt{1-\beta^2}$ 倍。由于在日常生活中碰到的都是低速问题,β 数值很小,因此相对论效应并不明显。如果我们假设有这么一个世界,他们的最大速度不是光速,而是火车的速度,这样他们骑自行车的速度就和他们的最大速度可以比拟了,此时相对论效应将成为日常生活一个常见的效应。图 3-12 是假设人们生活在一个最大速度很小的城市中而发生的尺缩效应。

时间膨胀是狭义相对论的一个重要结论。从两个不同惯性参考系看来,两个事件间的时间间隔不同,如一个时钟静止在以上说的两个坐标系中的 S 惯性参考中,时钟的时间间隔是 t,则在 S' 惯性系去看这一时钟

的时间间隔则为 t'，则从洛伦兹变换容易推导得到 $t = t'/\sqrt{1-\beta^2}$。可知 $t' > t$，即在 S' 系中的时间变慢了。

运动尺子的缩短和运动时钟的变慢效应，都是相对论时空的基本属性，与物体内部结果无关，这两个重要的相对论运动学效应，现在可以由实验得到证明。例如，人们在地面实验室中测量到一种粒子叫做 μ 子的平均寿命是 2.15×10^{-6} 秒。但是，后来人们发现宇宙线中也含有大量的高能量的 μ 子，如果认为它们的平均寿命也是地面实验室测得的结果一样，那么以它们的运行速度 $0.996c$ 运行，也只

图 3-12　夸张尺缩效应

能穿过 643.7m 的距离，与地球大气层的厚度根本不可比拟，因此按照经典力学理论，我们是不可能在地面上探测到该粒子，但是实际情况是人们确实在地面上探测到了 μ 子。其实，由于 μ 子运动速度接近光速按照相对论的时间膨胀效应，此时 μ 子寿命的平均理论值可达 26.72×10^{-6} 秒，实验值为 $(26.15 \pm 0.03) \times 10^{-6}$ 秒，理论值和实验值的偏差仅为 2%。这就很好地证明了相对论的正确性。

某物的静止质量为 m_0，当它以速度 v 运动时，其运动质量为 m，根据狭义相对论则运动质量大于静止时的质量，即 $m = m_0/\sqrt{1-\beta^2}$。可以假设真空中有一辆理想的铁板车，只受推力 F 的作用。如果我们持续的推它，它的速度就越来越快，但随着时间的推移它的质量也越来越大，起初好像车上堆满了钢铁，然后好像是装着一座喜马拉雅山，再然后好像是装着一个地球，一个太阳系，一个银河系……当它达到光速时，好像整个宇宙都装在它的上面，它的质量达到无穷大，这时，你无论施加多大的力，无论推多长的时间，小车都不可能运动得再快一点，同时也说明了光速是一个极限速度，这个理论是自恰的。事实上彭加勒也提过光速不变原理，但是它却没有与先前提出的相对性原理结合起来，以致未能将自己的新思想进一步提高，提出新的时空理论，这对他来说的确是件憾事。

在狭义相对论创建后三个月，爱因斯坦又提出了一个最有影响的推论——质能方程，即 $E = mc^2$。从公式中我们可以看到物体质量的增加

与动能增加有着密切联系,当某物的质量发生变化时,必然要伴随着能量变化。这个方程是爱因斯坦在 1905 年 9 月的《物体的惯性同它所含的能量有关吗?》这篇论文中提出的。在这篇不到三页的论文中,爱因斯坦轻而易举地解释了放射性元素释放出的巨大能量的原因。狭义相对论的质量和能量关系式破坏了经典物理的质量守恒和能量守恒定律,导致了新的"质能守恒"定律,为人类利用核能提供了理论基础,预言了获得原子能的现实可能性。1939 年科学家发现了链式反应使

图 3-13　我国第一颗原子弹于 1964 年 10 月 16 日试验成功

预言成为现实。第一颗原子弹在美国爆炸成功,证实了质能方程的无穷力量。图 3-13 是我国第一颗原子弹爆炸时的场景。

　　著名物理学家普朗克对狭义相对论给予很高的评价,并热心进行宣传,爱因斯坦的老师著名数学家闵可夫斯基(Minkowski)也是最早认识到相对论重要意义的人之一。他曾因爱因斯坦不注重正规功课,喜欢独立思考而不喜欢他。但这个不受教授们欢迎的学生离校五年后所发表的相对论,却使闵可夫斯基惊讶和赞叹。他不仅到处宣传狭义相对论思想,而且自己也进行了深入研究。他引进了第四坐标——时空坐标,同三维空间坐标结合在一起,组成四维空间,用来描述物理事件,为狭义相对论找到了比较完美的数学形式,为狭义相对论发展到广义相对论提供了必不可少的手段。

　　狭义相对论并不是全盘否定经典力学,相反,它是把经典力学作为一种特殊情况包括在自身中。在狭义相对论中,经典力学只是它在低速情况下的一种特例。但狭义相对论也有它的局限性,例如它没有解决惯性系何以优于其他参考系之谜,也没有进一步揭示时空与物质分布的关系。狭义相对论只有在引力场比较弱、引力的影响可以忽略的情况下,其结论才是正确的。又比如狭义相对论很难解释双生子佯谬。该佯谬说的是,有一对孪生兄弟,哥哥乘宇宙飞船以接近光速的速度做宇宙航行,根据相对论效应,高速运动的时钟变慢,等哥哥转了几天回来时,弟弟已经变得很老了,因为地球上已经历了几十年了。按照相对性原理,飞船相对于地球高速运动,地球相对于飞船也高速运动,弟弟看哥哥变年轻了,哥哥也应

该看弟弟年轻了,等他们相聚到一起会怎么样呢?这个问题简直没法回答。实际上,狭义相对论只处理匀速直线运动,而哥哥要想回来必须经过一个变速(至少要改变运动方向)运动过程,在这个变速过程中的相对论效应,狭义相对论无法处理。这个问题最终还是要用广义相对论来解释。

3.3.3 广义相对论

爱因斯坦建立广义相对论的突破口是把狭义相对性原理推广到加速运动的非惯性系中去。1907 年,他在《关于相对性原理和由此得出的结论》中提出自然规律同参考系的运动状态无关,这一假说不仅对非加速参照系成立,而且对加速运动的参照系也成立,这就是广义相对论中的第一个基本原理:广义相对性原理,即所有参考系均可等效地用来描述物理规律,因而要求物理定律的数学形式在任意坐标变换下保持不变,即物理规律在一切参考系中都成立。此原理是爱因斯坦通过抓住伽利略早已揭示的惯性质量同引力质量(在经典力学中,物质有两种质量,一种是牛顿第二定律中的惯性质量,另外一种是万有引力中的引力质量)相等这一古老事实,把相对性原理加以推广而得到的。

另一方面,爱因斯坦认为,惯性质量和引力质量的定义是完全不同的,但它们的数值却完全相等,这就意味着引力场加给物体的加速同物体的本性无关,即伽利略发现的引力场中一切物体具有同一加速度,由此爱因斯坦提出了广义相对论中的第二条基本原理:等效原理。其内容是:一个加速度为 a 的非惯性系等效于含有均匀引力场的惯性系,也就是说在一个加速系统中所看到的运动与存在引力场的惯性系统中所看到的运动完全相同,惯性质量与引力质量是等效的。我们可以设想在一个足够小的时空间隔内,考察一个电梯在地球引力场中的运动,可以把地球引力场看成是均匀的。让一个观察者处在密闭的电梯内,如果电梯在地球引力场中处于静止或匀速运动状态,电梯内的人受地球引力场作用,使他的脚同地板之间的压力等于他的重量;也可以设想没有引力场的存在,电梯以等加速度向上运动,其加速度恰好与重力加速度相等,此时电梯内的人在惯性力场作用下,其脚同地板之间产生一个压力,其大小也必然同他的重量相等。处于密闭电梯内的人将无法分辨电梯到底是处于哪一种情况,因为此时惯性力场同地球引力场是相等的。如果地球引力场中的电梯绳索断了,电梯以重力加速度的数值向下运动,电梯在引力场中自由下落,因为惯性力量同地球力量相抵消,此时电梯内的人将处于失重状态。这个理想实验说明等效原理是合理的,一个存在引力场的惯性系与一个不存在引力场的加速运动的非惯性系是等效的。

等效原理把惯性力同引力场统一起来了,在此原理上爱因斯坦又进一步提出了"广义协变原理",认为在任何参照系中,物理学规律的数学形式是相同的。这就说明自然界的规律性与我们选择的坐标无关。这样相对性原理就由惯性系推广到了非惯性系,从而把狭义相对论变成了广义相对论,这也是这一理论被称为广义相对论的含义。

广义相对论认为,由于有物质的存在,空间和时间会发生弯曲,而引力场实际上是一个弯曲的时空。爱因斯坦认为现实的物质空间不是平直的欧几里得空间,因此选择了黎曼几何学的弯曲空间。空间弯曲的程度取决于物质在空间的几何分布。物质密度分布越大,时空"弯曲"越厉害。狭义相对论指出时空的性质取决于运动,广义相对论进一步指出,时空的性质还取决于物质本身的分布。它还揭示了引力的本质,从新的高度彻底否定了牛顿的绝对时空观。到了1916年初,爱因斯坦进行了系统的理论总结,发表了《广义相对论的基础》,在他看来,这是他一生中最重要的科学发现,也是他一生中最愉快的事。

广义相对论的主要结论　按照广义相对论,爱因斯坦曾预言了三个重要效应,是对广义相对论基本结论的验证。

首先是行星近日点的进动问题,如图 3-14 所示。行星以椭圆轨道绕太阳在自己的平面上很缓慢地旋转。行星每运行一周,近日点便移动一个角度。法国天文学家勒维耶在考虑到所有可能影响之后,计算出水星轨道近日点进动的观测值与理论值相比每

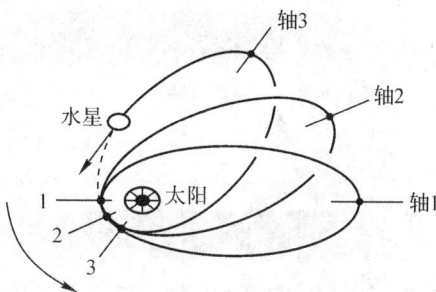

图 3-14　水星近日点进动

世纪快 38″(今测值为 42″.6),当时用牛顿的万有引力定律难以对它进行解释,而用广义相对论计算值十分接近。

其次是光线在引力场中弯曲,如图 3-15 所示。爱因斯坦计算出恒星光线经过太阳边缘将会发生 1.7 秒的偏转。他的这一结果在 1919 年,由英国人爱丁顿(Eddington)率领的日全食观测队在巴西的索布拉尔和非洲的普林西比所拍摄的日全食照片,通过比较观测到的数值证实了爱因

斯坦的预言是正确的。

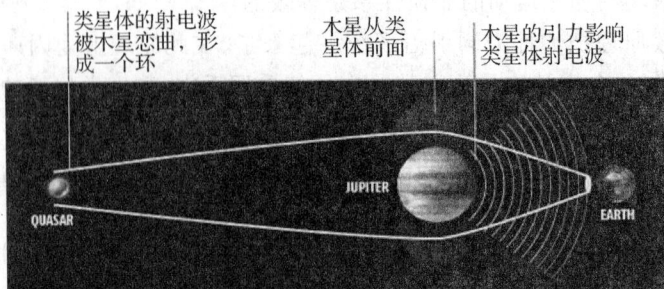

图 3-15　光线在引力场中发生弯曲

最后是光谱线红向移动,如图 3-16 所示。光从引力场强的地方传向引力场弱的地方,频率会变低,波长会变长,谱线整体上会向红端移动。在可见光中,红光的频率最低,所以一般把频率降低的现象叫红移。1925年,美国天文学家亚当斯对天狼伴星光谱线的观测证实了引力频移。1960 年以后,太阳光谱线的引力红移也被庞德等人利用穆斯褒尔效应在地面实验室中测定,其结果与理论值是一致的。

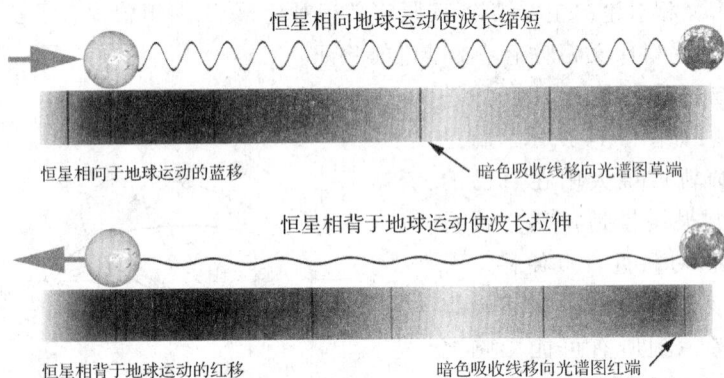

图 3-16　引力红移现象

爱因斯坦创立相对论后,使质量与能量统一起来,使惯性系与非惯性系统一起来,使惯性质量与引力质量统一起来,可他却不能建立一个包括电磁场定律在内的统一场论。虽然他为此奋斗了后半辈子也没有成功,但他试图把各种相互作用统一起来的思想还是有意义的,值得我们去学习研究。

【附录】　黑洞和大爆炸宇宙模型

黑洞　广义相对论表明,引力场可以造成空间弯曲,也就是说有物质存在的时空就变得弯曲了,两点之间的距离因物质的存在而被拉伸或挤压。一个直观的比喻是,水平伸开的一块布应该是平坦的,当你在布上放置一个铅球后,布面就变得弯曲了,这时再放置一个小玻璃球在布上,它就会滚向中央的铅球。同理,星球的质量使周围的时空弯曲,星球上的"引力"实际上是一个时空被弯曲的现象。比如说有一个天体的质量与太阳相

附图 3-1　黑洞

同,而半径只有 3 公里时,引力的强烈挤压会使那个天体的密度无限增大,然后产生灾难性的坍塌,使那里的时空变得无限弯曲,在这样的时空中,连光都不能逃逸,这就是黑洞,如附图 3-1 所示。

严格讲黑洞只是一个空间区域,具有很大的质量,密度极高,将时空扭曲成漏斗状。刚开始几乎没人相信有这样一个奇怪的天体,甚至爱因斯坦本人都反对过,黑洞这个名字也是到了 1967 年由美国物理学家惠勒命名的。到了 20 世纪 60 年代,黑洞的奇异特性才引起了越来越多物理学家的关注,逐渐相信它的存在。特别是 90 年代后期,黑洞的研究成为物理学家的一个热点。由广义相对论我们得出,球对称黑洞的内部有一个奇点,除了质量、电荷和角动量之外,物质其他特性全部丧失,原子、分子等都将不复存在,时间到了终点,同时也是空间的尽头。到了黑洞的中心,全部物质被强烈地挤压成一个体积无限趋近于零的几何点,任何强大的力量都不可能把它们分开。所以进入了黑洞就是进入了一个死胡同。黑洞内部还存在着巨大的潮汐力,进入其内的东西不断一分为二,很快就变得粉碎,不会留下任何痕迹。

黑洞是由广义相对论导出,却无法对奇点进行考察,最后是由量子理论解决。而量子理论和相对论却是两个截然不同的理论,这还是科学家还在努力研究的一个课题。

自相对论诞生之日起,所带来的时空观革命极大地拓展了人类对宇宙的理解,他能完整地描述整个宇宙。那我们所说的宇宙是怎么来的。19 世纪科学家给出了各种猜想假说,在 1917 年,爱因斯坦发表了《根据广义相对论对宇宙的考察》一文,提出了一个体积有限但没有边界的宇宙模型,宇宙不是膨胀就是收缩,还引进一个宇宙常数,认为宇宙是一个有物质无运动的静态模型。同年,荷兰人德西特提出一个物质密度等于零,但却不断膨胀着的宇宙模型,这是一个有运动无物质的空虚宇宙。接下来有苏联人弗里德曼,比利时人勒梅特先后提出了各自的宇宙膨胀模型。到了 20 世纪哈勃发现所有星系都远离我们而去,这表明宇宙正在不断膨胀。到 1945 年,当第一

83

颗原子弹爆炸成功,看着蘑菇云升起的照片,给著名物理学家,弗里德曼的得意门生伽莫夫一个灵感,把原子弹规模"放大"到无穷大,不就成了宇宙爆炸吗?到了1948年,他完善了勒梅特的理论,提出了系统的大爆炸宇宙学说,把我们生存的宇宙追溯到了200亿年前。据说爆炸前没有时间存在,宇宙自身是一个极度致密的点,随着爆炸,空间、时间和星系物质同时扩展。

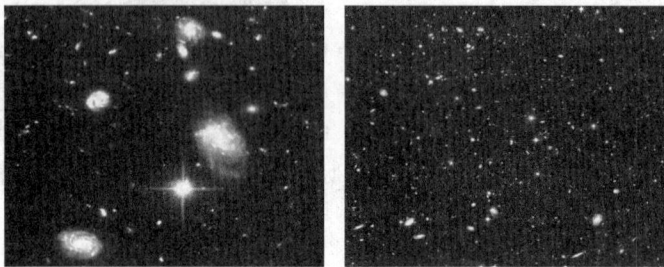

附图3-2 "哈勃超深地域"照片上有超过10000个星系,揭示了宇宙大爆炸早期各种形状、大小和年龄的星系

大爆炸预言,宇宙爆炸后原初辐射达到热平衡时,必定还存在着高温宇宙残余辐射,不过温度已降到6K左右。1964年,美国贝尔电话公司的彭齐亚斯和威尔逊发现了一种原因不明,消除不掉的噪声辐射,之后确认为早期宇宙的残余背景辐射,其温度相当于2.7K的黑体辐射普线,这是宇宙大爆炸理论的一个有力证据。科学家还测出宇宙中残存的氦丰度为25%左右,这种普适的丰度也是支持宇宙大爆炸理论的有力证据。另外,如附图3-2哈勃望远镜观测到的照片也有力地支持了大爆炸宇宙模型。但作为宇宙大爆炸理论基础的物理学本身还有许多谜,如强相互作用与引力相互作用仍没有被统一起来,人类对暗物质和反物质了解甚少等因素让许多天文学家不接受宇宙大爆炸论,但在目前,此理论只能说是比较好的一种宇宙理论。

(整理改编自:http://tech.sina.com/d/focns/Blackholes/)

参考文献

1. 靳毅,窦新旺. 现代物理学掠影. 开封教育学院学报,2002,(22):34-36.

2. 周世勋. 量子力学. 北京:高等教育出版社,1979.

3. 杨福家. 原子物理学. 北京:高等教育出版社,1990.

4. 张孔辉. 海森堡矩阵力学体系的形成. 哈尔滨师范大学自然科学学报. 1996(11-12):41-43.

5. 曾谨言. 量子力学(卷Ⅰ). 北京:科学出版社,1993.

6. 金尚年. 自然哲学的演化. 上海:复旦大学出版社,2001.

7. 聂运伟. 爱因斯坦传. 武汉:湖北辞书出版社,1996.

8. 全 林. 科技史简论. 北京:科学出版社,2002.

9. 王福山. 近代物理学史研究. 上海:复旦大学出版社,1986.

10. 阿瑟·I·米勒. 爱因斯坦·毕加索. 上海:上海科技教育出版社, 2003.

11. 李建珊,刘洪涛. 世界科技文化史. 武汉:华中理工大学出版社, 1999.

12. 何维杰,欧阳玉. 物理思想史与方法论. 长沙:湖南大学出版社, 2001.

13. 王太庆,孙鼎国,吴可. 西方自然哲学原著选辑. 北京:北京大学 出版社,1993.

14. 盛维勇,张明国,王东梅. 科学技术哲学教程. 北京:中国环境科 学出版社,2001.

第 4 章

近代化学发展史

4.1 近代无机化学史

4.1.1 波义耳把化学确立为科学

17世纪以前的化学知识，一部分是炼金术的内容，目的在于变贱金属为黄金或白银；一部分是医药学的内容，目的在于发展医药，治病救人；一部分是化工生产的内容，目的在于增加产品的种类和提高产品的质量。化学研究处在十分混乱的状态，没有独立性，没有明确的、正确的研究目的，附属于炼金术和医学。罗伯特·波义耳在1661年出版了《怀疑派的化学家》一书，批判了炼金术赖以存在的思想理论基础，建立了科学的元素概念，把化学确立为专为探索自然界本质的一门科学。

罗伯特·波义耳（Robert Boyle，1627—1691）与牛顿、伽利略、开普勒、笛卡儿处于同一时代。

波义耳生于爱尔兰西南部沃特福德郡的利兹莫城，是当时爱尔兰首富科克伯爵理查德·波义耳的第7个儿子，14个子女中最小的。自幼受过良好的教育，8岁入伊顿学校，11岁去瑞士日内瓦，接着又去法国、意大利旅游和学习。15岁回到英国，住在多尔塞特，博览了科学、哲学和神学等方面的书籍。27岁迁居牛津，同胡克等许多科学家进行每周一次的学术交流，自称他们的聚会是"无形大学"，后来这个组织发展为世界第一个学会组织——英国皇家学会，1663年设会所于伦敦。

图 4-1　波义耳

波义耳信奉弗·培根的唯物主义哲学和实验方法论。弗·培根提倡科学,宣传功利主义的科学观。他的科学思想在英国的传播对皇家学会的建立起了极其关键的作用。他大力研究实验方法论,为新兴的近代科学提供新工具。波义耳在培根思想的影响下,在青年时就建立了自己的实验室。他发现了物理学中的"波义耳-马略特定律";发明减压蒸馏装置;重视定量研究,通过金属煅烧实验发现金属增重现象;在实验中,他还用一些植物浸提液来检验溶液的酸碱性,发明指示剂;用焰色、气体、沉淀生成、显色等特征反应来检验某些物质;把硝酸银、溴化银用于照相术上,做了先导性工作。他从动物尿中提取了磷,指出磷只在空气存在时才发光,磷在空气中燃烧形成白烟,这种白烟很快和水发生作用,形成的溶液呈酸性,这就是磷酸;把磷与强碱一起加热,会得到某种气体(磷化氢),这种气体与空气接触就燃烧起来,并形成缕缕白烟。他的名言是:"人之所以能效力于世界,莫过于勤在实验上下功夫。"

波义耳在《怀疑派的化学家》一书中,首次提出化学元素的科学概念,指出"元素,就是……某种不由任何其他物体构成的或是互相构成的原始的和简单的物质,或是完全没有混杂的物质,它们是一些基本成分;一切被称为真正的混合物都是由这些成分直接混合而成的,并且最后仍可分解为这些成分",大部分的已知物质元素都是由基本微粒的聚合体构成的,因此,通过粒子的重新排列,这些物质几乎可以转变成任何其他物质。虽然,波义耳理解的元素和现代的元素概念的含义不尽相同,但它相对于亚里士多德和医药学家提出的传统的"水、气、火、土四元素说"、"汞、硫、盐三要素",以及"冷、热、干、湿原性说",是一巨大进步,令人耳目一新。

波义耳在《怀疑派的化学家》一书中又说"化学,到目前为止,还是认为只在制造医药和工业品方面具有价值。但是我们所说的化学,绝不是医学或药学的婢女,也不是甘当工艺和冶金的奴仆。化学本身作为自然科学中的一个独立部分,是探索宇宙奥秘的一个方面。化学,必须是为真理而追求真理的化学",指出化学应当为自身的目的去进行研究,即研究物质的组成、性质及其化学变化,从而明确了化学的研究对象,元素、化合物、混合物等基本概念随之相继建立。这些带根本性的变化,使得化学走上研究物质自身的正确道路,化学开始从炼金术的桎梏和医药学的附属下独立出来,成为一门科学。

1680年波义耳这位百科全书式的科学家被选为皇家学会会长。

4.1.2 气体化学和化学革命

对二氧化碳的研究

比利时科学家海尔蒙特（Jan Baptist van Helmont，1577—1644）最早提出"gas"这个词，对二氧化碳有了初步认识。

英国化学家、生理学家黑尔斯（Stephen Hales，1677—1761）创造了排水和排汞取气法，给化学家发现和研究各种气体带来方便。

英国化学家布拉克（Joseph Black，1728—1799）从 1754 年开始应用定量的方法来研究二氧化碳。他在石灰石煅烧前后分别称其重量，发现石灰石煅烧后减轻了 44%，他断定这是因为有气体从中放出的缘故。由于这种气体是固定在石灰石中的，他就将它命名为"固定空气（fixed air）"。他发现这种气体能被苛性碱吸收，使苛性碱变为苏打；蜡烛在里面不能继续燃烧，麻雀在里面会窒息而死。

英国化学家、物理学家亨利·卡文迪许（Henry Cavendish，1731—1810）指出收集"固定空气"必须用汞代替水。他用物理方法测出了"固定空气"的密度是空气密度的一倍半，从实验上证明了"固定空气"能溶解于同体积的水中，且与动物呼出的、木炭燃烧后产生的气体相同。普里斯特列和拉瓦锡继续研究，1774 年拉瓦锡确定固定空气是碳的氧化物。

图 4-2　黑尔斯

图 4-3　布拉克

氢气的发现

瑞士医生帕拉塞尔苏斯（Paracelsus Philippus Aureolus，1493—1541）以及海耳蒙特、波义耳、法国药剂师勒梅里（Nicolas Lemery，1645—1715）先后都接触过氢气，但当时收集得到氢气并研究得最深入的是卡文迪许。卡文迪许用稀硫酸或盐酸跟锌、铁、锡等反应制得氢气，并用排水集气法收集了这种气体，他发现不管用什么酸来溶解同样重量的某种金属，都能得到相同质量的氢气。

1781 年，卡文迪许用不同比例的氢气和氧气的混合物进行爆鸣实验，得到同样的生成物。他由此认定水是由氢和氧组成的，并测出氢气和氧气化合成水时的体积之比为 2.02∶1，从而证明了水不是元素而是化合物。1787 年,拉瓦锡给这种气体冠以"hydrogen"的名称。

1760 年卡文迪许被选为伦敦皇家学会成员,1803 年又成为法国研究院的 18 名外籍院士之一。他被誉为化学界的牛顿。1871—1874 年间剑桥大学的校长威廉·卡文迪许(亨利·卡文迪许的亲属)私人捐款兴建了卡文迪许实验室。该实验室至今已经走出了 28 位诺贝尔奖获得者。

氧气的发现

氧气是舍勒、普利斯特列、拉瓦锡共同发现的。

瑞典药剂师及化学家舍勒(Karl Wilhelm Scheele,1742—1786)当过药剂师的助手,现在正逐渐被科学史家认为是 18 世纪最伟大的化学家。他在化学上有许多发现,在科学史上几乎是无与伦比的。他分离出了砷、钡、氯、镁、钼和氮,制造出了几十种重要的新型化合物,包括苯甲酸、柠檬酸、亚砷酸铜(绿色颜料舍勒绿)、没食子酸、氰化氢、硫化氢、氟化氢、乳酸、苹果酸、多种高锰酸、四氟化硅、酒石酸、钨酸和尿酸。舍勒还发现,某些银盐遇光会发生变化,预见了摄影术的基础。他注意到石墨与二硫化钼的结构相似性,从那以后二硫化钼便开始作为一种比石墨优越的固体润滑剂得到广泛使用。

1771 年,舍勒在加热氧化汞时,发现了一种具有奇特性质的新型气体。它无色、无臭,身处其中的小动物如老鼠非常活泼。带火星的木条放进这种气体,会立刻冒出火焰。舍勒把这种气体称为"火气",成为第一个发现空气中含有两种气体、一种能够支持燃烧而另一种不能的人。他立刻写了一本叫作《论空气和火的化学》的书,描述了这些实验。瑞典化学家贝格曼(Torbern Bergman)答应给舍勒的书写序言,拖到 1777 年这本书才得以出版。这时候,普利斯特列(Joseph Priestley)的类似实验结果已经发表很久了。

1774 年的一天,朋友送给普利斯特列一个直径为 0.305 米的放大镜。他便利用这个放大镜做"助手",在实验室里做起实验来。

1774 年 8 月 1 日,普利斯特列记录道:"如果把各种不同的东西放在一只充满水银的瓶子里,然后,再把那瓶子倒放在水银槽中。接着,再用凸透镜使太阳的热集中到那物体上,我不知道会得到什么结果。在做了许多实验后,我想拿三仙丹(即氧化汞)来做实验看一看。我非常快乐地看到,当我用凸透镜照射之后,三仙丹竟然产生出许多气体。"

普利斯特列立即在水槽里收集了这种气体。在做进一步的研究时,他又发现,在盛这种气体的玻璃瓶里,木炭的燃烧异常猛烈。他又把两只小老鼠放进了充满这种气体的瓶子里,这两只小老鼠也一反常态,显得比平时更活泼、快活。他异常激动,亲自试了试这种气体对人的影响,当气体吸入他的肺部时,他顿时感到一种从未有过的轻松和舒畅。

这种气体就是氧气。不过,当时普利斯特列由于受"燃素学说"的错误影响,没有认识到这就是氧气,而是给它取名叫"失燃素的空气"。

普利斯特列当年去拜访法国化学家拉瓦锡(Antoine Laurent Lavoisier),把自己的实验结果告诉了拉瓦锡。拉瓦锡立刻重复了普利斯特列的实验,证实了这一发现,并马上认识到其重要性,想到这种新气体是空气的重要组成部分。拉瓦锡决定把它称作氧气(Oxygen),希腊文的意思是"酸素"(其实不是)。他也像舍勒一样指出,空气中含有两种主要气体,一种支持燃烧(氧),一种不支持(氮)。他还研究了呼吸氧气的动物产生的热,证明呼吸作用与燃烧有关系。

拉瓦锡与化学革命

拉瓦锡是世界化学发展史上最重要的人物之一。他于1743年8月26日生于巴黎一个高级律师之家,自幼聪慧勤勉,博学多识,对天文学、数学、化学、植物学、矿物学、地质学等都有涉猎和研究,1764年,21岁的拉瓦锡于巴黎法政大学毕业后,放弃了律师职业,投入了他所酷爱的化学研究。1768年,年仅25岁的拉瓦锡以惊人的业绩成为皇家科学院的院士,从此迎来了他的科学之春。他拨开了"炼金术"的迷雾,引入了近代化学的灿烂阳光。

图4-4　拉瓦锡夫妇

1772年秋天,拉瓦锡开始对硫、锡和铅在空气中燃烧的现象进行研究。为了确定空气是否参加反应,他设计了著名的钟罩实验。通过这一实验,可以测量反应前后气体体积的变化,得到参与反应的气体体积。他还将铅在真空密封容器中加热,发现质量不变,加热后打开容器,发现质量迅速增加。尽管实验现象与燃素说支持者相同,但是拉瓦锡提出了另一种解释,即认为物质的燃烧是可燃物与空气中某种物质结合的结果,这样可以同时解释燃烧需要空气和金属燃烧后质量变重的问题。此后拉瓦锡创建了燃烧氧化学说,推翻了世人仰奉已久、以德国医生斯塔尔为代表人物的"燃素说",该学说认为物质在空气中燃烧是物质失去燃素,空气得到燃素的过程。

拉瓦锡建立了质量守恒定律,使化学反应中量的关系严密化、科学化;他首次给化合物以合理的命名,使这一领域从此有了科学的遵循;基于氧化说和质量守恒定律,1789 年拉瓦锡发表了教科书《普通化学原理》,在这部书里拉瓦锡定义了元素的概念,并对当时常见的化学物质进行了分类,总结出 33 种元素(尽管一些实际上是化合物)和常见化合物,使得当时零碎的化学知识逐渐清晰化,加深了人们对物质结构的认识。在该书的实验部分中拉瓦锡强调了定量分析。他的著作《普通化学原理》与牛顿的《自然哲学的数学原理》齐名,被称为科学的奠基性著作。惊人的成就使他毫无疑问地成为现代化学理论的奠基人,杰出的开创使他理所当然地被尊为"近代化学之父"。他的研究被称为化学革命。

法国大革命期间,拉瓦锡因为担任过"包税官"曾对民众横征暴敛而于 1794 年 5 月 8 日被处死。

4.1.3 原子—分子学说的确立

道尔顿与化学原子论

英国化学家道尔顿(John Dalton, 1766—1844),生于坎伯雷的一个纺织工人家庭。主要靠自学成才,曾在肯代市一个学校任校长,1793 年起在曼彻斯特教授数学和自然哲学。

在道尔顿来到曼彻斯特以前,盲人哲学家高夫(John Gough)激发了了他对气象的兴趣,从 1787 年起他连续 57 年记气象观察日记。道尔顿还测定了水的密度随温度的变化,得知水的密度在 6.1℃(现代值是 4℃)时最大。

图 4-5 道尔顿

道尔顿还研究过色盲——一度曾被称作道尔顿症,因为他和他的一个兄弟都患有色盲症。

由于对气象、大气和一般气体进行了长期研究,道尔顿于 1803 年提

出了气体分压定律(即混合气体的总压力等于各组分气体占有相同体积时所具有的压力的总和)。他还研究了气体体积与温度的关系,得出了所有气体具有相同的热膨胀系数的结论(1801),与盖-吕萨克的研究结果不谋而合。此外他也研究了气体的扩散和气体在水中的溶解度。

研究水对气体的吸收导致道尔顿构筑了他的原子论——他认为气体必定是由微粒组成的,这些微粒能占据构成水的微粒之间的一定的空间;而在气体混合物中不同的微粒必定是相互混合而不是依据其密度大小而分层。

道尔顿的原子论可概括如下:

1.每种元素由称为原子的不可再分割的微粒构成。

2.同一种元素的原子具有相同的重量(质量)、体积和化学性质;不同元素的原子具有不同的性质。

3.不同元素相化合时,原子以简单整数结合而形成复杂原子(现称分子)。

1808年道尔顿列出了一张原子量表以及他新近设计的化学元素符号体系,将化学中的混乱变成了一种有序的状态。他引导同时代的科学家的思想走向正确的方向,为以后几代科学家打下了基础。

恩格斯对道尔顿评价很高,说"在化学中,特别感谢道尔顿发现了原子论,已达到的各种结果都具有了秩序和相对的可靠性,已经能够有系统地,差不多是有计划地向还没有被征服的领域进攻,可以和计划周密地围攻一个堡垒相比"。美国迈克尔·H·哈特在《历史上最有影响的100人》一书中也把道尔顿和拉瓦锡、法拉第等列入最有影响的100人。

阿佛加德罗分子假说

阿佛加德罗(Amedeo Avogadro, 1776—1856),意大利化学家。出生于都灵市一个律师家庭,1792年进都灵大学法律系学习,取得法学博士学位后,曾开业当律师。1800年弃法从理,十分勤奋,1820年被聘任都灵大学理科教授。自1819年被选为都灵科学院院士后,还担任过意大利教育委员和度量衡学会会长。

阿佛加德罗在化学上的重大贡献是建立分子学说。1809年盖-吕萨克发表了当气

图 4-6　阿佛加德罗

体进行化学反应时,其体积成简单整数比的定律,这给道尔顿的原子论出了一道不能解决的难题。为了使道尔顿原子论走出困境,阿佛加德罗提出了分子学说,该学说的基本论点是:(1)许多气体分子是由两个原子组成的,如氧气、氮气,它们绝非是单原子的。(2)在同温、同压下,同体积的气体有同数个分子。虽然,阿佛加德罗的分子学说是正确的,解决了道尔顿原子论与盖-吕萨克定律的矛盾,但是,当时的化学界受贝采里乌斯的二元说影响很深,认为同一种原子不可能结合在一起。于是,阿佛加德罗的分子说,遭到以贝采里乌斯为首、包括道尔顿在内的化学家的反对,致使这一光辉成就埋没达十年之久。在他生前,该学说未能取得化学界的公认。

康尼查罗与分子—原子论的确立

康尼查罗(Stanislao Cannizzaro,1826—1910),出生在意大利西西里岛巴勒摩的一个警察局长之家。中学时的康尼查罗便被认为是很有才华的学生,无论文学、数学还是历史均成绩优异。1841 年,康尼查罗进入巴勒莫大学医学系学习。

康尼查罗以求知欲强和兴趣广泛而出众。他具有杰出的才干和顽强的性格,能深刻地掌握和理解课堂讲授的内容,因而深得教授们的赏识。他不仅听医学方面的课程,还常听文学和数学方面的课程。1845 年他在那不勒斯的代表大会上作了关于辨别运动神经和感觉神经方面的报告,受到与会代表的鼓励和鞭策,促使他一方面要从生物学的角度去研究,另一方面又要从化学方面去探索。

1845 年秋,康尼查罗前往比萨,并在著名实验家皮利亚的实验室里当助手。在皮利亚的影响下,他深深爱上了化学这门学科。后来,他到法国巴黎,在舍夫勒实验室从事科研。1850 年,他发表了关于氨基氰的论文,次年又发表了关于氨基氰受热后发生转化的论文。

不久,康尼查罗便返回意大利的亚历山大里亚工业学院进行科学研究。有机合成新发现引起了他对研究苯甲醛及其特征反应的兴趣。他发现,把苯甲醛与碳酸钾一起加热时,苯甲醛特有的苦杏仁气味很快消失,气味也变得好闻了。他对反应混合物进行定量分析,得知产物中既有苯甲酸,又有苯甲醇。1853 年,康尼查罗公布了他的研究成果,人们把这类歧化反应称为"康尼查罗反应"。

1855 年,康尼查罗在热那亚大学获得教授的职位。其后,他与贝塔尼尼等一起完成了对苯甲醇衍生物的研究——从苄醇制苄氯,又将苄氯

转变成苯乙酸。从此,他一直注意化学的基本理论问题,并写成了"化学哲学发展纲要"的论文,要点为:

1.强调指出阿佛加德罗的分子假说是盖-吕萨克气体化合定律的自然结论,从而说明了分子假说是有根据的。

2.提出一些化学家不接受阿佛加德罗分子假说的一个重要原因是过分地信赖了贝采里乌斯的电化二元论。有机化学中的卤素取代氢的实验事实恰好证明电化二元论是不全面的。

3.说明了怎样根据分子假说,运用蒸气密度法来求分子量。同时他运用气体密度法测定了氢、氧、硫、氯、砷、汞、溴等单质和水、氯化氢、醋酸等化合物的分子量。

4.在测定分子量的基础上,结合分析化学的资料,进而提出一个确定原子量的合理方法,还论证了阿佛加德罗假说与杜隆-珀替定律(阐明固态单质的物质热容量与原子量关系的定律)的关系。

5.指出当量与原子量不同,它是原子参加化学反应的数量单位,当量和原子价的乘积就是原子量。

6.根据大量的实验资料证明无论在无机化学还是在有机化学中,原子量只有一套,化学定律对无机化学、有机化学同样适用。

7.确定了写化学式的原则。

康尼查罗的合理阐述,把原子论和分子假说整理成一个协调的系统,原子—分子论因此才为广大化学家们接受。原子—分子论的确立,直接导致化学元素周期律的发现和有机化学系统的建立。

康尼查罗由于其对化学的杰出贡献,1862年当选为伦敦化学学会名誉会员,1872年获得英国皇家学会颁发的第一枚特制的法拉第奖章,1873年被推举为德国化学学会名誉会员,1891年获得科佩尔奖章。1906年为了庆祝康尼查罗80寿辰,在罗马举行了国际应用化学代表大会。大会授予他一座象征着传递真理的比立特之座像。

康尼查罗还是一位革命家,他参加了1848年1月西西里的武装起义。1860年4月,西西里农民再度起义胜利后,康尼查罗被选为临时政府的非常委员会委员。他一生集科学家与革命家于一身,为人类的进步事业作出了贡献。

4.1.4 门捷列夫和周期律的发现

门捷列夫(Dmitri Ivanovich Mendeleev, 1834—1907),出生于俄国西伯利亚的托波尔斯克市。他父亲是位中学校长。在他出生后不久,父亲双眼因患白内障而失明,15岁时父亲因患肺结核去世。母亲决心让门捷列夫像他父亲那样接受高等教育。

门捷列夫自幼有出众的记忆力和数学才能。读小学时,他就特别喜爱大自然,善于在实践中学习,曾同中学老师一起长途旅行,搜集了不少岩石、花卉和昆虫标本。

图 4-7 门捷列夫

门捷列夫中学毕业后,他母亲变卖了自家经营的玻璃厂,亲自送门捷列夫继续求学。经过 2000 公里以上艰辛的马车旅行,母子俩来到莫斯科。通过父亲的同学的帮忙,门捷列夫进入了父亲的母校——彼得堡高等师范学校物理数学系。此后不久母亲便带着对他的祝福逝世了。

门捷列夫发奋学习,1855 年以优异的成绩从学校毕业。毕业后,他先后到过辛菲罗波尔、敖德萨担任中学教师。1875 年他又以突出的成绩通过化学学位的答辩。他刻苦学习的态度、钻研的毅力以及渊博的知识得到老师们的赞赏。1856 年彼得堡大学破格任命他为讲授理论化学和有机化学的化学讲师。

1859 年门捷列夫获准去德国海德堡本生实验室深造。两年中他集中精力研究了物理化学。他运用物理学的方法来观察化学过程,又根据物质的某些物理性质来研究它的化学结构,这就使他探索元素间内在联系的基础更加宽阔和坚实。

1860 年门捷列夫出席了卡尔斯鲁厄国际化学会议。会上各国化学家的发言特别是康尼查罗的发言和论文给了门捷列夫以启迪,元素的性质随着原子量递增而呈现周期性变化的基本思想冲击了他,从此他有了明确的科研目标,并为此付出了艰巨的劳动。

1864 年,门捷列夫任技术专科学校化学教授,3 年后任彼得堡大学化学教授。从 1862 年起门捷列夫对 283 种物质逐个进行分析测定,这使他对许多物质和元素的性质有了更直观的认识。他重新测定一些元素的原

子量,因而对元素的这一基本特征有了深刻的了解。他对前人关于元素间规律性的探索工作进行了细致的分析。他先后研究了根据元素对氧和氢的关系、电化序、原子价及综合性质所作的分类,批判地继承了前人的研究成果。

门捷列夫紧紧抓住原子量与元素性质之间的关系作为突破口,反复测试,不断思索。他在每张卡片上写出一种元素的名称、原子量、化合物的化学式和主要的性质,反复排列这些卡片,终于发现元素的性质是随着原子量的增加而呈周期性变化的。1869 年 2 月,门捷列夫编制了一份包括当时已知的全部 63 种元素在内的周期表。同年 3 月,他委托缅舒特金在俄国化学会上宣读了题为《元素的属性与原子量的关系》的论文,阐述了元素周期律的四个要点:(1)按照原子量的大小排列起来的元素,在性质上呈现明显的周期性;(2)原子量的大小决定元素的特征;(3)应该预料到许多未知单质的发现,例如,预料应有类似铝和硅的,原子量位于65—75 之间的元素;(4)已知某些元素的同类元素后,有时可以修正该元素的原子量。

1871 年门捷列夫 修订了化学元素周期表,把表格由竖排改为横列,突出了元素族和周期的规律性,划分了主族和副族,使之基本上具备了现代元素周期表的形式。

门捷列夫在发现周期律及制作周期表的过程中,除了不顾当时公认的原子量而改排了某些元素（Os、Ir、Pt、Au;Te、I;Ni、Co)的位置外,并且考虑到周期表中合理的位置,修订了其他一些元素（In、La、Y、Er、Ce、Th、U)的原子量,而且预言了一些元素的存在。门捷列夫的这些推断为后来的化学实验所证实。

门捷列夫运用元素性质周期性的观点写成《化学原理》(1869)一书,该书被译成英、法等多种文字。元素周期律的发现在化学发展史上是一个重要的里程碑,它把几百年来关于各种元素的大量知识系统化起来,形成一个有内在联系的统一体系,进而使之上升为理论。

门捷列夫除了发现元素周期律之外,还研究过气体和液体的体积与温度和压力的关系、溶液的性质、气象学、石油工业、农业化学、无烟火药、度量衡,等等。由于他的辛勤劳动,他在这些领域都做出了成绩,如发现气体的临界温度并提出了液体热膨胀的经验公式,提出了溶液的水合物学说,准确地测定了数种气体的压缩系数等。1893 年,他出任度量衡局局长。

1906 年,门捷列夫和莫瓦桑同被列为诺贝尔化学奖候选人,评委投票时门捷列夫以 1 票之差(6∶7)落选。1907 年 2 月 2 日,这位享誉世界的俄国化学家因心肌梗塞(一说肺炎)在彼得堡与世长辞。

1955 年,科学家们为了纪念门捷列夫,将 101 号元素命名为钔。

【附录】　第一次国际性化学会议——卡尔斯鲁厄会议

1860 年 9 月,在德国西南边陲风景如画的卡尔斯鲁厄(Karlsruche)召开了第一次国际化学会议,这也是第一次召开的国际性科学会议。

此前 30 年间,国际化学界在原子和分子的真实性、相对原子量、分子的组成、当量的概念中存在一些混乱观点。1791 年 H·T·里希特建立当量的概念,1802 年法国化学家 E·G·费歇尔将当时的一些数据整理出来,得到比较普遍的化学反应中的当量关系。1803 年道尔顿发表了原子学说,并指出每一种元素以其原子的质量为其最基本的特征,一大批化学家纷纷从事原子量的测定,测出的原子量五花八门,化学式的写法莫衷一是,醋酸这一种化合物的化学式竟然有 19 种写法。这种混乱情况,严重制约了化学的发展,各国化学家都迫切希望改变这种局面。

1859 年秋天,凯库勒和卡尔斯鲁厄高等工业学院教授维尔蔡因在卡尔斯鲁厄会晤,建议在卡尔斯鲁厄这个德国化学和化学工业研究的中心召开一次国际化学会议,旨在使化学界在原子、分子、当量等基本概念上取得一致的意见,获得维尔蔡因支持。1860 年 5 月底,凯库勒、维尔蔡因、武慈在巴黎会晤,制订了会议的计划,7 月 10 日维尔蔡因函请欧洲各国著名化学家与会。

1860 年 9 月 3 日上午,140 位来自欧洲各国的化学家聚集在卡尔斯鲁厄的博物馆大厅内开会。维尔蔡因致开幕词,并被选为当天的大会主席,凯库勒、罗斯科、斯特雷克、武慈、希施科夫被选为大会秘书。博森高特、H·科普、杜马等先后担任 4 日和 5 日的大会主席。

会议讨论的议题有:

1. "分子"和"原子"两个概念是否存在着区别,例如分子被认为是参加化学反应的最小质点,而原子则被认为是存在于分子中的最小质点。

2. "化合物原子"能否用"基"来代表?

3. 当量、分子和原子概念有无关系。

4. 统一化学命名的必要性。

5. 能否将贝采里乌斯的原则稍加修改后作为命名的参考。

6. 有没有必要改革沿用了五十年之久的符号,而代之以新的体系。

康尼查罗在大会上发言,他指出:日拉尔将分子量的概念建立在阿佛加德罗和安培的假说的基础之上,使化学得到了正确的发展。杜马用蒸气密度法测定分子量也有重要作用。最后,康尼查罗阐明了阿佛加德罗理论的重要而深远的意义,他呼吁应该采纳日拉尔的观点,而不要维护贝采里乌斯的原子量体系。与会科学家对康尼查罗的发言意见分歧。

卡尔斯鲁厄国际化学会议历时 3 天,虽然没有形成决议,但开创了各国科学家聚集一堂,各抒己见讨论问题的范例,不仅为化学发展史增添了光辉的篇章,而且对 19 世纪化学理论的发展起了积极的作用。

就在会议行将结束,各国化学家纷纷准备启程回国前,康尼查罗的朋友帕韦西分发了康尼查罗阐述阿佛加德罗理论的论文《化学哲学教程提要》副本,L·迈耶尔在回家的旅途中看到了这篇论文,有茅塞顿开的感觉,1864 年根据阿佛加德罗理论写成了《现代化学理论》一书,号召化学界应用这一理论来指导化学研究。门捷列夫也深受会议启发,1869 年根据新的原子量提出了一张比较完整的元素周期表,发现元素周期律。

(改写自袁翰青、应礼文:《化学重要史实》,人民教育出版社 1989 年版)

4.2 近代有机化学史

4.2.1 有机化学和农业化学之父李比希

李 比 希(Justus von Liebig, 1803—1873),德意志有机化学家。生于达姆施塔特,父亲是医药、染料、颜料和化学药品商人。由于有些货物是在家里制造的,因此李比希自幼就接触到化学实验。1818 年曾当药剂师的学徒。1820 年在波恩大学学习,一年后转学到埃朗根大学,1822 年获哲学博士学位。同年到巴黎,常去听 J·L·盖-吕萨克和 P·L·杜隆等著名化学家的讲演。不久就在盖-吕萨克的实验室中工作。1824 年回到

图 4-13 李比希

德国,21 岁就任吉森大学化学教授,创立了著名的吉森实验室。这是世界上第一个系统地进行化学训练的教学实验室。1852 年李比希任慕尼黑大学教授。

李比希在有机化学领域内的贡献多得惊人。他做过大量的有机化合物的准确分析,改进了有机分析方法,定出大批化合物的化学式,发现了同分异构现象。他发现并分析马尿酸,发现并制得氯仿和氯醛,与 F·维

勒共同发现安息香基并提出基团理论,为有机结构理论的发展作出了贡献,还提出了多元酸理论。1840年以后的30年里,他转而研究生物化学和农业化学。他用实验方法证明:植物生长需要碳酸、氨、氧化镁、磷酸、硝酸以及钾、钠和铁的化合物等无机物;人和动物的排泄物只有转变为碳酸、氨和硝酸等才能被植物吸收。这些观点是近代农业化学的基础。他大力提倡用无机肥料来提高收成。他还认为动物的食物不但需要一定的数量,还需要各种不同的种类,或有机物或无机物,而且须有相当的比例。他又证明糖类可生成脂肪,还提出发酵作用的原理。

李比希一生共发表了318篇化学和其他科学的论文。他还和维勒合编了《纯粹与应用化学词典》。1831年创办《药物杂志》并任编辑,1840年后此杂志改名为《化学和药物杂志》,和维勒同任编辑。

李比希是吉森学派创始人,被誉为有机化学和农业化学之父。他1873年4月18日在慕尼黑逝世。

4.2.2 贝采里乌斯与有机化学术语的提出

贝采里乌斯(Jons Jakob Berzelius,1779—1848),出生在瑞典南部的一个名为威菲松达的小乡村里,出身贫寒,自幼在逆境中生活与成长。其父是一位小学校长,在他出世不久,父亲就去世了,母亲带着他改嫁了。后来,母亲与继父又生了一个小弟弟,时隔不久,一生坎坷的母亲与世长辞。母亲死后,继父对这两个年幼的儿子毫不关心。因此,这一对异父同母的小兄弟实际上成了流浪儿。贝采里乌斯从小就聪明过人,坚持刻苦自学。成年

图4-9 贝采里乌斯

以后,他和弟弟一起来到了乌普萨拉。他曾到医院里去给医生当助手,还给人补过课,利用积蓄的一点钱进入乌普萨拉大学医学专业学习,但对化学产生了特别的兴趣。他强烈的求知欲和刻苦奋进的精神,感动了该大学的著名化学家约翰·阿夫采利乌斯教授,被允许在实验室里自由地做各种化学实验。贝采里乌斯不仅做了电流对动物的作用的奇妙实验,还重点分析了矿泉水。1802年,他以对矿泉水的出色研究荣获医学博士学位。为了维持生活和继续从事科学研究,贝采里乌斯被介绍到一个大矿场主希津格尔家与希津格尔先生一起从事研究工作。他们在专用的实验室里对矿物

进行化学分析,首次发现了金属铈。1806 年 5 月,他被任命为化学讲师,生活费用有了保障,结束了漂泊不定的生活。

1807 年,贝采里乌斯被任命为斯德哥尔摩大学教授。一年后又当选为瑞典科学院院士。从此,他连续进行了 20 年的原子量研究工作。他以氢作标准测得氧的原子量是 16,随后又以氧作标准来测定其他元素的原子量。他对当时已知 40 多种元素的 2000 多种单质或化合物进行了分析。1814 年至 1830 年,他先后发表 四张原子量表、全部完成了元素原子量的测定工作,表上的原子量与现在所用的几乎完全相同。贝采里乌斯倡导了以元素符号来代表各种化学元素。他提出,用化学元素的拉丁文名表示元素。如果第一个字母相同,就用前两个字母加以区别。例如:Na 与 Ne、Ca 与 Cd、Au 与 Al 等。这就是一直沿用至今的化学元素符号系统。

关于化学亲和力的研究,使贝采里乌斯建立起电化二元论的学说,把物质的化学性和电性都统一在同一的物质属性内,通过物质的电性变化来认识物质的化学变化,把这两种变化有机地联系起来,这是对化学物质、对化学过程的认识的一个重要的思想发展。电化二元论基本符合电解的实际过程,又对使盐类结合、酸碱中和作用的亲和力概念作了较满意的解释。这个理论简单明了,能说明许多化学现象,化学家们极易理解它。所以这一理论当时成为流行理论。

贝采里乌斯是最著名的分析化学家之一。他把许多新的分析方法、新试剂和新仪器设备引进分析化学中来,使定量分析的精确度空前提高。他曾指出,漏斗在锥角 60 度时过滤速度最快,而且滤纸不能高出漏斗,否则溶剂在滤纸边缘会很快蒸发,使沉淀难以洗净。贝采里乌斯在对矿物进行定量的全分析时,发现其中大部分是"硅质"(硅石),取名为"硅酸盐",并对各种硅酸按其组成做了分类。这种分类沿用至今。他还发现了硒、钍、硅、钽等新元素。

贝采里乌斯是开创有机化学研究领域的杰出化学家。1806 年,他最早引用了"有机化学"概念。1814 年证实有机物也遵守定组成定律。这就开始了对有机物的深入研究。但由于当时科学条件限制,人们有一种错觉,似乎有机物均属"有生机之物"或"有生命之物",并只有在一种非物质的"生命力"的作用下才能形成,而不能在实验室里用化学方法合成。显然,这种"生命力论"及贝采里乌斯的电化二元论,都束缚了有机化学的发展。当 1828 年维勒人工合成尿素之后,他逐渐放弃了错误的"生命力论"。他发现酒石酸也有与氰酸铵、尿素类似的异构情况,提出了同分异构新概念,在物质组成和结构理论发展中迈出了重要一步,促进了有机化学的发展。

贝采里乌斯还是一位伟大的化学教育家。他十分重视化学人才的培养。他编著的三卷化学教科书,是当时一部最完整、最系统和最通俗的化学教科书。维勒等一大批化学家都曾师承于贝采里乌斯,他是当时国际上公认的化学权威之一。

贝采里乌斯毕生专心致力于科学事业,56 岁才结婚。婚后,贝采里乌斯继续埋头于科研工作,1836 年,他首次提出化学反应中使用的"催化"与"催化剂"概念,1841 年率先提出"同素异形"的术语。

4.2.3　维勒和首次人工合成尿素

维勒（Friedrich Wöhler, 1800—1882）,生于德国法兰克福附近莱茵河畔的埃施耳亥姆,父亲是名医。中学时代,在各门自然科学中,他最喜欢化学,尤其对化学实验感兴趣。在他寝室里,床下堆放着许多木箱,里面盛满了各种各样的岩石、矿石和矿物标本,地上到处可见形形色色的矿物晶体,屋角里摆放着一堆堆的实验仪器,有玻璃瓶、量筒、烧瓶、烧杯,寝室简直成了实验室和贮藏室。

图 4-10　维勒

1820 年,维勒中学毕业后进入马堡的医科大学。在学校里他一心一意地攻读所有的功课。但他只要回到宿舍,就又专心地搞起化学实验来,天天如此。这好像成了他的一种癖好,不做实验就不能安稳地入睡。晚上,维勒总是埋头于那些烧瓶和烧杯之间,似乎忘记了世上的一切。他的第一项科学研究,正是在那间简陋的大学生宿舍里获得成功的。他最早研究的是不溶于水的硫氰酸银和硫氰酸汞的性质问题。

有一次,当他把硫氰酸铵溶液与硝酸汞溶液混合时,得到了硫氰酸汞的白色沉淀。他将一部分硫氰酸汞放在瓦片上,让它靠近壁炉里熊熊燃烧的炭火。不一会儿,瓦片被烧热了,上面的白色粉末开始劈啪作响,并逐渐在瓦片上分散开来。响声停止后,他取了一点白色粉末,蘸上点水,用手把它揉搓成一根白色的长条。放在瓦片上干燥片刻,然后给瓦片的一端加强热。于是,重新又听到劈劈啪啪的声音,白色的长条受热后开始剧烈地膨胀着,形成了一个大气泡。那气泡像球一样飞快地向另一端滚去。待反应停止后,剩下了一块不能流动的黄色物质。经过几个月的深入研究,他在自己的第一篇科学论文中,详细地描述了这个现象,论文发表在《吉尔伯特年鉴》上,引起了瑞典化学家贝采里乌斯的重视。

1822年,维勒到了海德堡,首先在蒂德曼教授指导下从事实验工作,准备将来当医生。同时,他还可以在格美林的实验室里工作。那里的实验条件较好,所需的物品应有尽有。维勒继续研究氰酸及其盐类,同时还得同蒂德曼教授一道工作。头绪繁多的研究项目,使他的全部时间安排得满满的。然而维勒硬是坚持了下来,并取得了丰硕的成果。

根据蒂德曼教授的建议,维勒着手研究动物有机体尿液中排泄出来的各种物质。维勒用狗做实验,也对自己进行实验,他从尿中分离出了纯净的尿素。1823年9月,维勒获得外科医学博士学位,接着到贝采里乌斯处学习与工作,研究氟、硅和硼的化合物,熟练地掌握了分析和制取各种元素的新方法。同时,他还继续研究氰酸。1824年9月回到家乡法兰克福,埋头研究制取氰酸铵的最简便的方法。他首先让氰酸和氨气这两种无机物进行反应。结果使他感到意外,生成物不是氰酸铵,而是草酸。他多次重复这一实验,结果仍然一样。于是改用氰酸与氨水进行复分解反应,企图制得氰酸铵,结果他注意到"形成了草酸及一种肯定不是氰酸铵的白色结晶物"。他分析了这种白色物质,证明它确实不是氰酸铵。因为它与苛性钾反应,并不放出氨,它与酸反应,也不能产生氰酸。因此,维勒肯定,他发现了一种与氰酸铵不同的新物质。那么,这白色晶体究竟是什么呢?限于当时的实验条件,他自己还证明不了。他渴望有一个条件较好的实验室,为此,他毅然受聘到柏林工艺学校去任教。

到1828年为止,维勒一直在柏林工作,使用了当时最先进的实验分析方法,证实了他早在四年前在家乡发现过的白色晶状物质正是尿素,他还发现,用氯化铵与氰酸银或以氨水与氰酸铅反应,都能得到比较纯净的尿素,维勒感到无比兴奋,他把这一成果写成论文,题为《论尿素的人工制成》,发表在1828年《物理学和化学年鉴》第12卷上。

人工合成尿素在化学史上具有重大意义。这首先在于它提供了同分异构现象的一个事例,成为有机结构理论的实验证明;其次,它强烈冲击了形而上学的生命力论,填补了生命力论制造的无机物同有机物之间的鸿沟,扫除了所谓有机物的神秘性的残余,为辩证唯物主义自然观的诞生提供了科学依据;第三,它在化学史上开创了一个新兴的有机合成研究领域。

4.2.4　凯库勒与有机化学结构学说

凯 库 勒（Friedrich August Kekulé，1829—1896），德国有机化学家。生于达姆斯塔德一个旧式波希米亚贵族家庭，是李比希的同乡。凯库勒天资过人，上中学时尤其擅长数学和制图，对于植物和蝴蝶类等博物的兴趣也很浓厚。18岁时高中毕业，遵从任军事参议官的父亲的意愿考入了吉森大学学习建筑学。但刚到吉森后不久，就受到李比希富有魅力的讲演与化学教学革新的影响而改学化学。当时，亲友们认为凯库勒改变志向是一时的感情冲动，劝他要慎重对待。可是，凯库勒改学化学的决心毫不动

图 4-11　凯库勒

摇。在吉森，他受到了李比希的培养与熏陶；毕业后又去巴黎、瑞士、伦敦等地进行学术考察与进修，历时6年。1856年他返回德国，任海德堡大学讲师。在海德堡工作的3年是凯库勒科学上成熟的时期，也是他获得完全独立研究的时期。1858年，他提出了碳四价与碳原子间成链的思想。

不久，凯库勒接受比利时的聘请担任根特大学的教授。在根特工作期间，在奠定有机结构理论方面又取得了新的进展。

苯在1825年就被法拉第发现了，此后几十年间，人们一直不知道它的结构。所有的证据都表明苯分子非常对称，大家实在难以想象6个碳原子和6个氢原子怎么能够完全对称地排列、形成稳定的分子。1864年冬的一天，凯库勒坐在壁炉前打了个瞌睡，原子和分子们开始在幻觉中跳舞，一条碳原子链像蛇一样咬住自己的尾巴，在他眼前旋转。猛然惊醒之后，凯库勒明白了苯分子是一个环——一个六角形的圈圈。1865年，他发表了论文"关于芳香族化合物的研究"，提出了苯环上述结构的思想，为构建有机结构理论大厦作出了奠基性的贡献。

1867年凯库勒回国任波恩大学化学教授，1877年就任波恩大学校长。在那里他专心从事化学教学与研究工作，培养了一大批化学人才。最初的五届诺贝尔奖化学奖得主中，他的学生占了三届。

凯库勒的一生是先立志建筑后改攻化学的一生。实际成果表明，他

103

的确是一位具有浓厚"建筑"构造特色的化学家,他用原子的组合建筑成分子。他是一位把自从古希腊哲学家以来的人类幻想变为现实的理论化学家,又是一位劳苦功高的导师和教育家。

4.3　近代分析化学史

4.3.1　贝格曼、克拉普罗特与重量分析

瑞典化学家贝格曼(Torbern Olof Bergman,1735—1784)可称为无机定性、定量分析的奠基人。他首先提出金属元素除金属态外,也可以其他形式,特别是以水中难溶的形式离析和称量,这是重量分析中湿法的起源。

德国化学家克拉普罗特(Martin Heinrich Klaproth,1743—1817),他改进了重量分析的步骤,设计了多种非金属元素测定步骤,准确地测定了近200种矿物的成分及各种工业产品如玻璃、非铁合金等的组分。

克拉普罗特是杰出的矿物学家。1789年,他独立研究沥青铀矿,从中提炼出一种新元素,命名为铀(Uranium),即天王星(Uranus)的意思。不过实际上,他当时获得的并不是金属铀,而是铀的氧化物。1810年,他以67岁高龄被聘为刚创办的柏林大学首任化学教授。

4.3.2　盖-吕萨克与滴定分析

1663年波义耳报道了用植物色素作酸碱指示剂。波义耳最早使用"分析化学"这一术语;但真正的容量分析应归功于法国化学家、物理学家盖-吕萨克(Joseph Louis Gay-Lussac,1778—1850)。

盖-吕萨克出生在法国利摩日地区的圣·雷奥纳尔镇。1797年,他进入巴黎工业学校学习。盖-吕萨克由于勤奋好学,热爱化学专业和实验技术,深得有机化学教授贝托雷等人赏识,毕业后留任贝托雷助手。他非常重视科学观察和实验,尊重事实而不迷信权威。当时,贝托雷正在同普鲁斯特围绕着定比定律进行激烈的学术争论。贝托雷让盖-吕萨克以实验事实来证明自己的观点,给对方以驳斥。然而,盖-吕萨克经过反复的实验,所记录到的事实都证明其导师的观点是错误的。他毫不犹豫地将这个结果如实地汇报给老师。贝托雷看完他的实验记录之后,不禁露出了微笑。他对盖-吕萨克说:"我为你而感到自豪。像你这样有才能的人,没有理由让你当助手,哪怕是给最伟大的科学家当助手。你的眼睛能发现

真理,能洞察人们所不知的奥秘,而这一点却不是每一个人都能做到的。你应该独立地进行工作。从今天起,你可以进行你认为必要的任何实验……"

盖-吕萨克在化学上的贡献,首先在气体化学方面,他发现了气体化合体积定律。他的工作始于对空气组成的研究。他为了考察不同高度的空气组成是否一样,冒险乘坐气球升入高空进行观察与实验。1804 年 8 月 2 日,天气晴朗,万里无云,不见一丝微风。他和好友、化学家比奥用浸有树脂的密织绸布做成一个巨大的气球,里面充进氢气。膨胀的气球在阳光下闪闪发光,他俩坐进了气球下面悬挂的圆形吊篮里。气球徐徐上升,他俩挥手同欢呼的送行者们告别。贝托雷教授亲临现场,与大家一起祝他俩"一路平安"。他俩在吊篮里,忙着进行空气样品的采集,不断测量地磁强度,顾不上高空反应带来的头昏、耳痛等身体不适,虽然冻得浑身发抖,仍顽强地坚持考察活动,终于取得了大量第一手资料。但是,盖-吕萨克对首次探险的收获并不满足。一个半月以后,他单身进行了第二次升空探索。为了减轻负荷,提高升空高度,他尽量轻装。当气球升至 7016 米时,他毅然把椅子等随身物件扔了下来,使气球继续上升,创造了当时世界上乘气球升空的最高记录。两次探测的结果表明,在所到的高空领域,地磁强度是恒定不变的;所采集的空气样品,经分析证明,空气的成分基本上相同,但在不同高度的空气中,含氧的比例是不一样的。

盖-吕萨克后来研究不同气体间的化学反应,注意到在所有参加反应的气体体积和反应后生成的气体体积之间,总是存在着简单的比例关系,由此发现了气体化合体积定律,这一定律从分子论得到了理论上的正确解释。

发明制备碱金属的新方法,是盖-吕萨克在无机化学中的又一贡献。1807 年 10 月 6 日,英国化学家汉弗莱·戴维用电解熔融苛性钾的方法,制出了金属钾,接着制得金属钠,11 月 19 日,向皇家学院递交了发现钾、钠的报告,这项科学成就开辟了用电化学方法发现元素的道路。戴维还用电解方法制备了钙、锶、钡、镁及硼、硅,成了历史上发现化学元素最多的科学家。1807 年 12 月,法国皇帝拿破仑决定,向戴维颁发一枚勋章,以示嘉奖,并命令盖-吕萨克及其密友泰纳用电解法制取金属钾和钠。他俩在实验中发现以电解法制得的新金属量很少,转而摸索新制备方法。他俩把铁屑分别同苛性钾(KOH)和苛性钠($NaOH$)混合起来,放在一个密封的弯曲玻璃管内加热。结果,在高温下熔化的苛性碱与红热的铁屑起化学反应,生成了金属钾和钠。这种方法既简单又经济,而且可以制出大量的钾和钠,不过有较大的危险性,几次发生爆炸事故,盖-吕萨克曾被炸伤,卧床40多天。但他俩还是坚持用新方法制得的钾和钠进行实验,研究它们的各种性质与实际用途。他俩测得钾的比重为0.874(现代值0℃为0.859),比戴维测的(0.6左右)更精确。这种新方法很快得到推广。盖-吕萨克还对卤素的发现作出了贡献,首次制得氰,把酸类区分为含氧酸和无氧酸两类。

盖-吕萨克特别重视把科学理论成果转化为生产力。19世纪初,欧洲流行铅室法制硫酸工艺,但氧化氮不能回收,造成严重污染。1827年,他建议在铅室后面,安装一个淋洒冷硫酸的"吸硝塔",解决了工艺吸收氧化氮消除污染、降低硫酸成本的难题。为此,人们称吸收塔为"盖-吕萨克塔"。

盖-吕萨克1824年发表漂白粉中有效氯的测定,用磺化靛青作指示剂,随后他用硫酸滴定草木灰,又用氯化钠滴定硝酸银。这三项工作分别代表分析化学中的氧化还原滴定法、酸碱滴定法和沉淀滴定法。

4.3.3　伏累森纽斯的定性定量分析

伏累森纽斯(C. R. Fresenius,1818—1897),19世纪分析化学的杰出人物之一。1841年他发表《定性化学分析导论》一书,提出"阳离子系统定性分析法",其阳离子分析方案一直沿用。他创立了一所分析化学专业学校,至今此校仍存在;并于1862年创办德文的《分析化学》杂志。他编写的《定性分析》、《定量分析》两书曾译为多种文字,包括晚清时代徐寿等的中译本,分别定名为《化学考质》和《化学求数》。他将定性分析的阳离子硫化氢系统修订为目前的五组,还注意到酸碱度对金属硫化物沉淀的影响。在容量分析中,他提出用二氯化锡滴定三价铁至黄色消失。

4.3.4　本生、基尔霍夫等人与光谱分析

1666年,牛顿在暗室中用棱镜分日光为七色。英国天文学家赫歇耳(Frederick William Herschel)于1781年3月13日发现天王星,1800年在观测太阳时,用温度计首次发现红外辐射。1801年,德国物理学家里特(Johann Wilhelm Ritter)用氯化银还原现象发现紫外区。1802年,英国化学家渥拉斯顿(William Hyde Wollaston)观察到日光光谱的暗线。1814—1815年间,德国光学仪器专家夫琅和费(Joseph von Fraunhofer)在研究太

阳光中的"暗线"方面有了重大的进展。由于夫琅和费使用的仪器比他的前人发展得更先进、更精密,他得到的光谱是被放大了很多倍的而有利于仔细分析与观察。夫琅和费得到了太阳光谱中的多达 700 条不等间隔的暗线(今天天文学家们观察到的太阳光谱暗线已达约 100 万条)。直到现在,我们仍称这些太阳光谱中的暗线叫"夫琅和费线"。

本生(Robert Wilhelm Bunsen, 1811—1899)发明了名为本生灯的煤气灯,灯的火焰近于透明而不发光,便于光谱研究。1859 年本生和他的同事物理学家基尔霍夫(Gustav Robert Kirchhoff, 1822—1887)研究了各元素在火焰中呈示的特征发射和吸收光谱,并指出日光光谱中的夫琅和费线是原子吸收线,因为太阳的大气中存在各种元素。他们用的仪器已具备现代分光镜的要素。他们可称为发射光谱法的创始人。

【附录】　徐 寿

徐寿,字生元,号雪邨,1818 年 2 月 26 日出生于江苏无锡钱桥(山北)社岗,5 岁丧父,由母亲抚养成人,一生事母至孝。

1843 年徐寿与同乡算学家华蘅芳结伴去上海探求新知。那时,英国教士伟烈亚力(Alexander Wylie ,1815—1887)在上海开办了墨海书馆,聘请算学名家李善兰(浙江海宁人,1811—1882)翻译物理、动植物、矿物、生理等西学书籍。徐寿和华蘅芳曾向李请教质疑。回乡时,徐寿还购得一些静电仪器在家中做实验。1855 年后徐寿再次到上海时,得到了《博物新编》中译本,如获至宝,并深为其中内容所吸引。他知道了养(氧)、淡(氮)、炭(碳)等化学元素知识和一些化学实验方法,尤其感兴趣的是书中的造船技术和汽机原理,曾依照书中的一个略图试制汽机小样,设想要造一艘汽机轮船。1865 年与华蘅芳、吴嘉廉、龚芸裳等合作,在安庆造出长 18 米、载重 25 吨、时速约 10 千米的木质轮船"黄鹄"号。"黄鹄"号除回转轴、锅炉等所需钢材系从海外购进以外,所有工具和设备均是在没有洋人指导下自己完成的,是我国造船史上第一艘自制的汽机轮船。

徐寿、他的次子徐建寅(1845—1901)和华蘅芳在上海江南制造局(今江南造船厂)利用容闳从美国买回来的造船用的机器,按照机器的原理,设计制成了用于制造枪炮子弹的机器 30 余台,设立了船厂、枪厂、炮厂等等。经过几年的努力,造出了我国第一艘兵舰——600 吨的恬吉(惠吉)号;后来相继造出了操江、测海、澄庆 、海安 、驭远、驭远、威靖等 7 艘兵舰;同时,造出了近代的火炮、步枪和子弹;运用了当时世界上最先进的铅室法生产出硫酸,并在此基础上研制成功黑色火药和栗色火药,在龙华建立火药厂,打破了列强对我国火药的封锁。

徐寿改革了翻砂造币的落后方法,是我国机器制造金属钱币的开创人。他先仿制墨西哥机制银元,用类似"模"的方法,利用物体下落,取得冲力,把银子坯料冲压成银元。他用两块钢板,镂刻好正反两面不同花纹,再制成银元的金属模子,然后校正银子分量,熔化成饼,置入金属模具内,在设定的温度下,高层悬一石椎,用绳牵之,往下一放,石椎则沿着木制轨道猛然坠落,用物体下落的加速度冲击,制成银元。"徐版"银元在图案刻版、文字清晰、含银纯度、银币重量等方面,均超过了墨西哥机制银元,并易于识别。1868 年徐寿在江南机器局利用国内最大功率的冲床,试制成金属(黄铜)钱币"当十制钱"。

1868 年 ,江南制造局设立翻译馆,徐寿父子都参加了译书工作。当时制造局最迫切的是翻译西方科学技术书籍。没有专门从事翻译工作的人,只好由西方传教士口译,由国人笔录成书。

徐寿是将西方近代化学系统介绍到中国的先驱者,他与英国人傅兰雅(John Fryer,1839—1928)合译的《化学鉴原》、《化学考质》、《化学求数》等书为西方近代化学在中国传播奠定了基础。他译订的元素名称如钡、铋、溴、碘、铱、锂、镁、锰、钼、钯、铂、硒等都已成为标准译名沿用至今,并被日本化学界所借用。除化学元素名外,徐寿深感化学中还有许多繁难的译名需要推敲,他将现代的"原子"称为"质点","元素"称为"原质";"原子量"称为"质点率"等等。晚年他自己编写了《化学材料中西名目表》和《西药大成中西名目表》。这两本书是在他逝世后才刊行的。

徐寿翻译的化学书籍和其他技术书籍,所采用的原本大都是西欧各国刊行不久的新书。如《化学鉴原》(*Wells' Principle and Applications of Chemistry*)一书,原著者是美国韦尔斯(D.A.Wells),1858 年在纽约和芝加哥出版,1871 年即由徐寿和傅兰雅翻译出版,在我国影响较大。徐寿译的《化学鉴原续编》,内容是有机化学方面的知识;《化学鉴原补编》是专论无机化合物的,其中叙述到 1875 年发现的新元素镓(Ga);《化学考质》是定性分析;还有《化学求数》(定量分析)、《物体遇热改易记》(物理化学的初步知识)等书。再加上徐建寅译的《化学分原》(定性分析)和汪振声译的《化学工艺》(制酸、制碱等化工方面的著作),上海江南制造局前后共出版 8 种化学书籍,比较全面地介绍了当时西方的化学知识。

徐寿传播的新兴的自然科学知识,有助于中国近代工业特别是轻工业生产技术的形成,有些青年资本家看到了徐寿编译的化学新书后,在上海从事肥皂、火柴、化妆品方面的生产,于是小型的化工生产在中国开始。

徐寿还热心于化学教育和知识交流。1876 年 6 月徐寿与在上海的爱好科学的朋友创立了格致书院(现为上海格致中学)。该学院创办之初,一度因经费短缺而陷于困境,徐寿取出自己的积蓄 1000 银元,还上书李鸿章陈述创办书院的利益,得到支持,从而获得社会各界的关注和解囊相助,办学得以顺利进行。这书院是一所带有理科进修性质的学校,设讲学堂、图书房、知新堂,开设矿物、电务、测绘、工程、汽机、制造等课程,定期举行科学讲座,组织科技研讨,兼有学校、学会、图书馆、博物馆等多种功能。书院有时还进行制造氧气、氢气等"课堂示教"实验,在当时引起了不少听众的兴趣。格致书院开我国近代科学教育之先河,造就了一批科技人才。

徐寿在 1876 年创办了《格致汇编》,初为月刊,1890 年改为季刊。在它 16 年 (1876—1892)的存在期间,由于中间停刊两次,实际上发行 7 年,共出 7 卷 60 册,主要介绍欧洲的科学知识。

1884 年 9 月 24 日,中国近代化学之父徐寿在上海格致书院逝世,归葬无锡。

(摘自汪广仁主编:《中国近代科学先驱徐寿父子研究》,清华大学出版社 1998 年版)

4.4　近代物理化学史

4.4.1　罗蒙诺索夫与物理化学概念的提出

罗蒙诺索夫(Mikhail Vasilyevich Lomonosov, 1711—1765),生于俄国阿尔汉格尔斯克省的库尔岛的一个农渔民家庭,小时候向母亲和邻居学会识字。10 岁那年,母亲去世,继母不让他读书,让他随父亲出海捕鱼。他得知莫斯科有很多学校,便下定决心只身外出求学,来到莫斯科。在莫斯科他举目无亲,流浪街头。为了排除巨大阻力就读,他只好隐瞒出身,冒充贵族,于 1730 年进入斯拉夫—希腊—拉丁语言学院学习,后来到基辅学

图 4-12　罗蒙诺索夫

习,贫困难以言状,他每天只有三个戈比(俄国货币,100 戈比等于 1 卢布)的公费花销,用半戈比买面包,半戈比买酸酒,其余两戈比买纸、鞋及其他必需品。他这样艰苦而又勤勉地奋斗了五年,矢志不渝地探索科学的奥秘。1735 年 12 月,以超群的实力第一个通过了彼得堡科学院和语言学院合办的选拔考试,被送到彼得堡俄国科学院附设的一所大学继续深造。1736 年,他又以第一号优秀生的身份被派往德国师从沃尔夫学习化学和采矿学等科学。1741 年 6 月,罗蒙诺索夫取道荷兰阿姆斯特丹乘轮船返回彼得堡,1748 年,创办了俄国第一个化学实验室。1755 年,在罗蒙诺索夫的倡议下,俄国创立了第一所大学,这就是后来以“小联合国”而著称于世的莫斯科罗蒙诺索夫大学。他是俄国和整个人类有史以来在科学文化方面最伟大的活动家之一,为俄罗斯乃至全世界科学的发展开辟了新纪元。他是学识像百科全书那样博大精深的科学家和哲学家。他

几乎闯进了人类知识的所有主要领域,在许多学科都有高深的造诣。在18世纪的科学世界中,罗蒙诺索夫像一座雄伟的山峰那样矗立着。普希金曾经盛赞罗蒙诺索夫,称"他本身就是我国的第一所大学",他是"新时代最伟大的天才,是使科学发生剧烈变革并给科学指出今天应走的方向的人物"。

罗蒙诺索夫是伟大的化学家和物理学家。他研究了原子论,最先区分出"微粒"(分子)和"元素"(原子)概念。他认为同类元素的原子能够组成同类分子。他还预见到同分异构现象。是化学原子论的创始人之一。他预见到物质化学成分的新规律,并且用原子假设的观点加以解释。他指出分子内部原子比例的永恒性应当表现为分解的化合物各个组成部分比例的永恒性。1755年,作为在化学实验中最先使用天平的人之一,罗蒙诺索夫证明,参加化学反应的物质的总重量在反应前后是守恒的。这就是说他发现了 物质不灭定律,它是在化学领域中广泛运用的化学方程式的理论根据。物质和运动守恒普遍规律这一重大发现,是罗蒙诺索夫对人类科学作出的最伟大贡献,

作为物理化学的鼻祖之一,罗蒙诺索夫提出了这样的定义:"物理化学是一门科学,它根据物理学的各种原理和实验去说明化学实验时混合体(化合物)内发生的一切。"罗蒙诺索夫提出热是分子运动的形式的理论,用分子运动的观点解释了空气的弹性和液体的蒸发现象。罗蒙诺索夫还对大气电、闪电和北极光等自然现象作出了正确的解释,设计了避雷器。他亲手设计制造了多种光学仪器和工具,研制了彩色玻璃和彩色玻璃镶嵌画。

1761年,罗蒙诺索夫发现金星表面有一大气层,改变了当时人们对宇宙的观念,甚至使人产生了地球以外的其他星球也可能存在生命的遐想。他还通晓天文学、力学、机械学、数学、地质学、矿物学、冶金学、地理学等等科学技术领域的知识。

罗蒙诺索夫不仅是伟大的自然科学家,而且是伟大的社会科学家。他是文学家、语言学家、诗人、历史学家、美术家,在诸多方面都有卓越建树。别林斯基赞扬罗蒙诺索夫是俄国文学的父亲和养育者,是俄国文学的彼得大帝。

4.4.2 热力学第一、第二定律的发现

热力学(thermodynamics)一词的意思是热(thermo)和动力(dynamics),即由热产生动力,反映了热力学起源于对热机的研究。

从 18 世纪末到 19 世纪初开始,随着蒸汽机在生产中的广泛使用,如何充分利用热能来推动机器做功成为重要的研究课题。

1798 年,英国物理学家、政治家汤普森(Benjamin
Thompson,1753—1814)通过炮膛钻孔实验开始对功转换为热进行定量研究。

图 4-13 汤普森

1799 年,英国化学家戴维(Humphry Davy,1778—1829)通过冰的摩擦实验研究功转换为热。

图 4-14 汤普森故乡图书馆外的雕像

图 4-15 戴维

1842 年,德国医生迈厄尔(Julius
Robert Mayer,1814—1878)主要受病人血液颜色在热带和欧洲的差异及海水温度与暴风雨的启发,提出了热与机械运动之间相互转化的思想。

1847 年,德国物理学家和生物学家赫尔姆霍茨发表了《论力的守衡》一文,全面论证了能量守衡和转化定律。

1843—1848 年,英国酿酒商焦耳
(James Prescort Joule,1818—1889)以确凿无疑的定量实验结果为基础,论述了能

图 4-16 迈厄尔

111

量守恒和转化定律。焦耳的热功当量实验是热力学第一定律的实验基础。

1853 年，英国物理学家开尔文勋爵 (Lord Kelvin)把能量转化与物系的内能联系起来，给出了热力学第一定律的数学表达式。

在热力学第二定律的发现过程中，卡诺、克拉佩隆、克劳修斯、开尔文等起到了重要的作用，这在第 2 章中已有叙述，这里我们就不重复了。

图 4-17　焦耳

4.4.3　吉布斯与相律

吉布斯(Josiah Willard Gibbs, 1839—1903)，美国物理学家和化学家。生于康涅狄格州纽黑文(耶鲁大学所在地)。1854 年入耶鲁大学学习，1858 年毕业，1863 年获美国首批哲学博士学位后留校执教拉丁文和自然哲学。1866—1869 年曾去欧洲，先后在巴黎、柏林、海德堡等地选听当时数学、物理、化学界一些著名学者的讲课。1871 年任耶鲁大学数学物理教授。1897 年当选为英国皇家学会会员。

图 4-18　吉布斯

吉布斯主要从事物理和化学的基础理论研究。他在热力学方面作出了划时代的贡献。1873—1878 年，他发表了 3 篇论文，对经典热力学规律进行了系统总结，从理论上全面地解决了热力学体系的平衡问题，从而将经典热力学原理推进到成熟阶段。其中最重要的是，他 1876 年提出了相律，这是描述物相变化和多相物系平衡条件的重要规律；提出了吉布斯自由能(即吉布斯函数)及化学势，并做了用热力学理论处理界面问题的开创性工作。在化学统计力学方面，他主要的贡献是将 L·玻耳兹曼和 J·C·麦克斯韦所创立的统计理论发展为系统理论，并提出了涨落现象的一般理论。

吉布斯认为："怎么衡量一个杰出的科学家呢？不在他所发表的篇数、页数，更不在他的著作所占图书馆架上的空间，而在他对人类思考的影响力。因此科学家的真正成就不在科学上，而在历史上。""科学存在一种建设力,能从混沌中重建次序;科学存在一种分析力,能够区分真实与虚假;科学存在一种整合力,能看到一个真理而没有忘记另一个真理;拥有这三种才能的,才是一流的科学家。"

1881 年,他获得美国艺术与科学学院(American Academy of Arts and Sciences)的金质奖章。1884 年,他被美国总统任命为国家电学人研讨会(National Conference of Electricians)的筹备人之一 。1901 年,他获得英国皇家学会的金质奖章。后来,他被公认为 19 世纪美国最杰出的物理学家,不过他认为教师最高的荣誉是学生的爱戴。有一个毕业的学生曾写道:"当我离开耶鲁时,最舍不得的是吉布斯教授。"

吉布斯著有《论多相物质的平衡》和《统计力学的基本原理》等书。吉布斯的工作,把热力学和化学在理论上紧密结合起来,奠定了化学热力学的重要基础。他在数学的矢量分析及天文学、光学等方面也有论文和著述。

4.4.4　法拉第与电化学

法拉第(Michael Faraday,1791—1867),英国著名物理学家、化学家。生于伦敦市郊萨里郡纽因顿的一个铁匠家庭。法拉第父亲收入菲薄,常生病,所以他小时候只读了两年小学,12 岁就上街卖报,13 岁进了一家印刷厂当图书装订学徒工。每当工余时间,他就翻阅装订的书籍。有时甚至在送货的路上,他也边走边看。经过几年的努力,法拉第能够看懂的书越来越多。他开始阅读《大英百科全书》,特别喜欢电学和力学方面的书。法拉第利用印刷厂的废纸订成笔记本,摘录各种资料,有时还自己配上插图。一个偶然的机会,英国皇家学会会员丹斯来到印刷厂校对他的著作,无意中发现法拉第的"手抄本"。当他知道这是一位装订学徒记的笔记时,大吃一惊,于是丹斯送给法拉第皇家学院的听讲券。法拉第以极为兴奋的心情,来到皇家学院旁听。作报告的正是当时赫赫有名的英国著名化学家、电化学创始人戴维。回家后,他把听讲笔记整理成册,寄给戴维教授,并附了一封信,表示"极愿投身科学界,因为科学能使人高尚而可亲"。戴维看信后深为感动。非常欣赏法拉第的才干,决定把法拉第招为助手。法拉第非常勤奋,很快掌握了实验技术,成为戴维的得力助手。半年以后,戴维要到欧洲大陆作一次科学研究旅行,访问欧洲各国的著名科学家,参观各国的化学实验室。戴维决定带法拉第出国。就这样,法拉第跟着戴维在欧洲旅行了一年半,会见了安培等著名科学家,长了不少见识,还学会了法语和意大利语,欧洲大陆成了法拉第的大学。回国以后,法拉第开始独立进行科学研究。1831 年 8 月 26 日,他发现了电磁感应现象,1834 年发现了电解定律("法拉第电解定律")。法拉第在化学方面的其他主要贡献有:发现了六氯乙烷(1821);首次实现氯的液化(1823)及其他若干气体的液化(1823—1845);从煤气罐中的残留油状物分离出苯,即发现了苯(1825)。由于他对电化学的巨大贡献,后来人们采用"法拉"作为电容的单位。

法拉第非常关心科学普及事业,希望有更多的青少年奔向科学的殿堂。1826 年,他提议开设周五科普讲座,从此开始直到 1862 年退休,他共主持过 100 多次讲座,并积极参与皇家学院每年举办的"圣诞节讲座"凡 19 年。根据他的讲稿汇编而成的《蜡烛的故事》一书,已被译为多种文字出版,成为经典的科普读物。

法拉第依靠刻苦自学,从一个装订图书的学徒工,跨入了世界一流科学家的行列。

参考文献

1. 周嘉华,张黎,苏永能. 世界化学史. 长春:吉林教育出版社,1998.

2. 何法信. 走出混沌:近代化学的历程. 长沙:湖南教育出版社,1998.

3. 凌永乐. 化学元素的发现. 北京:科学技术出版社,1981.

4. 凌永乐. 世界化学史简编. 沈阳:辽宁教育出版社,1989.

5. 柏廷顿. 化学简史. 北京:商务印书馆,1979.

6. 《化学发展简史》编写组. 化学发展简史. 北京:科学出版社,1980.

7. 郭保章,董德沛. 化学史简明教程. 北京:北京师范大学出版社,1985.

8. 张保之,华荣麟. 化学家的足迹. 上海:上海教育出版社,1987.

9. 张家治. 化学史教程. 太原:山西教育出版社,1987.

10. 袁翰青,应礼文. 化学重要史实. 北京:人民教育出版社,1989.

11. 吴守玉,高兴华. 化学史图册. 北京:高等教育出版社,1993

12. 叶永烈. 化学趣史. 上海:文汇出版社,1995.

13. 赵匡华. 107种元素的发现. 北京:北京出版社,1983.

14. 亨利.M.莱斯特. 化学的历史背景. 北京:商务印书馆, 1982.

15. 朱裕贞,臧祥生,顾达. 化学原理史实. 北京:高等教育出版社, 1992.

16. 山冈望. 化学史传——化学史与化学家传. 北京:商务印书馆, 1995.

第5章

现代化学发展史

5.1 现代无机化学史

5.1.1 对元素和原子结构认识的深化

1869 年,门捷列夫总结出元素周期律即元素性质随着原子量的递增而呈周期性的变化,编制了第一张元素周期表,使元素系统化。20 世纪以来,经过莫斯莱、卢瑟福等科学家的努力,人们逐渐认识到,引起元素性质周期性变化的本质原因不是原子量的递增,而是核电荷数的递增,对门捷列夫制定的元素周期表作了许多改进和修正。

原子是从宏观到微观的第一个层次,是一个重要的中间环节。当 1803 年道尔顿提出原子论时,他认为原子是组成物质的基本粒子,它们是坚实的、不可再分的实心球体。20 世纪,汤姆生、卢瑟福(汤姆生的学生)、玻尔等相继提出原子模型,1930 年代出现电子云模型。

1910 年,索迪提出同位素概念。同位素把无机化学的研究范围从几十种原子扩大到数以千计的核素,放射性同位素示踪剂和碳-14 测年法是同位素的重要应用。现在,基因组的功能、细胞代谢、光合作用、人体的化学信息、代谢治疗、近距治疗、PET 显像(Positron Emission Tomography)、体内放射性药物显像技术的研究都用到同位素。

原子序数的发现与莫斯莱

莫斯莱(Henry Gwyn Jeffreys Moseley,1887—1915),原子序数的发现者。生于英格兰赛特郡的维茅泽城的一个科学世家,1910 年获牛津大学硕士学位后先后在曼彻斯特大学卢瑟福实验室和牛津大学工作。罕见的智力、良好的数学训练、杰出的实验技巧与惊人的毅力相结合,使他在短短的 4 年研究中,取得了辉煌的成就。

1913 年莫斯莱在研究元素的 X 射线谱时发现,以不同元素作为产生 X 射线的靶时,所产生的特征 X 射线波长不同。他把各种元素按所产生的特征 X 射线的波长排列后,发现其次序与元素周期表中的次序一致,他称这个次序为原子序数。他用实验证明了元素的主要特性由其原子序数决定,而不是由原子量决定,元素性质是其原子序数的周期函数。他确立了原子序数与原子核电荷之间的关系。关于原子序数的发现被称为莫斯莱定律。

第一次世界大战中,莫斯莱 1914 年应征入伍担任工程兵中尉,1915 年在土耳其加利波利半岛登陆战役中阵亡。

现代原子科学奠基者卢瑟福

卢瑟福(Lord Ernest Rutherford,1871—1937),原子之父,现代原子科学的奠基人。生于新西兰纳尔逊的一个农民家庭。1894 年在新西兰获硕士学位,1895 年考取大英博览会奖学金,成为英国剑桥大学卡文迪许实验室的第一个研究生。1898 年任加拿大麦吉尔大学教授,1907 年定居英国,1919 年担任剑桥大学物理学教授及卡文迪许实验室主任。1925 年当选为皇家学会会长。

卢瑟福于 1896 年应汤姆生(1906 年诺贝尔物理学奖获得者)的邀请,开始参与研究射线对气体发电的影响;1899 年,在做铀射线对薄铝板的穿透实验时,发现铀放射出两种射线,并将它们分别命名为 α 射线和 β 射线;1900 年起,他和索迪(1921 年诺贝尔化学奖获得者)合作,首先发现了放射性元素的半衰期。1904 年,他发表巨著《放射学》,系统地提出了放射性元素蜕变理论。

电子发现者汤姆生 1904 年提出原子模型,认为原子是一个平均分布着正电荷的粒子,其中镶嵌着许多电子,就像布丁上的葡萄干,电子中和了正电荷,形成中性原子,俗称"枣糕式"(或称"葡萄干布丁"模型)。1911 年,卢瑟福由 α 粒子散射实验推出卢瑟福原子模型,指出原子有一个极小的核,几乎集中了原子的全部质量,而电子则绕核旋转,并非"葡萄干布丁"模型。1919 年卢瑟福首次用 β 粒子轰击氮原子使其转变为氧的同位素,第一次利用人工方法使化学元素发生嬗变,为放射性应用和人工合成超铀元素奠定了基础,并彻底动摇了传统的以原子为始基和元素不可变的旧原子论。

卢瑟福是 20 世纪初最伟大的实验物理学家,1908 年诺贝尔化学奖得主,一生发表论文 215 篇、著作 6 部,培养了 12 位诺贝尔奖获得者。

玻尔模型和电子云模型

卢瑟福模型能成功地解释一些现象,但是根据经典物理理论,任何作加速运动的电荷都要辐射电磁波,这必然引起两种后果:第一,不断辐射能量,电子将沿螺旋线渐渐趋近原子核,最后落到核上而毁灭;第二,电子不停地、连续地辐射电磁波,电磁波的波长会发生连续的变化,因此,所有的原子都应发射连续光谱而不是线光谱。然而事实并非如此,卢瑟福不知如何解释。

此时,丹麦化学家玻尔(N. H. D. Bohr,1885—1962)坚决支持卢瑟福的新模型,并且引进崭新的量子学说,他理论的要点是:

第一,卢瑟福的新模型是正确的,问题是应指出原子中电子环绕原子核作高速运动时,只能在特定轨道上运动,电子在这样的轨道上运动时不辐射能量。这时电子所处的状态叫基态。

第二,当电子从离核较远的轨道跳到离核较近轨道时,原子放出能量,并以电磁波的形式辐射出来,辐射能量的大小决定于电子跳跃前后两个轨道的半径。由于轨道是不连续的,因此发射的能量也是不连续的。

玻尔理论作为物理和化学一场革命而载入史册。然而,玻尔没有认识到宏观物体与微观粒子的本质区别。他于1913年提出的原子模型还是建立在牛顿力学的基础上的,因此在解释多原子光谱时遇到不可克服的困难。这意味着必须建立新的理论体系。

后来,卢瑟福及其学生查德威克(1891—1974)进一步揭开了原子核的秘密。

1919年,卢瑟福用 α 粒子轰击氮核,首次发现质子。1930年 查德威克在卡文迪许实验室用 α 粒子轰击石蜡时,捕捉到不显电性的中子。至此,原子的构成基本清楚。原子核由带正电的质子和不显电性的中子组成,带负电的电子环绕核作高速运动。

1927—1935年,建立电子云模型,提出现代物质结构学说。

1981年,IBM的宾尼和罗雷尔利用针尖和表面间的隧道电流随间距变化的性质进行表面结构的检测,获得了真实空间的原子级分辨图像。这一技术称为扫描隧道显微镜(STM)。用扫描隧道显微镜的针尖将原子一个个地排列成汉字,汉字的大小只有几个纳米。STM的出现,使显微科学达到一个新的水平,促成了扫描探针显微术(SPM)研究的蓬勃发展。随着现代科学技术的发展,人类对原子的认识过程还会不断深化。

图 5-1　用扫描隧道显微镜(左)的针尖将原子逐个排列成汉字

索迪与同位素的发现

索迪(Frederick Soddy, 1877—1956)，同位素的发现者。生于英格兰，2 岁丧母。1898 年牛津大学毕业后，去加拿大卢瑟福实验室工作，两人合作提出了蜕变理论，指出放射性是由于原子本身分裂或蜕变为另一种元素的原子而引起的，它不是原子间或分子间的变化，而是原子本身的自发变化，放射出 α、β、γ 射线，变成新的放射性元素。根据放射性元素在自发地发射射线的同时，还不断地放出能量这一事实，他们提出了"原子能"的概念。

图 5-2　索迪

索迪 1903 年回到伦敦大学后与拉姆塞合作，证明氦是镭的衰变产物。1910 年索迪提出了术语"同位素"，指出存在不同原子量和放射性，但其他物理、化学性质完全一样的化学元素变种应该处在周期表的同一位置上，因而叫同位素。接着索迪根据原子蜕变时放出 α 射线相当于分裂出一个氦的正离子，放出 β 射线相当于放出一个电子，从而提出了放射性元素蜕变的位移规则。放射性元素在进行 α 蜕变后，在周期表上向前(即向左)移两位，即原子序数减 2，原子量减 4。发生 β 蜕变后，向后移一位，即原子序数增 1，原子量不变。由于位移法则和同位素理论，他在 1921 年获得了诺贝尔化学奖 。

索迪还发现了元素镤(Pa)以及 40 多个同位素。

尤里与重氢的发现

尤里(H.C.Urey,1893—1981)生于印第安纳州沃克顿,1981年1月5日卒于加利福尼亚州拉霍亚。1923年获加利福尼亚大学博士学位。从1924年起,先后在约翰斯·霍普金斯大学、哥伦比亚大学、芝加哥大学和加利福尼亚大学任教,其中1939—1942年任哥伦比亚大学化学系主任。1958年成为加利福尼亚大学无任所教授。因发现重氢而获得1934年的诺贝尔化学奖金。

尤里早年主要从事光谱学和量子力学的实验和理论研究工作,1932年他发表了《质量为2的氢同位素及其富集》一文,宣布了氘的发现。重水用作核反应堆的中子减速剂,使核反应堆能稳定和正常地进行工作。重氢在高温下能发生聚合反应,可用于制造氢弹,并是未来的新能源之一。

20世纪30—40年代,尤里主要从事同位素分离的实验和理论工作,首先注意到同一种元素的同位素在化学性质上的差异,指出这是自然界中同位素分离的原因。1940年代,尤里致力于同位素分离的统计学方法研究,为大规模生产铀-235和重水提供了重要方法,其中以气体扩散法最为重要。1947—1948年,他提出水和方解石之间氧同位素交换的分离系数与温度的关系,发展了测量地质时代中海相碳酸盐形成温度的氧同位素方法。尤里对宇宙化学的许多问题也进行了广泛的研究,1953年,他和克雷格(H.Craig)一起提出根据陨石中铁总含量和铁的氧化状态将陨石分群的方法。1952年,他提出从太阳系化学组成和化学过程研究太阳系演化的学说。同年指导研究生米勒(S. L. Miller)在模拟地球原始大气的实验研究中,首次合成了多种氨基酸,这就是著名的"米勒-尤里实验"。这一实验的成功,为生命起源的研究,开拓了新的道路。

放射性同位素示踪剂技术

海韦希(George de Hevesy,1885—1966),生于匈牙利布达佩斯,有犹太血统。1908年在德国弗赖堡大学获博士学位后到英国曼彻斯特大学在E·卢瑟福指导下工作。1920—1926年,在丹麦哥本哈根大学理论物理学研究所工作。1926年起在德国弗赖堡大学任物理化学教授,1935年离德去丹麦,1943年任斯德哥尔摩大学教授。他学习、工作过的城市还有苏黎世、卡尔斯鲁厄、维也纳等。

1923年海韦希和D·科斯特在哥本哈根发现了元素铪,对原子的电子层结构理论和元素周期性的阐明有重要意义。他和V·M·戈尔德施米特一起提出了镧系收缩原理。1934年他用磷的放射性同位素研究了植物的代谢过程,用示踪方法对人体生理过程进行研究,测定了骨骼中无机物组成的交换。放射性同位素示踪剂技术广泛用于化学、物理和生物化学等研究领域,为人类研究微观世界打开了大门。

由于在化学研究中用同位素作示踪物,海韦希获得 1943 年诺贝尔化学奖,并获得 1959 年和平利用原子能奖。

碳-14 测年法

1950 年的一天,埃及的一座高 146.5 米,底边长约 230 米,由 200 多万块重约两吨半的大石块垒成的金字塔,默默无声地证明了美国科学家、芝加哥大学教授利比(Willard Frank Libby)20 世纪 40 年代做出的一项重大发明成果:放射性碳素(碳-14)年代测定法。用这种方法所测定的金字塔建造年代,竟奇迹般地和历史记载的年代吻合。人们早就盼望找到一种新方法来研究地球和人类发展史了,如今终于如愿以偿。消息一传开,人们为之欢呼,把利比的这项发明誉为"考古学时钟"。利比于 1960 年获诺贝尔化学奖。

碳-14 测年法原理是,碳-14 在大气中的含量基本上保持恒定,碳-14 通过光合作用被植物吸收,动物都直接或间接地依赖植物生存,因此所有生物体内都含有碳-14。在死亡之前,生物体所含的碳元素中碳-14 的比例和大气中的一样,但是生物一旦死亡,停止与大气交换,生物体所含的碳元素中,碳-14 就按衰变规律减少(它的半衰期为 5730 年)。因此,我们可以通过测量生物残骸(甲骨、木炭、种子等)中的碳-14 的含量,经过比较,来确定生物死亡的时间,适用于测 60000 年以内的年代。常规的碳-14 测定,通常要求 3—10 克的含碳样品;1970 年代末发展起来的现代核分析技术加速器质谱,只要毫克级的样品,一份样品只需数十分钟,即可完成测年。

5.1.2　核反应与原子能的开发利用

居里夫人(Marie Curie,1867—1934),第一位荣获诺贝尔科学奖的女科学家,也是第一位两次荣获诺贝尔科学奖的科学家,迄今获得诺贝尔化学奖的三位女性之一。居里夫人生于波兰华沙,1891 年到法国深造,1893 年、1894 先后毕业于巴黎大学物理系和数学系。1895 年与皮埃尔·居里结婚。

图 5-3　居里夫人

1906 年 4 月 19 日丈夫皮埃尔·居里去世后,她接替丈夫工作,成为巴黎大学第一位女教授。

1898 年 7 月 18 日和 12 月 26 日,居里夫妇先后在法国科学院宣布他们在铀矿物中发现了放射性元素钋和镭,因而开创了放射化学。接着他们在理化学校的一间破漏棚子里艰苦工作了 45 个月,1902 年终于从 8 吨沥青铀矿渣中得到了 0.1 克纯氯化镭的白色晶体。

居里夫妇和贝克勒耳因为放射性的发现和研究,1903 年得到诺贝尔物理学奖。1910 年 9 月,在比利时布鲁塞尔举行的国际放射学会议上,为了寻求一个国际通用的放射性强度单位和镭的标准,组织了包括居里夫人在内的 10 人委员会。委员会建议以 1 克纯镭的放射强度作为放射性强度单位,并以居里来命名。1912 年该委员会又在巴黎开会,选择了居里夫人亲手制备的镭管作为镭的国际标准。

1911 年,居里夫人因发现元素镭和钋、分离出镭和对镭的性质及其化合物的研究,获得诺贝尔化学奖。在第一次世界大战期间,她和长女伊蕾娜·约里奥-居里一起参加战地医疗服务,担负伤员的 X 射线透视工作。她积极提倡把镭用于医疗,使核能造福于人类。

居里夫人是法国科学院第一个女院士,并被 15 个国家的科学院选为院士,一生中担任 25 个国家的 104 个荣誉职位,接受过 7 个国家的 24 次奖金或奖章。

伊蕾娜·约里奥-居里(Irène Joliot-Curie, 1897—1956)是玛丽和皮埃尔·居里的女儿,她和父母从事着同样的行业。她的丈夫弗雷德里克·约里奥(Frederic Joliot-Curie, 1900—1958)也在居里设在巴黎的镭研究院工作。约里奥-居里夫妇在 1934 年进行了他们最重要的研究:用 α 粒子轰击放在一间云室的窗户的前边的极薄的铝层,以便对轰击时出现的辐射现象进行研究。但是意外的发现却是:在轰击停止的时候,铝材竟然继续发出辐射!约里奥-居里夫妇最终得出结论——在受到轰击时,铝原子被转变成带辐射性的磷的同位素。这是首次以人工方法产生放射性原子核。

整个实验需要非常细心的工作和精确的技术。铝层要准备得非常薄,而且要在同位素仅 3 分钟的半衰期内完成。

这一发现进一步证明了原子并不是像科学家们以往所认为的那样是稳定的、不可再分的。以后他们发现铀经中子轰击后产生的放射性物质中含有化学性质与镧相似的元素,为核裂变现象的发现提供了重要事实。铀裂变发现后,他们很快发现裂变中有多个中子和大量能量放出,预言可以实现链式反应,释放核能。约里奥-居里夫妇继续他们对铀裂变即铀原子核分裂的研究。但在二战期间,他们要避免德国人抢先利用他们的发现。因此,与他们一起从事裂变研究的同事转移到英国,而弗雷德里克·约里奥继续留在巴黎,转入其他研究和从事抵抗运动。伊蕾娜和孩子们则在瑞士度过战争岁月。

弗雷德里克·约里奥是法国共产党党员,1950年任世界保卫和平委员会主席,参加反对核武器的运动。伊蕾娜·约里奥-居里也积极参与和平运动,并致力于改善妇女的社会地位。

伊蕾娜·约里奥-居里和弗雷德里克·约里奥因合成新的放射性核素而共同获得了1935年诺贝尔化学奖。

哈恩(Otto Hahn,1879—1968),德国放射化学家和物理学家,生于法兰克福,曾先后在W·拉姆塞和E·卢瑟福指导下进修。自1907年开始,他同奥地利犹太血统女物理学家迈特纳(Lise Meitner,1878—1968)进行了历时30年的富有成效的合作。一生从事放射性、核化学和核物理方面的研究,发现了一系列放射性元素和核裂变现象。

1934年,约里奥·居里夫妇发现人工放射性,费米宣布发现"铀后元素",哈恩和迈特纳便集中全力研究中子轰击铀的各种产物的物理和化学性质。1938年秋,哈恩和斯特拉斯曼获悉约里奥-居里的发现产物中有元素镧,于是重做以前的实验。他们在报告中说:"我们必须更改在以前的衰变方式中所提到的物质名字,把以往叫做镭、锕、钍的元素称为钡、镧和铈……这和所有以前原子核物理学的经验相抵触。"最后由迈特纳同她的侄儿弗里希(Otto Robert Frisch, 1904—1979)借助玻尔的液滴模型,提出了核的分裂即裂变概念来代替"超铀元素",从而解决了这一矛盾,并经许多人的实验证实。1938年12月,哈恩和物理学家斯特拉斯曼(Fritz Strassmann,1902—1980)发现铀原子核裂变现象。1939年初,两位科学家将这一发现公布于世并得到了各国科学家的论证。不久,丹麦物理学家玻尔和他的合作者又从理论上阐述了核

图5-4 哈恩、迈特纳和斯特拉斯曼
(摄于1965年)

裂变的反应过程,提出了完成这一反应最好的元素是铀-235。核裂变的发现使世界开始进入原子能时代。

哈恩获得了 1944 年诺贝尔化学奖。

1929 年,美国加州大学物理系教授劳伦斯(Ernest Orlando Lawrence,1901—1958)设计出了回旋加速器,其中被加速的带电粒子的速度接近光速,具有极高的能量。

1940 年起,美国化学家西博格(Glenn Theodore Seaborg,1912—1999)和麦克米伦(Edwin Mattison McMillan,1907—1991)等人,用回旋加速器产生的高能粒子轰击不同元素制成的靶,先后用人工方法制得了镅、锔等 9 种人造元素。到目前为止,各国科学家发现的 95 号到 116 号元素以及 118 号元素,都是在进行原子核反应时制备出来的。

5.1.3 元素化学

氟化学

莫瓦桑(Henri Moissan,1852—1907),法国化学家,生于巴黎。因家境贫寒,中学时中途退学。20 岁时到巴黎一家药房当学徒,1872 年到巴黎法国自然博物馆馆长弗雷米教授的实验室学习化学,1874 年到巴黎药学院台赫伦教授的实验室工作。1876 年莫瓦桑开始从事无机化学的研究工作,1877 年得到学士学位并取得高级药剂师资格。他经过多年不懈的努力,甚至不顾生命危险,终于在 1886 年 6 月 26 日制得了单质氟。法国科学院奖给他 1 万法郎的拉·卡泽奖金。1891 年被选为法国科学院院士。此后他继续研究新氟化物的制备,尤其是四氟甲烷(四氟化碳)CF_4 的制备,由于它的沸点只有 $-15℃$,他的这项工作成为 20 世纪合成高效制冷剂氟碳化合物(氟里昂)的先驱。1891 年以后,他制得了当时纯度最高的单质硼。他首先制得了人造金刚石,他在研制人造金刚石的同时,于 1892 年发明了高温反射电炉,使在 2000℃ 进行化学反应得以实现。

1906 年,莫瓦桑这位以化学实验著称的科学家获得了诺贝尔化学奖。

图 5-5 氟可用作火箭推进剂中的氧化剂

氟是致冷剂氟利昂等许多重要化合物的原料,也可用于分离燃料铀-235,制造"塑料之王"聚四氟乙烯,还可用作火箭推进剂中的氧化剂。

稀有气体化学

拉姆塞(William Ramsay, 1852—1916),生于格拉斯哥。1866年入格拉斯哥大学,1870年毕业后留学德国,1872年在蒂宾根大学获哲学博士学位。1880年起先后任布里斯托尔大学、伦敦大学化学教授。

拉姆塞最初研究有机化学、物理化学。1877年合成了吡啶,1880—1894年,主要研究液体的蒸气压、临界状态及表面张力与温度的关系。1894年他和瑞利(Lord John William Strutt Rayleigh, 1904年获诺贝尔物理奖)合作,发现氩。1895年他将钇铀矿置于硫酸中加热,得到一种新稀有气体,并和克鲁克斯(Sir William Crookes)一起用光谱确定为元素氦,从而第一次在地球上找到所谓"太阳元素"。拉姆塞研究了氦和氩的性质,指出它们在周期系中属于新的一族,并预言这一族中存在着其他元素。1898年他分馏液态空气时发现了三种新的稀有气体元素,命名为氖、氪、氙。1903年他和F·索迪证明镭能产生氦。1910年他和格雷(Robert Whytlaw-Gray)测定了氡的原子量,并确定了氡在周期系中的位置。拉姆塞因发现空气中的稀有气体元素并确定其在周期系中的位置而获得1904年诺贝尔化学奖。

图5-6 拉姆塞

1962年6月在加拿大的英国年轻科学家巴特列特(Neil Bartlett, 1932—)制成了具有历史意义的第一个具有化学键的稀有气体元素的化合物,六氟铂酸氙,黄色晶体 $Xe^+[PtF_6]^-$。在这之后又相继合成了许多种稀有气体元素的化合物。1972年人工合成了第一个氙与金属形成的新型化合物。这些化合物共价键键长与键角的计算值与实验值相符合,例如 XeF_2 是直线型的,XeF_4 分子的4个氟原子以平面四方形连接在氙原子上。

图5-7 巴特列特

富勒烯

1985 年 9 月初,英国苏塞克斯大学波谱学家克罗托(Sir Harold W. Kroto, 1939—)在美国莱斯大学教授斯莫利(Richard E. Smalley, 1943—2005)的两名研究生的帮助下,用激光超声团簇发生器开始了关于富碳蒸气中碳链形成的可能性的研究。他们在惰性气体环境下,用高功率的激光照射石墨表面,照射释放出来的由碳原子构成的碎片等离子体被氦气流携带通过末端为一喷嘴的杯形集结区,

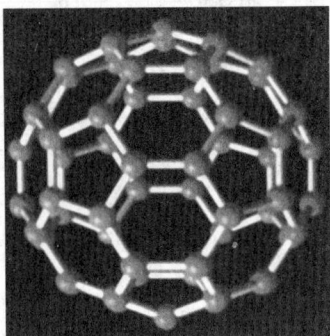

图 5-8 富勒烯

碎片离子经气相的热碰撞反应成为新的碳原子簇。随氦气进入一个真空室,在真空室由于气体的膨胀而被迅速冷却下来。随后,所有产物进入一个与上述实验装置相连接的飞行时间质谱仪。在 质谱仪上,所形成的含有不同碳原子个数的原子簇及其丰度可以被检测出来。9 月 4 日,研究小组在质谱仪上观察到质量较大的碳原子簇所含的碳原子个数均是偶数,其中分子质量数落在 720 处的质谱峰信号最强,它恰好对应一个由 60 个碳原子组成的分子,另外一个相当于 C_{70} 分子的质谱峰清晰地出现在分子质量数 840 处。通过改变实验条件,他们用斯莫利的装置产生的 C_{60} 是其他任何碳原子簇的 40 倍。这些实验结果使研究小组确信 C_{60} 可以非常稳定地存在。

在发现 C_{60} 和 C_{70} 之后,克罗托在确定结构时联想起 1967 年加拿大蒙特利尔万国博览会中美国展览馆是由五边形和六边形拼接构成的短程线圆顶建筑。克罗托将这一想法告诉了小组其他成员斯莫利和科尔(Robert F. Curl)。斯莫利经过尝试,终于用 20 个正六边形和 12 个正五边形拼成一个 60 个顶点的 C_{60} 分子结构模型。C_{60} 分子就以短程线圆顶结构的设计者富勒(Buckminster Fuller)的名字命名,称为"Buckminster-fullerene",简称富勒烯(Fullerene)。

"富勒烯"可以制成新的超导材料、有机化合物和高分子材料。克罗托、斯莫利、科尔三人因发现"富勒烯"并建立了新型的碳化学而于 1996 年获诺贝尔化学奖。

理查兹、张青莲与原子量精确测定

美国物理化学家理查兹（Theodore William Richards，1868—1928），生于宾夕法尼亚州日耳曼敦。1882 年入哈弗福德大学，先学天文学，后改学化学。1885 年毕业后入哈佛大学深造，1888 年获博士学位。后获哈佛大学的旅行奖学金，到过欧洲一些大学访问，接触到 V·迈尔和瑞利等著名化学家。1889 年回国，任哈佛大学助教，同时进行原子量的测定工作。1901 年任化学教授，两年后任化学系主任。1907 年任柏林大学教授。1912 年任吉布斯实验室主任。他是美国科学院和法国科学院院士，曾两次当选为美国化学会会长。

图 5-9　理查兹

理查兹从 1883 年开始研究原子量的测定。他大大改进了重量法测定原子量的技术，发明了浊度计，应用了石英仪器等。他的试验极为精细，首先测定了氧的原子量，然后重新测定了铜、钡、锶、钙、锌、镁、镍、钴、铁、银及碳和氮的原子量。他还最先发现同一个元素的原子量随来源不同而可能出现差异。他仔细测定了不同来源的放射性矿物中铅的原子量，测得由铀衰变生成的铅的原子量是 206.08，从钍衰变而来的铅的原子量是 208，普通的铅的原子量是 207.2。由此于 1913 年证实了同位素的存在，并进一步证实了放射性衰变理论。理查兹 除用 20 年时间精确测定了约 90 种元素的原子量之外，还研究了很多低温下的反应，发现温度逐渐降低时，自由能（即吉布斯函数）变化 ΔG 和焓变化 ΔH 趋于相等。理查兹因精确测定大量化学元素的原子量，为化学反应进行精确的计量奠定了基础而获 1914 年诺贝尔化学奖。

张青莲是我国著名的无机化学家，1908 年 7 月 21 日出生于江苏省常熟县。1922 年在苏州桃墩中学学习时，曾获全校中、英文竞赛冠军。1926 年高中毕业，考入上海光华大学化学系，1931 年考入清华大学研究生院。他撰写的有关锌的论文，为稀有元素铼的测定提供了定性方法。毕业时以优异的成绩获得中华教育文化基金公费留学。

1934 年秋，张青莲进入柏林大学物理化学系深造，并以重水物理化学性质为主要研究课题，成为世

图 5-10　张青莲

界上首批从事同位素研究的年轻学者之一。1936 年 6 月获柏林大学哲学博士学位。1936 年秋,赴瑞典皇家科学院物理化学研究所访问。1937 年夏受中央研究院化学研究所所长庄长恭聘请,回国任上海化工研究所副研究员,并先后任光华大学、西南联大教授。

1946 年后张青莲任清华大学、北京大学教授,坚持重水性质、重水中化学动力学、配合物合成等方面的研究,其研究成果在国际上引起了同行的高度重视。在近 50 年的教育岗位上,他一直讲授高等无机化学、配合物化学等课程,注意培养学生的理解和自学能力。他教学严谨,注重理论与实践的结合,注重课堂演示实验。一位听过他讲课的学生说,他演示的浓硫酸加到水中的爆炸实验,40 年后还记忆犹新。

张青莲 1934 年就开始进行重水和稳定同位素的科学研究,涉及氢、氧、碳、锂、铜、锑、铕等十几种元素的核素。60 多年来,他对同位素化合物的各种物理化学性质,同位素分离原理和方法,标准样品的研制,同位素天然丰度的测定和元素的原子量等方面进行了深入、系统的研究,取得了丰硕的成果,发表论文 120 余篇,成为我国稳定同位素科学的奠基者和开拓者。1985 年他测定了标准平均洋水(SMOW)25℃的密度达 7 位有效数字,这是 1975 年后国际上三项高度精密测定之一。他用校准质谱仪首次测得 SMOW 的氧 17 丰度,并首次用高富集同位素校准谱法测定了碳的原子量,被国际纯粹与应用化学联合会(IUPAC)下的原子量和同位素丰度委员会于 1991 年评为 NBS—19 参考物质的 C 标准同位素丰度。1991 年测得的铟原子量为 114.818.被国际原子量委员会采用为新标准值。这是在原子量表中,首次采用我国测定的原子量值。而后测得的铱(192.217)和锑(121.760)、铈(140.116)、铂(151.964)的原子量都被评为国际标准。

5.1.4 酸碱理论与配位化学

瑞典化学家阿伦尼乌斯(Svante August Arrhenius,1859—1927),生于乌普萨拉。17 岁时入乌普萨拉大学,主修化学。1878 年毕业留校,后去斯德哥尔摩瑞典皇家科学院学习测量溶液电导,准备博士论文。当时只有化学家 W·奥斯特瓦尔德支持他的观点,他因此才能任讲师。1885 年他在奥斯特瓦尔德实验室工作约一年,1886—1887 年在维尔茨堡

图 5-11　阿伦尼乌斯

继续研究溶液电导实验。

阿伦尼乌斯 1887 年提出电离学说：电解质是溶于水中能形成导电溶液的物质；这些物质在水溶液中时，一部分分子离解成离子；溶液越稀，离解度就越大。这一学说是物理化学发展初期的重大发现，对溶液性质的解释起过重要的作用。它是物理和化学之间的一座桥梁 。

阿伦尼乌斯的研究领域广泛。1889 年提出活化分子和活化能概念，导出化学反应速率公式（阿伦尼乌斯方程）。他还研究过太阳系的成因、彗星的本性、北极光、天体的温度、冰川的成因等，并最先对血清疗法的机理作出化学上的解释。阿伦尼乌斯因创立电离学说而获 1903 年诺贝尔化学奖。

1909 年，哥本哈根的化学家索伦森（Soren Peter Lauritz Sorensen，1868—1939）又提出了用氢离子浓度的负对数 pH 来表示氢离子浓度。

1923 年，英国剑桥大学的教授劳利（Thomas Martin Lowry，1874—1936）和丹麦布朗斯泰德（Johannes Nicolaus Brønsted，1879—1947）提出，酸应该是能给出质子的各种分子或离子（即质子给予体）。

依据布朗斯泰德的观点，铵离子应该看成是酸，原因是它能够给出质子而生成 NH_3；氨因此是碱，原因是它能够接受质子。推而广之，则酸中的阴离子可以看作碱。所以，酸所生成的盐，理所应当呈碱性。布朗斯泰德的理论进一步论证了不含氢的基（或离子）做质子给予体所需的条件。

同在 1923 年，路易斯提出了更一般性的酸碱理论，并于 1928 年将其进一步发展。在这里，路易斯把原子价的电子学说作为他的新理论的基础。据此，他认为碱是含有孤电子对的任何分子；酸是能够与这种孤电子对相结合的基或分子。路易斯的酸碱理论认为，SO_3、H^+、NH_4^+ 等都是酸；而 CN^-、OH^- 等都是碱。

维尔纳（Alfred Werner，1866—1919），生于法国米卢斯，1878 年起先后在职业学校和瑞士苏黎世工学院学习，1890 年他的研究论文《氮分子中氮原子的立体排列》，是探索有机化学分子三维结构的重要研究成果，是对立体化学研究的重要贡献，为此他获得博士学位。他将范特霍夫碳原子四面体结构的概念扩展到氮原子，从而建立起氮的立体化学的理论基础。1891 年维尔纳到

图 5-12　维尔纳

129

巴黎与贝特罗合作,在法兰西学院研究热化学。1892 年他又先后到苏黎世工学院、苏黎世大学任教,发表了题为《无机化合物的组成》的论文,提出了化合物的配位理论。他认为在配位化合物的结构中,存在两种类型的原子价:一种是主价,一种是副价。他扩大了同分异构体的概念,制备了新体系的许多新化合物。1894 年维尔纳在苏黎世成婚,成为瑞士公民。维尔纳一直从事"分子化合物"价键理论的研究,为化学键的现代理论开辟了道路。由于维尔纳在研究配位理论上的贡献,为无机化学开辟了新的研究领域,他获得了 1913 年诺贝尔化学奖,成为第一位获得诺贝尔奖的瑞士人。

维尔纳认为:"真正的雄心壮志几乎全是智慧、辛勤、学习、经验的积累,差一分一毫也不可能达到目的。至于那些一鸣惊人的专家学者,只是人们觉得他们一鸣惊人。其实他们下的功夫和潜在的智能,别人事前是领会不到的。"这正是对他取得研究成果的恰当解释。

5.1.5　环境化学

环境化学是因环境污染问题而兴起的一门综合性科学,包括大气污染化学、水污染化学、土壤污染化学,其任务是从化学的角度来探讨由于人类活动而引起的环境质量变化规律以及保护和改善环境的措施。

荷兰气象学家克鲁岑(Paul J. Crutzen,1933—)、美国化学家莫利纳(M. Molina,1943—)、美国化学家罗兰(F. Sherwood Rowland 1927—)率先研究并解释了大气中臭氧形成、分解的过程及机制。克鲁岑于 1970 年指出,喷气式飞机和汽车尾气中所含的氮氧化物,NO 和 NO_2 可以对臭氧的分解起催化作用,从而造成臭氧含量的迅速减少。1974 年 莫利纳和罗兰发表论文,指出对臭氧层的破坏来自氟氯烃气体,认为当氟氯烃逸入空气后,极缓慢地进入臭氧层,在那里受到强烈紫外线照射而分解,游离的氯与臭氧发生化学反应,破坏这些臭氧。他们预言,按照当时人们空调器和冰箱使用的氟利昂,工厂的洗涤溶剂和泡沫塑料中制造微孔的发泡剂产生的其他氟氯烃量计算,如不采取措施抑制,几十年后臭氧层几乎将被消耗殆尽。基于他们的杰出贡献,人们对臭氧问题有了正确、科学的理解,于 1987 年在加拿大蒙特利尔签订了有关限制能破坏臭氧的气体的排放的议定书,1990 年又签订了京都议定书。他们三人于 1995 年获诺贝尔化学奖。

在 21 世纪,环境化学任重道远,它涉及化学污染预防和控制、提高环境质量等,更需要发展绿色化学、工业生态学等新学科,使人类社会实现可持续发展。

【附录】　侯德榜、钱三强与卢嘉锡

侯德榜 1890 年 8 月 9 日生于福建闽侯坡尾乡坡尾村(后称长沙村,今属福州市台江区)。少年时学习十分刻苦,就是伏在水车上双脚不停地车水时,仍能捧着书本认真读书。在姑母的资助下,1903 年进福州教会中学英华书院(创立于 1881 年)读书,1907—1910 年,侯德榜就读于上海闽皖路矿学堂,1911 年考入清华留美预备学校。三年后以 10 门功课 1000 分的优异成绩被保送到美国留学,1921 年取得博士学位。

1921 年 10 月侯德榜回国后,出任范旭东创办的永利碱业公司的总工程师。经过紧张而又辛苦的几个寒暑的奋战,侯德榜终于掌握了索尔维制碱法的各项技术要领。1924 年 8 月 13 日,永利碱厂正式投产,日产 180 吨纯碱。1926 年,永利碱厂生产的"红三角"牌纯碱在美国费城举办的万国博览会上荣获金质奖章。

摸索到索尔维制碱法的奥秘,本可以高价出售其专利而大发其财,但是和范旭东一样,侯德榜主张把这一奥秘公布于众,让世界各国人民共享这一科技成果。为此侯德榜继续努力工作,把制碱法的全部技术和自己的实践经验写成专著《制碱》于 1932 年在美国以英文出版。

1937 年,日本侵华的战火伸向上海、南京,在战火逼近的情况下,侯德榜当机立断,布置技术骨干和老工人转移,组织重要机件设备拆运西迁。1938 年,侯德榜率西迁的全体员工在四川岷江岸边的五通桥建设永利川西化工厂。

侯德榜总结了索尔维法的优缺点,认为这方法的主要缺点在于,两种原料组分只利用了一半,即食盐($NaCl$)中的钠和 $CaCO_3$ 中的碳酸根结合成纯碱($NaCO_3$),另一半组分食盐中的氯和 $CaCO_3$ 中的钙结合成了 $CaCl_2$,却没有用途。针对生产中的缺陷,侯德榜创造性地设计了联合制碱新工艺。这个新工艺是把氨厂和碱厂建在一起,联合生产。由氨厂提供碱厂需要的氨和二氧化碳,母液里的氯化铵用加入食盐的办法使它结晶出来,作为化工产品或化肥。食盐溶液又可以循环使用。这方法赢得了国际化工界的极高评价。1943 年,中国化学工程师学会一致同意将这一新的联合制碱法命名为"侯氏联合制碱法"。

新中国建立后,侯德榜开始投入恢复、发展中国化学工业的崭新工作,走遍大江南北、长城内外。1960 年前后,为适应我国农业生产的需要,侯德榜不顾自己已是 70 高龄,和技术人员一道共同设计了碳化法制造碳酸氢铵的新工艺,为我国的化肥工业发展作出了巨大贡献。

1974 年 8 月 26 日,侯德榜在北京与世长辞。

钱三强是中国杰出的物理学家。他是钱玄同的次子,原籍浙江省湖州,1913 年

10月16日生于绍兴。1936年毕业于清华大学物理系。1937年考取中法教育基金委员会公费,在巴黎大学镭学研究所居里实验室,在约里奥·居里夫妇指导下,从事原子核物理研究。1940年获法国国家博士学位,1944年任法国国家科研中心研究员,1946年获法国科学院亨利得巴微物理学奖,1947年任法国国家科研中心研究导师。在法国十多年中,其研究领域主要是围绕原子核裂变进行的,先后发表研究论文30多篇,特别是他和夫人、清华园同班同学何泽慧(山西灵石人,1914年3月5日生于苏州)对原子核三分裂和四分裂现象的发现,以及分裂机制的合理解释,深化了人类对核裂变的认识。钱三强夫妇被誉为"中国的居里夫妇"。

1948年回国后,钱三强曾任中国科学院近代物理研究所(后改称原子能研究所)所长,第二机械工业部(1982年改称核工业部,现为核工业总公司)副部长,中国科学院副院长,中国科学技术协会名誉主席。1955年当选为中国科学院数理化学部委员,1955年1月,中央决定发展本国核力量后,他又成为规划的制定人。1958年,他参加了苏联援助的原子反应堆的建设,并汇聚了何泽慧、邓稼先等一大批核科学家到研制核武器的队伍中。

1959年6月,当时的苏联政府撕毁了与我国签订的有关科技援助合同,撤走了专家。1960年,中央决定完全靠自力更生发展原子弹后,已兼任二机部副部长的钱三强担任了技术上的总负责人、总设计师。

1964年10月16日下午3时,我国第一颗原子弹爆炸成功,1967年我国第一颗氢弹爆炸成功。

1992年6月28日,"中国原子能之父"钱三强因心脏病在北京逝世。1999年9月中共中央、国务院、中央军委授予他和邓稼先、钱学森等23人"两弹一星"功勋奖章。

卢嘉锡1915年10月26日生于福建省厦门市,原籍台湾台南,祖籍福建省永定县。1934年毕业于厦门大学化学系。1939年在英国伦敦大学获博士学位,同年到美国加州理工学院、马里兰研究室学习和工作。1945年回国,1955年被聘为中国科学院数理化学部委员(现称院士)。1981年至1987年,卢嘉锡任中国科学院院长,

附图 5-1　1967年6月17日中国
第一颗氢弹爆炸成功

1973年,卢嘉锡在国际上最早提出固氮酶活性中心网兜模型,之后又提出过渡金属原子簇化合物"自兜"合成中的"元件组装"设想等问题,为我国化学模拟生物固氮等研究跻身世界前列作出了重要贡献。

2001年6月4日,卢嘉锡在福州逝世。

附图 5-2　秦山核电站全景

（摘自郭保章：《中国现代化学史略》，广西教育出版社 1995 年版）

5.2　现代有机化学史

5.2.1　有机合成

合成大师伍德沃德

伍德沃德（Robert Burns Woodward, 1917—1979），生于美国马萨诸塞州的波士顿。1933 年考入麻省理工学院，用 3 年时间学完了大学的全部课程，接着只用了一年的时间学完了博士生的所有课程，通过论文答辩获博士学位。1938 年到哈佛大学执教，1950 年被聘为教授。他教学极为严谨，且有很强的吸引力，特别重视化学演示实验，着重训练学生的实验技巧。他培养研究生、进修生 500 多人，许多人成了化学界的知名人士，其中包括获得 1981 年诺贝尔化学奖的霍夫曼（R. Hoffmann）。伍德沃德在化学上的出色成就，使他名扬全球。1963 年，瑞士人集资办了以伍德沃德命名的研究所，并聘他为首任所长。

伍德沃德是 20 世纪在有机合成化学实验和理论上取得划时代成果的罕见的有机化学家。他以极其精巧的技术，合成了胆甾醇、皮质酮、马钱子碱、利血平、叶绿素共 24 种复杂有机化合物，被誉为"现代有机合成之父"。

伍德沃德还探明了金霉素、土霉素、河豚素等复杂有机物的结构与功能，探索了核酸与蛋白质的合成问题。他在有机化学合成、结构分析、理论说明等多个领域都有独到的见解和杰出的贡献，他还独立地提出二茂铁的夹心结构。

1965 年，伍德沃德荣获诺贝尔化学奖。获奖后，他组织了 14 个国家

133

的 110 位化学家,协同攻关,探索维生素 B_{12} 的人工合成问题。在他以前,这种极为重要的药物,只能从动物的内脏中经人工提炼,所以价格极为昂贵,且供不应求。

维生素 B_{12} 的结构极为复杂,有 181 个原子,在空间呈魔毡状分布,性质极为脆弱,受强酸、强碱、高温作用都会分解,这就给人工合成造成极大的困难。伍德沃德设计了一个拼接式合成方案,即先合成维生素 B_{12} 的各个局部,然后再把它们对接起来。共做了近千个复杂的有机合成实验,1973 年才大功告成。

合成维生素 B_{12} 过程中,不仅存在一个创立新的合成技术的问题,还遇到一个传统化学理论不能解释的有机理论问题。为此,伍德沃德参照日本化学家福井谦一提出的"前线轨道理论",和他的学生兼助手霍夫曼一起,提出了分子轨道对称守恒原理,这一理论用对称性简单直观地解释了许多有机化学过程,如电环合反应过程、环加成反应过程、σ 键迁移等周环反应过程。该原理指出,反应物分子外层

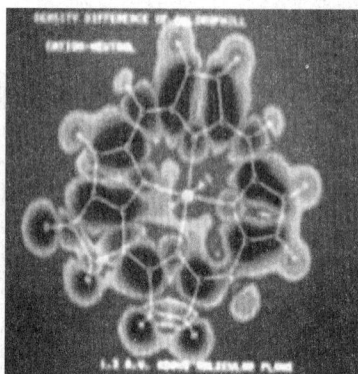

图 5-13 叶绿素的化学结构图像

轨道对称一致时,反应就易进行,这叫"对称性允许";反应物分子外层轨道对称性不一致时,反应就不易进行,这叫"对称性禁阻"。分子轨道理论的创立,使霍夫曼和福井谦一共同获得了 1981 年诺贝尔化学奖。

在有机合成过程中,伍德沃德以惊人的毅力夜以继日地工作。例如在合成马钱子碱、奎宁碱等复杂物质时,需要长时间的守护和观察、记录,那时,伍德沃德每天只睡 4 个小时,其他时间均在实验室工作。

伍德沃德在总结自己的工作时说:"之所以能取得一些成绩,是因为有幸和世界上众多能干又热心的化学家合作。"

科里与逆合成分析

科里(Elias James Corey,1928—),23 岁从美国麻省理工学院获得博士学位,现为美国哈佛大学教授。从 20 世纪 50 年代后期开始从事有机合成研究,合成了几百个重要的化学结构复杂的天然产物。1967 年他提出了具有严格逻辑性的"逆合成分析原理",将要合成的目标分子,按可再结合的原则,在合适的键上进行分割,使之成为合理、较简单的和较易得

到的较小起始反应物分子。然后反过来将找到的这些小分子或等价物按一定的顺序和立体方式逐个地通过合成反应再结合起来，并经过必要的修饰，而得到所要合成的目标化合物。1967 年他和学生卫普克（W. Todd Wipke）把"逆合成分析原理"编制成第一个计算机辅助有机合成路线设计的程序 OCSS（Organic Chemical Synthesis Simulation，有机化学合成模拟），1969 年发表 LHASA（Logic and Heuristics Applied to

图 5-14　科里

Synthetic Analysis）程序。后来，世界各地许多大学和科研单位的化学家受他的启发，以 OCSS-LHASA 程序为基础，开发了许多新的程序，编制了许多新软件，掀起了一股合成化学计算机辅助设计的潮流，使合成化学进入"分子模拟"的崭新天地。

分子模拟是用电脑以原子水平的分子模型来模拟分子的静态结构与动态行为、理化性质，如分子链的弯曲运动、分子间氢键的缔合与解缔行为、分子在表面的吸附行为，以及分子的扩散等。本来，科学家要合成出一种具有使用价值的物质，大约要在 5 万种新合成的物质中才能得到一种，其他都是无使用价值的"废物"。如果通过分子模拟，科学家就可在屏幕上方便地筛选出心目中需要的分子。

在高强度的高分子新材料的分子设计中，材料科学家提出的改进方案，如改变分子键上的原子等，都可以通过分子模拟对其最终的力学性能进行判断。显然，在屏幕上合成这些高分子之快，鉴定结构之方便，确定力学模量之可靠，为我们提供了一个新的设计高分子材料的有力工具。在计算机帮助下，有机合成化学将创造出几乎是魔力般性质的材料，以对环境友好的方式生产出足够的食品和能量，用以养活世界人口，并向全世界的经济活动提供活力。

科里于 1990 年获诺贝尔化学奖。

不对称合成

许多化合物的结构都是对映性的，好像人的左右手一样，这被称作手性。而药物中也存在这种特性，在有些药物成分里只有一部分有治疗作用，而另一部分没有药效甚至有毒副作用。这些药是消旋体，它的左旋与右旋共生在同一分子结构中。在欧洲发生过妊娠妇女服用没有经过拆分的消旋体药物作为镇痛药或止咳药，而导致胚胎畸形，1.2 万名婴儿有生理缺陷的"反应停"惨剧，使人们认识到将消旋体药物拆分的重要性。人们使用一种对映体试剂或催化剂,把分子中没有作用的一部分剔除,只利用有效用的一部分,就像分开人的左右手一样,分开左旋体和右旋体,再把有效的对映体作为新的药物,这称作不对称合成(又叫手性合成)。美国科学家诺尔斯(William S. Knowles,1917—)、日本科学家名古屋大学教授野依良治(Ryoji Noyori,1938—)和美国 Scripps 研究所的科学家夏普雷斯(K. Barry Sharpless,1941—)在不对称合成中取得了巨大成绩,获得 2001 年诺贝尔化学奖。

图 5-15　诺尔斯(左)、野依良治(中)和夏普雷斯(右)

　　1968 年,诺尔斯发现了用过渡金属进行对映性催化氢化的新方法,并最终获得了有效的对映体。他的研究被迅速应用于治疗帕金森症药物 L-DOPA 的生产。后来,野依良治进一步发展了对映性氢化催化剂。夏普雷斯则发现了氧化催化。他们的发现开拓了分子合成的新领域,其成果已被应用到心血管药、抗生素、激素、抗癌药及中枢神经系统类药物的研制上。现在,手性药物的疗效是原来药物的几倍甚至几十倍,在合成中引入生物转化已成为制药工业中的关键技术。

5.2.2　天然有机物化学

费歇尔与糖类研究

　　费歇尔(Emil Hermann Fischer,1852—1919),德国有机化学家。生于莱茵河附近的奥伊斯基兴。费歇尔曾在波恩大学学习,1872 年在斯特拉斯堡与拜耳一起做研究工作。1874 年获博士学位。1879 年后先后任慕尼黑大学、埃朗根大学、维尔茨堡大学、柏林大学教授。

　　1875 年,费歇尔发现了苯肼,这个化合物很容易与糖反应,产生一种可供鉴定用的衍生物糖脎。

图 5-16　E·费歇尔

他借助这些反应,阐明了糖类的分子结构 。此外,费歇尔还合成了多种单糖,确定了咖啡碱和茶碱的结构,进一步阐明了这两个化合物和尿酸都是嘌呤的衍生物。费歇尔和他的助手们最后合成了一系列嘌呤衍生物,包括核碱的成分腺嘌呤及鸟嘌呤。他因合成糖类和嘌呤衍生物而获得1902 年诺贝尔化学奖。

　　在此之前,费歇尔已开始做蛋白质的研究工作。当时已知蛋白质是由氨基酸组成的。费歇尔发现了纯化蛋白质的不同沉淀方法。他研究了蛋白质中氨基酸联结的方式,然后进行与蛋白质类似物质的合成。最后,他成功地合成了含 18 个氨基酸的多肽,它具有与天然蛋白质类似的性质,如可被酶解等。

桑格与蛋白质、核酸研究

　　英国生物化学家桑格(Frederick Sanger,1918—),生于格洛斯特郡伦德库姆。1943 年以研究赖氨酸的论文获剑桥大学博士学位。毕业后一直在剑桥大学任教。

　　桑格在 20 世纪 50 年代以前主要研究蛋白质的结构。他找到一种试剂,名为 2,4-二硝基氟苯(桑格试剂),用以测定胰岛素的分子结构,获得成功。后经 10 年的努力,应用逐段分解和逐步递增的方法,测定出胰岛素两条肽链分别含 21 个和 30 个氨基酸的排列顺序和位置,于 1955 年测定了胰岛素的一级结构,因此获 1958 年诺贝尔化学奖。60 年代后,桑格的工作转向核酸方面,致力于对核糖核酸和脱氧核糖核酸结构的分析研究。他利用酶的生物活性,用生物学的处理方法,确定了核糖核酸中每种碱基的排列顺序和脱氧核糖核酸中核苷酸的排列顺序,发展了脱氧核糖核酸的精确快速分析法。他用此法于 1977 年成功地测定了一种细菌

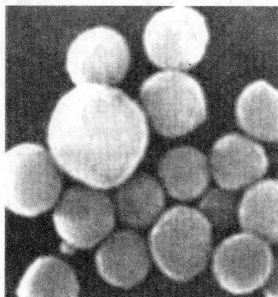

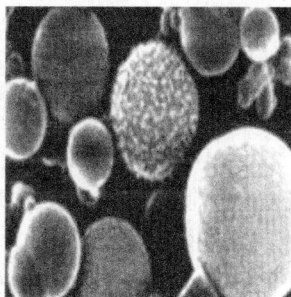

图 5-17 电子显微镜下的氨基酸　　图 5-18 电子显微镜下的蛋白质

病毒脱氧核糖核酸分子的全部共 5386 个核苷酸的排列顺序。桑格因设计出一种测定 DNA 内核苷酸排列顺序的方法而与吉尔伯特、伯格共获 1980 年诺贝尔化学奖。桑格是唯一两次获诺贝尔化学奖的科学家。

蛋白质控制系统

人类细胞包含有数十万种不同的蛋白质,不同的蛋白质具有不同的生理机能:有作为化学反应催化剂的蛋白质酶,有作为信号物质的人体激素,还有在人类免疫系统中发挥重要作用,以及决定细胞样式与结构的一些特殊蛋白质。

以色列科学家阿龙-西查诺瓦(Aaron Ciechanover,1947—)、阿弗拉姆·赫尔什科(Avram Hershko,1937—)和美国科学家欧文·罗斯(Irwin Rose,1926—)经过多年研究,找到了人体细胞控制和调节某种人体蛋白质数量多少的方法。他们发现,人体细胞通过给无用蛋白质"贴标签"的方法,帮助人体将那些被贴上标记的蛋白质进行"废物处理",使它们自行破裂,自动消亡。

阿龙-西查诺瓦等三位科学家的科学新发现,使人们可以在分子水平上理解如下一些人体化学现象成为可能:细胞循环、DNA 修复、人类基因转移和人体蛋白质数量控制等,这些化学现象都是非常重要的生物化学程序。他们所认识到的人体蛋白质的死亡形式,可帮助人们解释人体免疫系统的化学工作原理。人们还可以因此认识到:如果人体细胞的蛋白质处理过程发生故障,包括一些癌症在内的各种人体疾病就会紧跟着出现。他们于 2003 年获诺贝尔化学奖。

萜类、甾族与生物碱

甾族化合物(Steroid),又称类固醇,范围很广,包括胆甾醇、麦角甾醇、胆酸、维生素 D、雄性激素、雌性激素、肾上腺皮质激素、皂素等,广泛分布于动植物中。

维生素(Vitamin)后通常另加拉丁字母 A、B、C、D 等表明不同的类别,是生物生长和代谢所必需的微量有机物。大致可分为脂溶性维生素和水溶性维生素,前者能溶于脂肪,如维生素 A、D、E、K 等,后者能溶于水,如 B 族维生素(包括 B_1、B_2、B_6、B_{12}、烟酸、叶酸、泛酸、胆碱等)和维生素 C。

德国化学家温道斯(Adolf Otto Reinhold Windaus,1876—1959)曾于柏林大学攻读医学,在 E·费歇尔影响下改学化学。1899 年获弗赖堡大学博士学位。1915—1944 年,任格丁根大学化学教授和化学实验室主任。1901 年开始研究胆甾醇,1903 年发表题为《胆甾醇》的首创性论文,后来发现其他许多化合物也具有与胆甾醇相类似的结构特点和性质,就把这类化合物归并成一族,定名为甾族化合物。他发现胆甾醇和胆汁酸具有相同的母核。胆甾醇是该母核带有仲醇和异辛基侧链而形成的化合物。母核被证实是由 4 个高度饱和的稠环构成的。通过温道斯对胆甾醇的研究,人们终于在 1932 年确定了这个化合物的结构。他的另一个重要贡献是把上述研究方法应用于维生素的研究,1927 年分离出维生素 D_1、D_2 和 D_3,并且发现了一种霉菌麦角甾醇(7-去氢胆甾醇),它经过紫外线照射发生异构化作用,可转变成维生素 D_3。他还测定了维生素 B_1 的化学结构。

温道斯因研究甾醇类的结构及其与维生素的关系而获得 1928 年诺贝尔化学奖。

生物碱(Alkaloid)是一类含氮的有机化合物,存在于自然界(一般指植物,有的也存在于动物),有似碱的性质 。大多数生物碱均有复杂的环状结构,氮素多包括在环内,具有光学活性。但也有例外,如麻黄碱是有机胺衍生物,氮原子不在环内;咖啡因虽为含氮的杂环衍生物,但碱性非常弱,或基本上没有碱性;秋水仙碱几乎完全没有碱性,氮原子也不在环内……由于这些化合物都是来源于植物的含氮有机物,又有明显的生物活性,故仍包括在生物碱的范围内。而有些来源于天然的含氮有机化合物,如某些维生素、氨基酸、肽类,习惯上又不属生物碱。已知生物碱种类很多,约在 2000 种以上。

英国化学家罗宾逊(Sir Robert Robinson,1886—1975),于 1910 年获曼彻斯特大学科学博士学位;1912—1930 年,先后在悉尼大学、新南威尔士大学、利物浦大学、安德鲁斯大学、曼彻斯特的维多利亚大学、伦敦大学执教 ;1930 年起,在牛津大学任化学教授,直至 1955 年退休。他早期研究植物生态学,对多种天然有机化合物的结构及合成进行了深入的研究,其中最主要的有花色素、生物碱、青霉素、甾醇等。1917 年他详尽地阐明了有机分子结构的电子理论。1955 年他在所著《天然产物的结构关系》一书中,提出了著名的生源学说,该学说对天然产物的结构的阐明和化学合成都有很大的促进作用。他对生物碱分子结构的详尽研究,导致多种抗疟药物的问世。

罗宾逊因研究生物碱和其他重要植物产物的贡献而获得 1947 年诺

贝尔化学奖。

5.2.3　合成高分子与有机化工

高分子化学是研究高分子化合物的结构、性能、合成方法、化学反应机理、加工成型和应用等方面的一门新兴的综合性科学。高分子化学是发展塑料、合成纤维、合成橡胶三大合成材料工业的基础，与工农业生产和国防建设密切相关，也是人们日常生活不可缺少的一门科学。

德国化学家施陶丁格（Hermann Staudinger，1881—1965）于 1920 年代将天然橡胶氢化，得到与天然橡胶性质差别不大的氢化天然橡胶，从而证明了天然橡胶不是小分子次价键的缔合体，而是以主价键连接成的长链状高分子量化合物。他证明淀粉、蛋白质等也是由数以万计甚至百万计的分子组成的天然高分子化合物，正式提出了"高分子化合物"这个名称。他提出了关于高分子的粘度性质与分子量关系的施陶丁格定律，1947 年出版了著作《大分子化学及生物学》，尝试性地描绘了分子生物学的概貌，预言了高分子化合物在生物体中的重要作用，为分子生物学这一前沿学科的建立和发展奠定了基础。为了配合高分子科学的发展，1947 年起他主持编辑了《高分子化学》这一专业杂志。他于 1953 年获诺贝尔化学奖。

1928 年，美国最大的化学工业公司——杜邦公司成立了基础化学研究所，卡罗瑟斯（Wallace Hume Carothers，1896—1937）担任该所的负责人，主要从事聚合反应方面的研究。他对一系列的聚酯和聚酰胺化合物进行了深入研究和多方对比，选定他在 1935 年 2 月 28 日首次由己二胺和己二酸合成的聚酰胺 66（第一个 6 表示二胺中的碳原子数，第二个 6 表示二酸中的碳原子数）。这种聚酰胺不溶于普通溶剂，熔点为 263℃，高于通常使用的熨烫温度，拉制的纤维具有丝的外观和光泽，在结构和性质上也接近天然丝，其耐磨性和强度超过当时任何一种纤维。卡罗瑟斯逝世后，1938 年 10 月 27 日世界上第一种合成纤维正式宣布诞生，聚酰胺 66 被命名为尼龙（Nylon）66。尼龙以其高强度、耐磨等独特优越的性能，在民用和工业方面得到了广泛的应用，为发展合成纤维工业打响了第一炮。

德国化学家齐格勒（Karl Ziegler，1898—1973），1949—1953 年发明高活性络合催化剂，使聚乙烯的生产摆脱了高压复杂生产条件，可以在常压下进行，大大简化了工艺。意大利化学家纳塔（Giulio Natta，1903—

1979）对齐格勒发明的催化剂加以改进，使其适合于聚丙烯的大规模生产，产品的强度高、硬度大、耐磨损，成为仅次于聚乙烯的塑料主要品种之一，广泛用于汽车、化工、包装、建筑、医疗、农业、食品等工业。他们俩开创的配位催化聚合和立体定向聚合，应用于烯烃、二烯烃 的聚合等，开拓了高分子科学和工艺的崭新领域，成为发展史上的里程碑，于 1963 年获诺贝尔化学奖。如今，高分子化学的主要力量放在新品种的探索和新聚合方法的寻觅，特别是向功能高分子、智能高分子等方向发展，并将生物学知识和生命现象用于高分子研究，形成高分子仿生学。

导电聚合物

塑料是一种聚合物，即由简单分子联合形成的高分子物质。聚合物要能够导电，其内部的碳原子之间必须交替地由单键和双键连接，同时还必须经过掺杂处理——也就是说，通过氧化或还原反应移去或导入电子。

美国化学家黑格（Alan J. Heeger，1936—）、美籍新西兰化学家马克迪尔米德（Alan G. MacDiarmid，1927—）和日本化学家白川英树（Hideki Shirakawa，1936—）于 1970 年代末在塑料导电研究领域取得突破性发现。由于他们开创性的工作，导电聚合物成为对物理学家和化学家都具有重要意义的研究领域。目前，导电塑料已广泛地用于许多工业领域，如抗电磁辐射的计算机视保屏、能过滤太阳光的"智能"电话和微型电视显示装置等领域不断找到新的用武之地。导电聚合物的研究成果，还对分子电子学的迅速发展起到推动作用。将来，人类将能制造由单分子组成的晶体管和其他电子元件，这将不仅大大提高计算机的运算速度，而且还能缩小计算机的体积。

图 5-19   黑格（左）、马克迪尔米德（中）和白川英树（右）

有机化工

法国化学家格林尼亚（Victor Grignard，1871—1935）于 1901 年发明

了以他名字命名的有机镁试剂,这种试剂是化学研究与生产中功能最多、最有价值的化学试剂之一。法国化学家萨巴蒂埃(Paul Sabatier,1854—1941)发明了金属粉末有机合成催化剂,并研究了有机化合物的加氢方法,使油脂中的不饱和脂肪酸加氢,变成饱和脂肪酸,为油脂工业的发展奠定了基础。他们于 1912 年共同获诺贝尔化学奖。

图 5-20　格林尼亚

美国化学家布朗(Herbert Charles. Brown,1912—2004)于 1937 年至 1947 年研究硼氢化合物,利用其性质异常活泼的特点发明了多种试剂。这些试剂广泛应用于化学研究和化工生产,促进了有机合成的技术革新。1979 年布朗与发明维蒂希试剂的德国化学家维蒂希(Georg Wittig, 1897—1987)同获诺贝尔化学奖。

图 5-21　萨巴蒂埃　　　　图 5-22　布朗　　　　图 5-23　维蒂希

5.2.4 "超分子化学"和细胞膜通道

1960 年美国化学家佩德森(Charles J. Pedersen, 1904—1989)发现了具有特殊结构和性质的化合物——"冠醚";1968 年法国化学家莱恩(Jean-Marie Lehn,1939—)合成了与冠醚相类似的化合物"穴醚";1970 年代美国化学家克拉姆(Donald James Cram, 1939—2001)和莱恩对冠醚化合物进行研究后,分别提出了"主客体化学"(host-guest chemistry)和"超分子化学"(supramolecular chemistry)的概念。冠醚是能够决定分子相互识别的化合物,对于研究生命体运动有重大意义。

佩德森、克拉姆、莱恩三人于 1987 年获诺贝尔化学奖。

细胞膜通道

早在 100 多年前,人们就猜测细胞中存在特殊的输送水分子的通道。但直到 1988 年,美国化学家阿格雷(Peter Agre,1949—)才成功分离出了一种膜蛋白质,之后他意识到它就是科学家孜孜以求的水通道。这个重大发现开启了细菌、植物和哺乳动物水通道的生物化学、生理学和遗传学研究之门。

离子通道是另一种类型的细胞膜通道,神经系统和肌肉等方面的疾病与之有关,它还能产生电信号,在神经系统中传递信息。但由于科学家一直不能弄清楚它的结构,进一步的研究无法展开。而美国化学家麦金农(Roderick MacKinnon,1956—)在 1998 年测出了钾通道的立体结构,由于他的发现,人们可以"看见"离子如何通过由不同细胞信号控制开关的通道。

阿格雷和麦金农的发现阐明了盐分和水如何进出组成活体的细胞。比如,肾脏怎么从原尿中重新吸收水分,以及电信号怎么在细胞中产生并传递等等,这对人类探索肾脏、心脏、肌肉和神经系统等方面的诸多疾病具有极其重要的意义。他们于 2003 年获诺贝尔化学奖。

5.2.5 换位合成法与绿色化学

绿色化学是用化学去预防污染,是设计研究没有或只有尽可能小的环境副作用并在技术上、经济上可行的化学品和化学过程。它是在始端就采用实现污染预防的科学手段,使过程和终端均为零排放或零污染。从根本上区别于那些通过"三废"处理与利用来治理污染的化学方法,最大限度地追求"原子经济性"即使原料分子中的原子尽可能完全转变成产物,不产生副产物或废物。

绿色化学研究涉及化学反应(化工生产)过程的四个基本要素:目标分子或最终产品,原材料或起始物,转换反应和试剂,反应条件。

由美国有关科学家提出并为目前国际化学界所公认的绿色化学 12 条原则是:

1.防止废物的生成比在其生成后再处理更好。

2.设计的合成方法应使生产过程中采用的原料最大量地进入产品之中。

3.设计合成方法时,只要可能,不论原料、中间产物和最终产品,均应对人体健康和环境无毒、无害。

4.化工产品设计时,必须使其具有高效的功能,同时也要减少其毒性。

5.应尽可能避免使用溶剂、分离试剂等助剂,如不可避免,也要选用无毒无害的助剂。

6.合成方法必须考虑过程中能耗对成本与环境的影响,应设法降低能耗,最好采用在常温常压下的合成方法。

7.在技术可行和经济合理的前提下,原料要采用可再生资源代替消耗性资源。

8.在可能的条件下,尽量不用不必要的衍生物(derivatives),如限制性基团、保护/去保护作用、临时调变物理/化学工艺。

9.合成方法中采用高选择性的催化剂比使用化学计量(stoichiometric)助剂更优越。

10.化工产品要设计成在其使用功能终结后,它不会永存于环境中,要能分解成可降解的无害产物。

11.进一步发展分析方法,对危险物质在生成前实行在线检测和控制。

12.选择化学生产过程的物质,使化学意外事故(包括渗透、爆炸、火灾等)的危险性降低到最小程度。

绿色化学是当代化学的重要前沿,它是一门具有明确的社会需求和科学目标的新兴交叉学科,是对传统化学思维方式的更新和新发展,是从源头上消除污染,它合理利用资源和能源,降低生产成本,符合经济可持续发展的要求。它的根本目的是把现有化学和化工生产的技术路线从"先污染、后治理"改变为"从源头上根除污染",是发展生态经济和工业的关键,是实现可持续发展战略的重要组成部分。

换位合成反应(Metathesis reactions)是说双原子分子可以在碳原子的作用下断裂,从而使原来的原子组改变位置。当然,换位过程要靠某些特殊化学催化剂的帮助才能完成。换位合成反应是使人类向"绿色化学"迈进一大步的重要方法,能大大减少有害废物对人们的危害。

【附录】 结晶牛胰岛素和酵母丙氨酸转移核糖核酸的人工合成

1965 年 9 月 17 日中国科学家人工合成结晶牛胰岛素,这项成果一直是中国科学界的骄傲。

"合成一个蛋白质"的课题,是 1958 年 8 月由刚成立的中国科学院生物化学研究所王应睐(1907—2001)、邹承鲁(1923—)、钮经义(1920—1995)和王德宝(1918—2002)等9人在一次会议上提出的,该课题在周恩来总理关怀下被列入全国1959年科研计划(草案)。

1959年1月,胰岛素人工合成正式启动。生化所建立了以曹天钦(1920—1995)为组长的5人小组来领导胰岛素合成,下设由邹承鲁负责的天然胰岛素拆、合小组,由钮经义负责的胰岛素肽链有机合成小组。1959年4月,北京大学化学系也与生化所协作。

邹承鲁小组将胰岛素的三个二硫键完全拆开成了稳定的A链及B链。二硫键拆开之后,A、B两链能否重新组合成胰岛素? 此前30年国外专家曾多次进行重新组合的实验,每次都失败了。于是胰岛素的研究者普遍认为,一旦胰岛素的二硫键拆开,就不可能让其重新恢复生物活性。面对这种结论,邹承鲁和杜雨苍并不死心,于1959年3月19日取得初次突破,到1959年国庆前,天然胰岛素拆开后再重合的活力稳定地恢复到原活力的5%－10%。

此后,牛胰岛素合成走过一段"大兵团夹击"的弯路。1963年底,在国家科委的促成下,北京大学化学系 季爱雪、邢其毅 等 和中科院有机所汪猷(1910—1997)等、生化所 钮经义、邹承鲁等重新开始合作。1965年,中国科学家终于完成了牛胰岛素的人工合成。

1979年1月,杨振宁、美籍华裔逻辑学家王浩、上海生化所所长王应睐分别向诺贝尔奖金委员会推荐钮经义为1979年诺贝尔化学奖候选人。但当年钮经义未能如愿获奖。这是我国科学家与诺贝尔奖的一次"擦肩而过"。

1968年,我国开始进行酵母丙氨酸转移核糖核酸(酵母丙氨酸tRNA)人工全合成的研究。1970年,王德宝参加该工作,负责人工合成酵母丙氨酸,他先后被任命为合成会战组组长、会战指挥组组长,协调中国科学院上海和北京的四个研究所(上海生物化学研究所,上海细胞生物学研究所,上海有机化学研究所,生物物理研究所)、北京大学和上海一个试剂厂的合成。1981年,合成了六个大片段寡核苷酸(长度分别为13、9、13、10、12和19核苷酸),两个半分子(分别为35和41核苷酸)和76核苷酸的整分子,他们的合成产品具有和天然产物相同的组成和结构,并具备全部生物活力,既能接受丙氨酸,又能将所携带的丙氨酸在无细胞蛋白质合成体系中掺入到蛋白质中去。这项工作表明我国人工合成生物大分子化合物的研究水平保持世界领先地位,获得1987年度第三届国家自然科学奖一等奖。

胰岛素是人体内唯一降低血糖的激素,1920年代起一直是治疗糖尿病最有效的药物。1995年吉林省通化东宝药业股份有限公司开始研制"基因重组人胰岛素",利用基因重组技术,以大肠杆菌为载体于1998年研制成功人胰岛素,当年批量投放市场。我国由此成为世界上第三个能够生产、销售基因重组人胰岛素的国家。

(根据光明时报1998年1月20日刊载的邹承鲁文《对人工合成结晶牛胰岛素的回忆》及新华社1998年12月1日电讯《我国研制成功基因重组人胰岛素》等改写)

5.3 现代分析化学史

5.3.1 微量分析

普雷格尔(Fritz Pregl, 1869—1930),奥地利分析化学家。生于莱巴赫(今斯洛文尼亚首都卢布尔雅那),1893 年毕业于格拉茨大学医学院,1899 年任该校生理化学和医药化学助教。1910 年任因斯布鲁克大学化学系主任兼药物化学教授。1913 年任格拉茨大学药物化学系主任。他所领导的实验室成为世界闻名的有机微量分析中心。

图 5-24　普雷格尔

1904 年普雷格尔在研究胆酸时,由于从胆汁中只能获得少量胆酸,促使他研究有机物的微量分析技术。利用他和 W·H·库尔曼共同设计的可以称量到微克级的微量天平和其他微量分析技术,只用 1—3 毫克试样就可以进行比较迅速和准确的定量分析。1912 年他又建立了一整套有机物中碳、氢、氮、卤素、硫、羧基等的微量分析方法,对于发展有机化学非常重要。

普雷格尔因发明有机物的微量分析法而获得 1923 年诺贝尔化学奖。

5.3.2 核磁共振分析

核磁共振现象是两位物理学家——珀塞尔和布洛赫于 1945—1946 年分别发现的,为此,两人获得了 1952 年诺贝尔物理学奖。核磁共振现象的发现,为科学家们提供了一种测定分子结构的手段。

研究表明,像碳、氢这样一些组成有机化合物的元素,它们的原子核均能产生核磁共振现象,因而能产生核磁共振谱,如碳的核磁共振谱,简称碳谱,氢的核磁共振谱,简称为氢谱。它们是最常见也是最常用的核磁共振谱。此外,常用的还有 ^{31}P、^{19}F、^{15}N 等核磁共振谱。利用核磁共振现象进行结构分析,无疑需要一定装置,这就是核磁共振谱仪。核磁共振谱仪结构复杂,价格昂贵,只有一些重要实验室才能装备这种仪器。

核磁共振谱仪经过改进,灵敏度和分辨率都得到了很大提高。现在,化学们只要有 5 微克试样就能测定其氢谱。由于有了核磁共振谱仪,化学们在复杂的分子,如胰岛素、激素、抗癌药物等面前,不再显得软弱无力、束手无策了。

核磁共振测试技术近几十年来获得了巨大进步。1973年,在世界上首次实现了核磁共振成像,即用核磁共振得到空间分辨率的情况,现在,有些核磁共振谱仪已经能够测定像人那样大的物体的三维核磁共振的数据,因而可以应用于一些疑难疾病的诊断上。此外,

图5-25 900兆核磁共振仪

核磁共振谱仪在许多领域都得到了应用,并使这些领域发生了革命性变化。例如,在生物化学、材料科学、地球化学、生理学、医学等领域,核磁共振谱及核磁共振谱仪都发挥着重要的作用。

不过,最初科学家只能将这种方法用于分析小分子的结构,因为生物大分子非常复杂,分析起来难度很大。瑞士科学家库尔特·维特里希发明了一种新方法,这种方法的原理可以用测绘房屋的结构来比喻:我们首先选定一座房屋的所有拐角作为测量对象,然后测量所有相邻拐角间的距离和方位,据此就可以推知房屋的结构。维特里希选择生物大分子中的质子(氢原子核)作为测量对象,连续测定所有相邻的两个

图5-26 库尔特·维特里希

质子之间的距离和方位,这些数据经计算机处理后就可形成生物大分子的三维结构图。

这种方法的优点是可对溶液中的蛋白质进行分析,进而可对活细胞中的蛋白质进行分析,能获得"活"蛋白质的结构,其意义非常重大。1985年,科学家利用这种方法第一次绘制出蛋白质的结构。目前,科学家已经利用这一方法绘制出15%—20%的已知蛋白质的结构。

最近几年来,人类基因组图谱、水稻基因组草图以及其他一些生物基因组图谱破译成功后,生命科学和生物技术进入后基因组时代。这一时代的重点课题是破译基因的功能,破译蛋白质的结构和功能,破译基因怎样控制合成蛋白质,蛋白质又是怎样发挥生理作用等。在这些课题中,判定生物大分子的身份,"看清"它们的结构非常重要。专家认为,在未来20年内,生物技术将蓬勃发展,很可能成为继信息技术之后推动经济发展和社会进步的主要动力,由维特里希等发明的"对生物大分子进行确认

147

和结构分析的方法"将在今后继续发挥重要作用。

5.3.3 质谱分析

阿斯顿发明质谱仪

英国化学家阿斯顿(Francis William Aston, 1877—1945),生于伯明翰的哈伯恩,1903—1908年在伯明翰大学担任 J·H·坡印廷的研究助手,1910年去剑桥大学卡文迪许实验室担任 J·J·汤姆生的研究助理,

在第一次世界大战期间,阿斯顿担任航空工程师。1919年回剑桥卡文迪许实验室从事研究工作。创制了质谱仪,并用此仪器检查了50多种元素,证明多数化学 元素是几种质量不同但化学性质相同的原子的集合物;一种元素中不同原子质量 的成分称为这元素的同位素。1925年 他对质谱仪作了新的改进,精密度达1/10000,从而发现了更多的同位素。

阿斯顿由于发现多种非放射性元素的同位素而获得1922年诺贝尔化学奖。

生物大分子质谱分析新方法

尽管相对而言生物大分子很大,但它们在我们看来是非常小的,比如人体内运送氧气的血红蛋白仅有千亿亿分之一克,怎么测定单个生物大分子的质量呢? 科学家在传统的质谱分析法基础上发明了一种新方法:首先将成团的生物大分子拆成单个的生物大分子,并将其电离,使之悬浮在真空中,然后让它们在电场的作用下运动。不同质量的分子通过指定距离的时间不同,质量小的分子速度快些,质量大的分子速度慢些,通过测量不同分子通过指定距离的时间,就可计算出分子的质量。

这种方法的难点在于生物大分子比较脆弱,在拆分和电离成团的生物大分子过程中它们的结构和成分很容易被破坏。为了打掉这只"拦路虎",美国科学家约翰·芬恩(John B. Fenn, 1917—)与日本科学家田中耕一(Koichi Tanaka, 1959—)发明了殊途同归的两种方法。约翰·芬恩对成团的生物大分子施加强电场,田中耕一则用激光轰击成团的生物大分子。这两种方法都成功地使生物大分子相互完整地分离,同时也被电离。他们的发明奠定了科学家对生物大分子进行进一步分析的基础。约翰·芬恩、库尔特·维特里希、田中耕一共同获得2002年诺贝尔化学奖。

5.4　现代物理化学史

19 世纪末以来,物理化学在研究化学反应能不能发生、如何提高反应效率方面取得重大进展。物理化学研究具有很强的精确性和逻辑性,对于化学的进步和化工生产的发展具有重大指导意义。

5.4.1　范特霍夫、能斯特与奥斯特瓦尔德

首届诺贝尔化学奖得主范特霍夫

荷兰物理化学家范特霍夫(Jacobus Henricus Van't Hoff, 1852—1911)生于鹿特丹,1874 年于乌德勒支大学获博士学位。1878 年后,任阿姆斯特丹大学、柏林大学、普鲁士科学院教授。范特霍夫发表过《化学动力学研究》和《气体体系或稀溶液中的化学平衡》等论文,发现了化学动力学和渗透压某些定律。1901 年瑞典皇家科学院收到的 20 份诺贝尔化学奖候选人提案中,有 11 份提名范特霍夫,于是他当之无愧地成为首届诺贝尔化学奖得主。

1874 年范特霍夫与法国化学家勒·贝尔各自独立地发表了一个碳原子具有四面体结构的概念:碳原子的四个价键指向四面体的四个顶端。在这个概念的基础上开辟了有机立体化学的新篇章。他解开了某些有机化合物具有光学活性、能使平面偏振光旋转的奥秘,指出是因为分子内部存在不对称因素,提出"不对称碳原子"概念。他还发现溶解在溶液中的物质的渗透压与理想气体的压力相似,遵守同样的定律。1884 年他推导出反应速率的公式,从而可以测定反应的级数。他还将热力学应用于化学平衡,首倡以双箭头符号来表明化学平衡的动态特性,并提出了近代化学中亲和力的概念。1886 年他指出在稀溶液中分子的行为与气体之间的相似性。1887 年和 W·奥斯特瓦尔德共同创办了《物理化学杂志》。

能斯特与热力学第三定律

能斯特(Walther Hermann Nernst, 1864—1941),生于东普鲁士布里森(今波兰翁布热伊诺),1886 年获维尔茨堡大学博士学位。1887 年在莱比锡大学做 W·奥斯特瓦尔德的助手。1894 年任格丁根大学第一任物理化学教授。1905 年后,先后任柏林大学物理化学教授、物理学教授。1932 年当选为英国皇家学会会员。

能斯特主要从事电化学、热力学和光化学方面的研究。1888—1889年,引入了溶度积概念,用以解释沉淀平衡。同时研究了溶液中的扩散,包括液体间的接触电势。1889年他提出了伽伐尼电池理论,推导出电极电势与溶液浓度的关系式,从此热力学数据便可用电化学的方法来测量。1906年提出了热力学第三定律——

图 5-27 20 世纪初的炼铁高炉

绝对零度不可能经过有效的操作达到,或者说各种化合物的完美晶体在绝对零度时熵等于零。热力学第三定律在高炉建造与炼铁等生产实践中有广泛的应用价值。1918年他提出了光化学的链反应理论,用以解释氯化氢的光化学合成反应。能斯特因研究热化学,提出热力学敏感定律的贡献而获 1920 年诺贝尔化学奖。

奥斯特瓦尔德与催化

奥斯特瓦尔德(Friedrich Wilhelm Ostwald,1853—1932),生于俄国拉脱维亚里加,1872 年入爱沙尼亚多尔帕特大学学习,1878 年获博士学位。1881 年起先后任里加工业大学、莱比锡大学教授兼物理化学研究所所长。

奥斯特瓦尔德主要从事化学动力学和催化方面的研究。用容量方法和折射率研究一碱在两酸之间的分配。测定了在稀溶液中用碱中和酸时发生的体积变化。1888 年提出奥斯特瓦尔德稀释定律,最先将质量作用定律应用于电离上。1902 年发明了由氨经过催化氧化制造硝酸的方法,开始了化学肥料生产研究。给催化和催化剂下了现代的定义,指出催化剂只能改变化学反应速率而不能影响化学平衡,它的催化作用是由于降低了活化能的缘故。他最先对酸碱指示剂的变色机理给予解释,建议将分析化学的反应看成是离子间的相互作用。1887 年和 J·H·范特霍夫共同创办《物理化学杂志》,他们都是物理化学创始人。

奥斯特瓦尔德因研究催化作用、化学平衡条件和反应速率等方面的贡献而获 1909 年诺贝尔化学奖。

5.4.2 量子化学

量子化学运用量子力学的基本原理和方法,从分子中电子和原子核运动的角度,研究和揭示原子与分子以及分子与分子之间的相互转变的规律,从而加强了化学在解决实际问题时的理论性和预见性。

两次获得诺贝尔奖的鲍林

鲍林（Linus Carl Pauling, 1901—1994）,20世纪最伟大的化学家,理论化学创始人,唯一两次独自获得诺贝尔奖的科学家。鲍林生于美国俄勒冈州波特兰,1925年在加利福尼亚州理工学院取得哲学博士学位,1931年任该校化学教授,1967年起先后任加利福尼亚大学、斯坦福大学化学教授。

图 5-28　鲍林

鲍林1927年推导出大量的离子半径数据,1928年测定了尿素、正链烷烃、六亚甲基四胺及一些芳香族化合物的结构,提出了第一批键长、键角的数据。1931年他利用X射线衍射法测出分子中原子间距,并进一步用它研究晶体和蛋白质结构,画出分子结构图形,创立了杂化轨道理论。1931—1933年提出共振学说,认为共振使分子特别稳定,并由此引出共振能概念。1950年他认为在蛋白质的肽链上要满足最大限度的氢键,因此蛋白质可能形成α螺旋体和γ螺旋体两种螺旋体,正式提出了蛋白质的α螺旋体结构,以后陆续发现多种蛋白质的原发分子的结构,为进一步研究脱氧核糖核酸的形状和功能创造了条件,是分子生物学的奠基人之一。晚年在维生素C服用效果方面做了大量的研究工作。

鲍林因对化学键本质和复杂分子结构的研究而获1954年诺贝尔化学奖。1962年获诺贝尔和平奖。

马利肯与分子轨道理论

美国物理化学家马利肯（Robert Sanderson Mulliken, 1896—1986）,生于马萨诸塞州纽伯里波特,1917年获麻省理工学院学士学位。1921年获芝加哥大学博士学位。1926年起先后任纽约大学、芝加哥大学教授,1936年当选为美国科学院院士。

马利肯于1927—1928年用量子力学理论来阐明分子中电子运动的复杂规律,提出了分子轨道理论,认为分子轨道由原子轨道组成。1952年又用量子力学理论来阐明原子结合成分子时的电子轨道,发展了分子

151

轨道理论。分子轨道理论较好地处理多原子π键体系,解释离域效应和诱导效应,比起价键理论能更好地反映客观实际。他为发展量子化学奠定了基础。

马利肯因研究化学键和分子中的电子轨道方面的贡献而获得1966年诺贝尔化学奖。

福井谦一提出前线轨道理论

福井谦一(Fukui Kenichi,1918—1998)是日本也是亚洲第一位诺贝尔化学奖得主,出生在奈良市人烟稀少的深山小村庄押熊町的外祖母家。1941年毕业于日本京都大学工业化学系。1943年为该校燃料化学系讲师,1945年为助理教授。1948年获得博士学位。后任京都大学物理化学教授。

1952年福井谦一提出前线轨道理论,并用以解释多种化学反应规律。这一理论的基本观点是分子的许多性质主要由最高占据分子轨道和最低未占分子轨道决定,对于分子的化学反应具有重要意义。由于这些轨道处于化学反应的前沿,所以称为前线轨道。

1965年,R·霍夫曼和R·B·伍德沃德首先用前线轨道的观点讨论了周环反应的立体化学选择定则,此后福井谦一的理论才引起化学家们的重视。1969年,霍夫曼和伍德沃德以分子轨道对称守恒原理来概括他们在1965年提出的理论解释,从而表明了福井谦一的前线轨道理论和霍夫曼的分子轨道对称守恒原理同样重要。这个理论不但解释了以前的有关经验规律,而且预言和解释了其后的许多化学反应。因此,福井谦一和霍夫曼共获1981年诺贝尔化学奖。福井谦一还致力于烃类和人工固氮的研究。

福井谦一成功的原因之一是他自幼用心灵拥抱大自然。他小学四年级起多次参加学校组织的野营、自然观察、动植物标本的采集和制作等活动,这些活动所产生的影响伴随了福井谦一的一生。他说:"若问对我立志于学问和创造起决定作用的是什么?那肯定是和大自然的接触。正是这种接触培养了我对科学的直觉。……大自然不仅把我引向了化学王国,它也是我探求化学理论时的一位不可缺少的老师。"他在给中国读者的赠言中说:"我希望青少年们知道我所走过的学问之路是一条尊重自然的路。自然对于我来讲是一个不可缺少的老师,同时也是令人无比敬畏的客观存在。我认为,随着科学的进步,人类和自然的这种关系将逐渐被科学自身的语言所阐明。"

霍夫曼与分子轨道对称守恒原理

霍夫曼(Roald Hoffmann,1937—),美国物理学家和化学家。生于波兰兹沃切夫,犹太人。第二次世界大战期间德国法西斯屠杀犹太人时,他在农家阁楼上躲了几年,幸免于难。1946 年起随家人颠沛流离,经捷克、奥地利、德国,期间学会六国语言,于 1949 年移居美国,1955 年入美国籍。1958 年获哥伦比亚大学文学士学位,1960 年在哈佛大学获物理学硕士学位,1962 年获化学物理学博士学位。此后在哈佛大学、康奈尔大学任化学教授。

1965 年霍夫曼与导师伍德沃德共同提出了分子轨道对称守恒原理。运用这一原理,化学家无须进行复杂的计算,只要考虑反应物和产物的分子轨道对称性质就能判断反应能否发生。霍夫曼获 1981 年诺贝尔化学奖。

霍夫曼还是著名诗人,担任过科教电视片《化学世界》26 集的主持人,努力把科学、教育、文学、哲学融为一体。

密度泛函理论

科恩(Walter Kohn,1923—)出生于奥地利维也纳的一个犹太家庭,父母均在纳粹集中营中被害,16 岁的科恩逃离家园,来到加拿大,后来移居美国。现为加利福尼亚大学圣巴巴拉分校教授。

波普尔(John A. Pople,1925—)出生于英国萨默塞特郡的一个小镇。1951 年在剑桥大学获数学博士学位。现为美国西北大学教授,但仍为英国公民。

科恩和波普尔奠定了密度泛函理论(Density Fuctional Theory,DFT)这座大厦的基础。这个理论已形成与分子轨道理论并驾齐驱的严格的量子理论构架。它是用电子密度形式而不是波函数形式建成的另一种形式的量子理论。密度泛函理论中还融入了统计的思想,不必求每个电子的行为,只要求总的电子密度就行,计算量大减,仅与电子数成正比。因此,该理论能计算大得多的分子,90 年代初就被用来计算酶的电子结构。量子化学已经发展成为广大化学家所使用的工具,将化学带入一个实验和理论能够协力探讨分子体系性质的新时代,"这项突破被公认为最近一二十年来化学学科中最重要的成果之一",他们因此获得 1998 年诺贝尔化学奖。

科学家将量子化学理论和结构化学实验相结合,提出了"分子设计"这一奋斗目标,希望将来能够像设计建筑一样,设计出指定要求的新药物、新材料等,以摆脱工作的盲目性。

5.4.3　热力学

昂萨格与不可逆过程热力学

昂萨格(Lars Onsager,1903—1976),生于挪威奥斯陆,先后在挪威特隆赫姆大学、苏黎世瑞士联邦工学院学习。1928 年移居美国,1935 年获理论化学博士学位,1945 年加入美国籍。先后在约翰斯·霍普金斯大学、布朗大学、耶鲁大学、迈阿密大学任教,1947 年当选为美国科学院院士。

昂萨格一生最重要的科学功绩是对线性不可逆过程热力学理论的贡献。他于 1931 年证明了"昂萨格倒易关系",这一关系的确立和后来他所提出的关于定态的能量最小耗散原理,为不可逆过程热力学的定量理论及其应用奠定了基础。1925 年他在电解质理论方面提出"昂萨格极限定律"。1949 年发表论文,为液晶理论奠定了统计力学基础。他还提出了有关金属抗磁性的理论。

因对不可逆过程热力学理论的贡献,昂萨格获得 1968 年诺贝尔化学奖。他的理论应用于生物膜功能研究,可用于淡化海水。

普里戈金与耗散理论

普里戈金(Ilya Prigogine,1917—2003),俄裔比利时物理化学家。生于莫斯科,1921 年迁居国外,1929 年定居比利时。1942 年获博士学位,1962 年任索尔维国际物理和化学研究所所长,1967 年兼任美国得克萨斯大学统计力学研究中心主任。他曾任比利时皇家科学院院长、美国科学院外国通讯院士。

普里戈金的研究领域是非平衡热力学和非平衡统计物理。1947 年他提出最小熵产生原理。后来集中研究远离平衡现象的规律,并于 1969年提出耗散结构(dissipative structures)理论。

耗散概念的确立,使得人们对热力学第二定律和自然界的发展规律有了更完整的认识,极大地推动了人们对自然界中各种有序现象包括生命这种高度有序现象的研究,并展示了广阔的应用前景。例如,人们在很早以前就发现化学振荡现象,即化学反应系统中某些组分的浓度会随时间周期地变化。但这种现象长期不为人们重视,甚至不被承认,其中一个重要原因是许多人习惯于认为这种现象是违背热力学第二定律的,因而是不可能发生的。耗散结构的确立完全改变了这种观念。按照耗散结构理论,化学振荡现象根本不违反热力学第二定律。自此以后,化学振荡现象以及其他非平衡非线性化学现象的研究取得了飞速的发展。和化学振荡现象相类似,生命现象曾长期被认为是不能用热力学第二定律解释的为生命体所特有的现象。从19世纪中叶开始,科学上就有所谓的达尔文和克劳修斯的矛盾——进化和退化的矛盾。耗散结构至少从原则上解决了这一矛盾。耗散结构 对化学、物理、生物学等产生影响,为研究宇宙间生命的起源、演变和进化,控制生命过程,合成新的化合物和提高能量利用率开辟了新路。普里戈金领导的布鲁塞尔学派是国际上著名的非平衡统计物理学派之一。

普里戈金是与哥白尼、牛顿、爱因斯坦齐名的科学家。哥白尼、牛顿和爱因斯坦完成了科学从前现代(第一次浪潮)向现代(第二次浪潮)的转变,即实现了"现代性转向";而普里戈金则开启了科学从现代(第二次浪潮)向后现代(第三次浪潮)的转变,即开启了"后现代转向"。普里戈金是"浪潮级"启蒙思想和科学纲领转向的领军人物,是以重大科学发现为基础,对人类世界观和各领域、各学科(包括社会科学)方法论,产生"转向级"影响的人。

普里戈金1977年获诺贝尔化学奖。1979年、1986年曾两度来中国访问。

5.4.4 胶体化学和晶体结构

席格蒙迪、斯韦德贝里和胶体化学

席格蒙迪(Richard Adolf Zsigmondy, 1865—1929),德国胶体化学家。生于奥地利维也纳,16岁时入维也纳大学学习。后入慕尼黑大学,1889年获有机化学博士学位,致力于胶体化学分析。1897—1900年,在德国耶拿城丘德·吉诺森玻璃厂任职,在实验中发现了某些彩色玻璃的秘密,例如,宝石红玻璃中含有胶体金。席格蒙迪的这种精密实验引起了耶拿城蔡司工厂显微镜部主任著名光学家 H·F·W·西登托夫的重视,被

图 5-29 席格蒙迪

推荐到蔡司工厂工作并有专款供其研究。席格蒙迪终于在1903年与西登托夫一起根据丁达尔效应开发了超显微镜(Ultra microscope)——用聚

光器将强烈的光线，经由细缝投射在高倍率显微接物镜下方的胶体溶液，若使显微镜与光线成直角，可以观察普通显微镜无法看到的胶体粒子的存在及其运动状态，可以观察到一亿分之一米的任何微粒的形状。1908年起，他任格丁根大学无机化学和胶体化学教授。

席格蒙迪因阐明胶体溶液的多相性和创立了现代胶体化学研究的基本方法而获1925年诺贝尔化学奖。

斯韦德贝里（Theodor Svedberg，1884—1971），瑞典化学家。生于耶夫勒，1904年入乌普萨拉大学学习，1907年获博士学位。1912年任乌普萨拉大学物理化学教授，1931年任该校物理化学研究所所长，1949—1967年，任古斯塔夫·维尔纳核化学研究所所长。

斯韦德贝里一生主要致力于胶体化学的研究，1903年起，他仿照布雷迪希用浸在液体内的金属电极间的电弧制备金属溶胶的方法，改用交流

图 5-30　斯韦德贝里

感应线圈在液体中产生电火隙，由30多种金属制备出很多种新的有机溶胶，比布雷迪希法分散得更细，杂质更少。他用超显微镜研究了胶体微粒的布朗运动，观察了温度、粘度和溶剂对这种运动的影响，从实验上肯定了爱因斯坦关于布朗运动的理论。

1923年斯韦德贝里和尼科尔斯制出了第一台光学离心机，拍摄了在沉降过程中的胶体微粒。1924年研制出涡轮超速离心机，可用于蛋白质胶体的研究，第一次测定了血红蛋白等蛋白质的分子量。到了1940年，斯韦德贝里发明的超速离心机可产生30万倍于重力加速度g的加速度，可直接测定从几万到几百万大小的分子量及分子量的分布。高分子化合物分子量测定方法的出现，对高分子化学和胶体化学是一个很大的推动。斯韦德贝里的工作，在亲液胶体方面取得很大的成就，为蛋白质及高分子溶液的深入研究提供了可靠的手段。

斯韦德贝里因研究分散体系的贡献，获得1926年诺贝尔化学奖。

晶体结构分析

晶体结构分析的方法主要有两大类。这就是以X-射线衍射为代表的衍射分析方法和以电子显微术为代表的显微成像方法。

美国科学家鲍林领导的小组花了十几年的时间，测定了一系列的氨基酸和肽的晶体结构，从中总结出形成多肽链构型的基本原则并在1951

年推断多肽链将形成 α-螺旋构型或折叠层构型。这是通过总结小分子结构规律预言生物大分子结构特征的非常成功的范例。

英国女化学家霍奇金（D. Hodgkin，1910—1994），生于开罗。曾入牛津大学萨默维尔学院学习，毕业后到剑桥大学工作，研究测定甾族化合物、胃蛋白酶和维生素 B_1 等的结构。1934 年回到牛津大学教化学，1960 年任教授，在牛津大学工作 33 年。她领导的小组测定了一系列重要的生物化学物质的晶体结构，其中包括青霉素和维生素。她因此获得 1964 年的诺贝尔化学奖。美国利普

图 5-31　霍奇金

斯科姆（W. N. Lipscomb）因研究硼烷结构化学的工作获得 1975 年的诺贝尔化学奖。

英国的贝尔纳（J. D. Bernal）早在 20 世纪 30 年代中期就开始用 X-射线衍射研究蛋白质的结构，但是真正取得进展是在布拉格（W. L. Bragg）主持卡文迪许（Cavendish）实验室之后。布拉格上任后果断地顺应了形势，主动放弃了"原子物理国际中心"的地位，改而抓住当时物理学上的两项新应用：X-射线衍射分析用于生物以及雷达技术用于天文学。这一举措使英国得以在创建分子生物学和射电天文学方面走在世界最前列。

在分子生物学发展史上具有划时代意义的发现中，有两项出自卡文迪许实验室。第一项是 1953 年华特生（J. D. Watson）和克里克（F. H. C. Crick）根据 X-射线衍射实验建立了脱氧核糖核酸（DNA）的双螺旋结构。它把遗传学的研究推进到分子的水平。这项工作获得了 1962 年的诺贝尔生理学或医学奖。另一项是用 X-射线衍射分析方法测定肌红蛋白和血红蛋白晶体结构的工作。它始于 1930 年代，前后延续了 20 多年并牵涉到为数众多的科学家。这两个蛋白质的晶体结构终于在 1960 年被测定出来。这项工作不仅首次揭示了生物大分子内部的立体结构，还为测定生物大分子晶体结构提供了一种沿用至今的有效方法——多对同晶型置换法。它以原有的同晶型置换法为基础，但是在实验技术和分析理论上都加入了崭新的内容。作为这项工作的代表人物，肯德鲁（John Cowdery Kendrew，1917—1997）和佩鲁兹（Max Ferdinand Perutz，1914—2002）获得 1962 年的诺贝尔化学奖。原来的 MRC 小组（剑桥的英国医学委员会）现在已经变成拥有上百名学者的、世界著名的 MRC 分子生物

图 5-32 佩鲁兹 　　　　　　　图 5-33 胡伯尔

学实验室。在肯德鲁和佩鲁兹两人之后由于测定蛋白质晶体结构而获诺贝尔奖的还有美国的戴森霍弗(Johann Deisenhofer,1948—)和德国的胡伯尔(Robert Huber,1937—)、米歇尔(Hartmut Michel,1948—)。他们因测定了光合作用中心的三维结构阐明了其光合作用的机制,使光合作用的研究呈现出光明的前景,为人工合成光合物质迈出了第一步。由于光合作用反应中心是一个整体性细胞膜蛋白质复合体,其结构得以用高解析度 X 射线衍射技术加以确定,这还是首例;而人体内的激素作用以及传染性病毒作用的关键物质也是这类复合物,因而更显示出了他们这项工作的广阔前景和深远意义。戴森霍弗等三人因此获得 1988 年诺贝尔化学奖。

　　美国晶体学家卡尔勒(Jerome Karle,1918—)1942 年获密歇根大学理学硕士学位,次年获物理化学博士学位。1943—1944 年,在芝加哥参加研制原子弹的曼哈顿工程。1972 年任美国晶体协会会长。1981—1984 年任国际晶体协会主席。

图 5-35　卡尔勒

　　卡尔勒主要从事原子、分子、玻璃、晶体及固体表面结构的研究。1950 年代起,和豪普特曼(Herbert A. Hauptman,1917—)在美国海军实验室开始研究晶体结构测定中的相角问题,为用于解决中、小晶体结构的直接法奠定了理论基础;1950—1955 年,他们用直接法确定了 5—6 种分子结构。1970 年代中,借助于高速电子计算机,已能不用假设而迅速确定中、小分子的结构。卡尔勒和豪普特曼因创立测定晶体结构的直接法,共获 1985 年诺贝尔化学奖。

5.4.5 化学动力学

链反应理论

英国物理化学家欣谢尔伍德（Sir Cyril Norman Hinshelwood, 1897—1967）于 1930 年研究了氢气和氧气混合生成水的反应,发现当氢和氧的混合气体压力小时不发生反应,只是达到一定的临界压力时才能反应,超过临界压力时反应迅速进行,直到爆炸,得出结论:火药分解和氢氧生成水等反应是按照链反应机理进行的。气体压力小时,活化粒子碰到容器内壁而失去活化能以致链断裂的可能性极大,所以反应进行很慢;在气体压力高于临界压力时,活化粒子大量形成并成倍增加,结果反应速率也出现几何式的增长,提出了"气体爆炸理论"。

苏联物理化学家谢苗诺夫（Nikolay Nikolaevich Semenov , 1896—1986）1926 年首先用磷蒸气的氧化实验证明热化学反应也是链反应,将链反应的概念由光化学反应推广到广阔的热化学反应领域。同年,他发现了支链反应。他用定量的方法研究了在不同的氧的压力（浓度）下磷的氧化反应,发现当氧的压力小时,进入容器中的氧不会使磷蒸气马上发生磷光,而只是达到一定的临界压力时才能使之发光;超过临界压力时,反应迅速进行,直到磷蒸气燃烧起来。他提出支链反应理论来解释上述反应,即开始时形成带有不饱和价键的自由基,然后产生一系列支化反应的链。由于活化粒子容易碰到容器内壁而断链的可能性极大,氧气压力高于临界压力时,活化粒子随支链反应而成倍增加,结果反应速率出现几何式的增长。支链反应经过各种氧化反应（爆鸣气的燃烧,磷化氢的氧化）的验证,都获得圆满成功。他们以化学连锁反应理论阐明了爆炸产生的原理,于 1956 年获诺贝尔化学奖。谢苗诺夫是俄国第三位、苏联建国后第一位诺贝尔奖金获得者。

交叉分子束技术

加拿大化学家波拉尼（John C. Polanyi,1929—）1958 年创立了红外线化学发光技术研究的重要手段;美国化学家赫希巴奇（Dudley R. Herschbach,1932—）与华裔美国化学家李远哲（1936—）1970 年代合作将交叉分子线束技术用于分子反应动力学研究。这一方法在分子和原子等微观层次上揭示化学反应是怎样发生的这个基本问题,为控制化学反应的方向和过程提供依据。李远哲发展了用分子束技术研究分子反应动力学的成果。在哈佛大学,他设计并创建了世界上第一台大型交叉束实验装置——分子束碰撞和离子束交叉仪器。这种实验装置能分析各种化学反应的每一阶段过程。他们于 1986 年获诺贝尔化学奖。

现在，物理化学家正在运用最先进的技术来研究化学反应的极微细的细节，将结果输入计算机模型，用以推断未知过程，帮助化学家发明新的化学反应。

【附录】 泽维尔与激光闪烁法研究化学反应

泽维尔（Ahmed H. Zewail, 1946—）还是一个生活在埃及的小男孩时，就对科学充满了激情。他将一些玻璃管子和母亲用来煮咖啡的炉子改装成一个小型的试验设备，安装在卧室里用来观察木头是如何变成易燃的气体和液体。泽维尔脑海里一直记忆着这个幼时的试验，不仅仅是因为这是幼年时代的一次科学尝试，而且因为母亲害怕他会将整个房子不小心烧个精光。

附图 5-3　泽维尔的实验室(1)

童年时做实验的兴奋和入迷在泽维尔成年后仍然强烈。他后来的研究重点围绕着化学反应是如何发生的。运用激光技术，泽维尔发明了一种"照相"的方法，使得时间可以精确到千万亿分之一秒（飞秒）。泽维尔的实验室门上有一种标志就是这个"千万亿分之一"的场所(Femtoland)。这样，泽维尔得以了解化学反应瞬间的具体情形。泽维尔使用他的显微镜，研究肉眼看不见的分子世界

附图 5-4　泽维尔的实验室(2)

的一切，就像当年伽利略用望远镜探索无穷无尽的宇宙一样。也许当他小时候在卧室里做着那些试验的时候，他就梦想着总有一天能够揭开物质变化的奥秘。

泽维尔偏好隐喻，在描述自己的研究工作时，他常会以此为喻：一千万亿分之一就相当于一秒之于三千二百万年。他将化学反应比作原子结婚后又离婚。他的工作就好像在制作一部三千二百万年的影片，然后一秒一秒地去观看——简直就是一部一千万亿分之一电影。

泽维尔谈到自己所在的加州理工学院，说他的"科学大家庭"成员来自世界各地，

他们拥有不同的背景、文化以及知识。他认为这种人类知识的全球化对于人类的进步、团结以及美好的未来至关重要。

泽维尔1999年因将高速激光技术应用于研究化学反应中的分子运动规律,创立飞秒化学(Femtochemistry)获诺贝尔化学奖。

(摘自宋心琦:《飞秒化学——1999年诺贝尔化学奖介绍》,《国外科技动态》,2000年第2期,第12—13页)

参考文献

1. 周嘉华,张黎,苏永能. 世界化学史. 长春. 吉林教育出版社,1998.

2. 斯蒂芬·F·梅森. 自然科学史. 上海:上海译文出版社,1980.

3. 何法信,宋心琦. 科学发现真伪辨:现代化学史上的重大事件. 长沙:湖南教育出版社,1999.

4. 凌永乐. 世界化学史简编. 沈阳:辽宁教育出版社,1989.

5. 柏廷顿. 化学简史. 北京:商务印书馆,1979.

6.《化学发展简史》编写组. 化学发展简史. 北京:科学出版社,1980.

7. 郭保章,董德沛. 化学史简明教程. 北京:北京师范大学出版社,1985.

8. 张保之,华荣麟. 化学家的足迹. 上海:上海教育出版社,1987.

9. 张家治. 化学史教程. 太原:山西教育出版社,1987.

10. 袁翰青,应礼文. 化学重要史实. 北京:人民教育出版社,1989.

11. 吴守玉,高兴华. 化学史图册. 北京:高等教育出版社,1993

12. 叶永烈. 化学趣史. 上海:文汇出版社,1995.

13. 赵匡华. 107种元素的发现. 北京:北京出版社,1983

14. 赵匡华,周嘉华,王扬宗等. 中国化学史. 南宁:广西教育出版社,2003.

15. 朱裕贞,臧祥生,顾达. 化学原理史实. 北京:高等教育出版社,1992.

16. 亨利.M.莱斯特. 化学的历史背景. 北京:商务印书馆,1982.

17. 郭保章. 中国现代化学史略. 南宁:广西教育出版社,1995.

18. 郭保章. 20世纪世界化学. 南宁:广西教育出版社,1998.

19. 赵玉林,李振溅,陈建新. 当代中国重大科技成就鸟瞰与探微 . 武汉:湖北教育出版社, 1996

20. 赵匡华,周嘉华.中国科学技术史·化学卷. 北京:科学出版社, 1998.

21. 赵匡华. 化学通史. 北京:高等教育出版社,1990.

22. R.布里斯乌. 化学的今天和明天. 北京:科学出版社.1998.

23. 王佛松,王　夔,陈新滋等. 展望 21 世纪的化学. 北京:化学工业出版社,2000.

24. 中国化学会《中国化学五十年》编辑委员会. 中国化学五十年(1932—1982). 北京:科学出版社,1985.

25. Pimentel GC, Coonrod JA. 化学中的机会—今天和明天. 北京:北京大学出版社.1990.

26. 美国化学科学机会调查委员会等. 化学中的机会.北京:中国计量出版社,1988.

27. www.bikp.gov.cn/kjbgt/k10802-01.htm

第6章

生命科学的形成与发展（Ⅰ）

6.1 细胞学的发展

地球上的生命世界绚烂多姿、五彩缤纷，有古木参天的原始森林，一望无际的茫茫草原；有色彩艳丽的蝴蝶、鲜花；有气质优雅的丹顶鹤，憨态可掬的熊猫、企鹅；还有凶猛无比的狼虫虎豹、海中鲨鱼……然而，在整个生物群体中，除少部分非细胞生命体（如病毒、类病毒等）外，其余生物有机体都是由细胞构成的。有以单细胞形式存在的细菌、酵母等微生物，也有以多细胞形式存在的高等动、植物，它们由细胞构成组织，再由组织构成器官、系

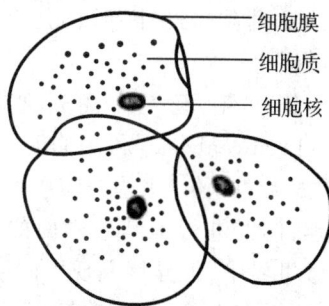

图 6-1 低倍显微镜下的人口腔上皮细胞

统，最终形成一个完整的生命体。所以，细胞是生命有机体最基本的结构与功能单位。

6.1.1 细胞的发现与细胞学说的创立

组成动植物机体的大多数细胞直径才 20—30 微米，而人眼的分辨率只有 100 微米，因此仅凭肉眼是观察不到细胞的。早在 1604 年，荷兰眼镜商詹森（Hans Janssen）发明制作了世界上第一台显微镜，尽管其放大倍数不超过 10 倍，但它的出现具有划时代的意义，使得人们了解、认识细胞成为可能。

细胞的发现

1665 年,英国的物理学家罗伯特·胡克(Robert Hooke)用自制的显微镜(放大倍数为 40—140 倍)观察栎树软木塞切片时发现:木片是由许多蜂窝状小格子组成的,他把存在的一个个小格子(室)称为"cell"。其实,胡克观察到的小室并不是现在意义上的细胞(cell),而是已经死亡的细胞壁。但就是从那时起,"细胞"这一名词被沿用下来。罗伯特·胡克曾任英国皇家学会干事长,是 17 世纪科学仪器的发明者和设计者,1665 年曾出版《显微图谱》一书。

图 6-2　胡克使用的显微镜及观察到的栎树细胞壁

1674 年,荷兰布商列文虎克(Anton van Leeuwenhoek)利用自己磨制的透镜(约放大 300 倍)来检查布质量好坏。出于兴趣,他也进行了其他方面的观察。他在显微世界中,惊异地发现了血细胞、原生动物、牙垢中细菌、动物"精虫"等,这是人类第一次观察到的完整活细胞。列文虎克整

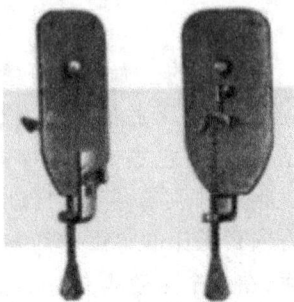

图 6-3　当时列文虎克所使用的显微镜

理了自己的观察结果并递交给当时的英国皇家学会,得到了该学会的充分肯定。为此,列文虎克很快就成了世界知名人士。

细胞学说的创立

细胞学发展早期,由于受当时显微镜技术的限制(手工磨制、周期长、质量差、放大倍数有限),所以从 1675—1830 年间的 150 多年中,有关细胞的知识几乎没有什么进展,人们只是在有意或无意地观察一些小的生命体(如细菌、纤毛虫等)和一些常见的发育现象(如蝴蝶的变态发育、精子结构等),并作出相应的形态描述,而对各种有机体出现细胞的意义一直没有作出理论概括。所以,直到 1827 年贝尔(Baer)发现哺乳类卵子之后,人们才开始真正有目的地进行观察研究。而对细胞学的发展具有里程碑意义的,正是细胞学说的创立。

1838 年,德国植物学家施来登(Mathias Schleiden)在其著作《植物发

生论》中指出:植物不同组织虽然结构上有很大差异,但它们都是有细胞构成的,细胞是构成植物的基本单位。他认为:每个细胞"一方面是独立的,进行自身发展的生活;另一方面是附属的,是作为植物整体的一个组成部分而生活着";受其影响与启发,动物学家施旺(Theodor Schwann)于1839年发表了《关于动植物的结构和生长的一致性的显微研究》论文,他指出:(1)动植物都是由细胞构成的;(2)所有的生活细胞在结构上都是类似的。1855年,德国病理学家和杰出的社会活动家魏尔肖(Rudolf Virchow)则提出"一切细胞来自细胞"的著名论断,并且创立了细胞病理学。自此,细胞学说正式形成,其内容主要有三点:

1. 一切动植物都是由细胞发育而成,并由细胞和细胞产物所构成;

2. 细胞作为一个相对独立单位,既有自己的生命,又与其他细胞共同组成生命整体;

3. 细胞可以通过自我增殖产生新的细胞。

细胞学说的创立在自然科学发展史上占据重要位置,它有力地推动了人类对生命世界的认识,促进了生命科学的快速发展,在生命科学发展史上具有重要里程碑意义;而且细胞学说在哲学上也具有重大意义,细胞的发现使人们从表面上无限多样的生物世界中看到了它的统一性:自然界生命体都是由细胞组成的(除病毒、类病毒外),而不是由所谓的神灵凭空创造出来的,这有力地批驳了万物来源于上帝的谬论。对此,恩格斯进行了高度评价,并把细胞学说列为19世纪的三大发现(细胞学说、进化论、能量守恒定律)之一。

6.1.2 细胞学发展的经典时期

细胞学说的创立、显微技术的改进以及染色、切片等技术的发展,使细胞学发展进入了前所未有的黄金时期,这个时期对细胞显微结构和生理现象的认识都得到了极大拓展,主要表现在以下几方面。

原生质理论的提出

最初是在1835年,法国动物学家迪雅尔丹(Dujardin)将原生动物的细胞质称为"原肉质"。1840年,普金耶(Pukinje)首先在动物细胞中观察到一团"肉质样"物质。1846年,冯·莫耳(von. Mohl)在植物细胞中也观察到了类似的"肉质样"物质,并命名为"原生质"。1861年,舒尔策(Max Schultze)总结了前人的观察结果,提出了原生质理论,即:有机体的组织单位是一团原生质,这种物质在一般有机体中是相似的。也就是说,动植物细胞中的原生质具有同样的生理学意义。1879年,德国植物学家、细胞学家施特拉斯布格(E. Strasburger)认为:原生质是指动、植物细胞内整个黏稠的有颗粒的胶体,包括细胞质和核质,所以原生质是具有生命的物质;对动物细胞而言,整个动物细胞即是一团原生质,而植物细胞的原生质则不包括细胞壁。1880年,韩斯特恩(Hanstein)又提出了"原生质体"的概念,从而使细胞的概念更加确切了,即:它是由细胞膜包围的一大块原生质,它包括细胞质和细胞核两部分。

重要细胞器的发现

从19世纪中期到20世纪初,随着染色、切片、显微等技术的革新,一些重要细胞器陆续被发现并被命名:1883年范·贝内登(Van Beneden)和博费里(Boveri)在动、植物细胞中发现了中心体;1888年沃尔德耶(Waldeyer)首次提出了染色体概念;1894年奥特曼(R. Altaman)首次发现线粒体并命名为"bioblast";1898年范·本德(von Benda)提出线粒体(mitochondrion)这一名词;同年高尔基(Golgi)发现并命名了高尔基复合体(参阅附图6-4)。这些细胞器的陆续发现,极大地促进了人们对细胞结构与生理功能的深入了解。

细胞受精和分裂的研究

1875年,德国植物学家施特拉斯布格首先描述了植物细胞中的着色物质(即染色质)。通过研究,他认定同种植物细胞都有一定数目的着色物质。同年,赫特维希(O. Hertwig)观察到受精卵中两亲本核的合并现象。1877年施特拉斯布格又发现动物的受精现象。1880年,巴拉涅茨基(Balaniecki)描述了着色物体的螺旋状结构。次年,普菲茨纳(Pfitzner)发现了染色粒。1888年沃尔德耶(Waldeyer)正式提出染色体概念,并将核中的着色物质命名为染色质。染色质与染色体属于同一种物质的不同形式;染色质松散排布,而染色体呈致密压缩的棒状结构。德国学者亨金(H. Henking)于1891年在昆虫的精细胞中观察到X染色体。1902年,史蒂文斯(Stevens)、威尔逊(Wilson)等发现了Y染色体。

细胞分裂,也就是细胞增殖或子细胞产生的过程。早在1867年,德国植物学家霍夫迈斯特(W. Hoffmeister)就较为详细地描述了植物的间接分裂现象。1873年,施奈德(A. Schneider)在观察动物细胞分裂时也提出了类似看法。1880—1882年德国细胞学家弗勒明(Flemming)在研究蝾螈幼虫的组织细胞时发现了染色体的纵分裂,提出了有丝分裂概念。

后来,施特拉斯布格把有丝分裂划分为前期、中期、后期、末期(这种划分方法至今仍在使用)。范·贝内登于 1883 年在动物中、施特拉斯布格于 1886 年在植物中发现了减数分裂现象。

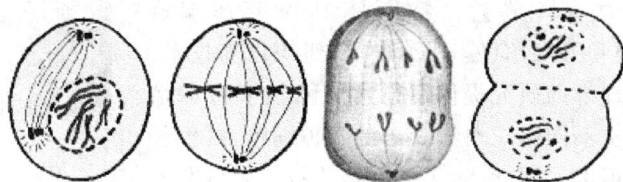

图 6-4　细胞有丝分裂的前、中、后、末期示意图

所以直到 19 世纪后半叶,人们对细胞结构与功能的认识才逐步加深,这为细胞学的全面发展与细胞生物学的诞生奠定了坚实基础。

6.1.3　实验细胞学时期

20 世纪上半叶,经典遗传现象的发现和生化技术的运用有力地促进了细胞学的发展,由此产生了细胞遗传学、细胞生物化学、细胞生理学等交叉学科,使人们对细胞结构与功能的理解越来越深入,从而开启了细胞学研究的新局面。

细胞遗传学研究

1900 年孟德尔(J. G. Mendel)遗传定律的重新发现,以及美国遗传学家摩尔根(T. H. Morgan)对果蝇的研究,促使了从细胞角度来解释遗传现象等(参阅"遗传学的兴起与发展"一节)。这个时期的主要成果有:1905 年威尔逊(Wilson)发现性别与染色体的关系,魏斯曼(Weissman)推测遗传单位有次序地排列在染色体上;1920 年美国细胞学家萨顿(Sutton)

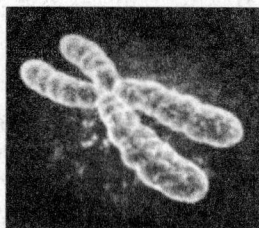

图 6-5　染色体模式图

提出的"遗传因子和染色体行为之间存在平行现象",把孟德尔的遗传因子与染色体行为有机地联系起来,这使得人们对细胞分裂特别是染色体配对、染色体交换等研究有了更深入的认识;果蝇在理化因素(如辐射、温度等)等条件下能够产生突变,刺激了对染色体行为的研究;同时有关基因在染色体上排列、性染色体形态的深入研究,也为雌雄性别决定找到了细胞学基础。

细胞生理生化研究

20世纪末以来,人们对活细胞的胞质流动、纤毛、鞭毛运动、肌肉收缩等方面进行了研究,明确了细胞的一些基本特性。特别是1909年海瑞逊(Harrison)和开瑞尔(Carrel)创立的组织培养技术,为细胞生理学的研究提供了很大便利,在良好的培养条件下从不同组织块上长出的各种细胞,其生长状况差别很大。因此,运用细胞培养技术来研究不同组织细胞的营养、运动、行为、细胞间的相互关系

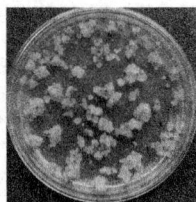

图6-6　培养的
水稻组织

等已成为可能,而这些不同组织细胞的生理功能及特征性研究在整体中是无法进行的。20世纪40年代后,生化技术的发展使细胞学的研究更加深入。这个时期,人们已经能够借助仪器检测到细胞中的蛋白质、核酸等生物大分子及其存在部位;也使得人们提取、纯化线粒体、微粒体等细胞器成为可能。通过研究,人们逐渐认识到细胞内许多生化过程发生在细胞质而不是在细胞核内。如格林(Green)1948年证实了线粒体含有三羧酸循环的酶;肯内迪(Kennedy)和赖宁戈(Lehninger)1949年发现了脂肪酸氧化为CO_2的过程是在线粒体内完成的;美国人詹姆斯·波那耳(James Bonner)于1951年发现了线粒体与细胞呼吸有关。另外,这个时期对核酸功能的认识也引起了高度重视。

这一阶段多种先进技术的介入和多种生物分支学科的交叉渗透,使细胞学研究得到了全面的深入发展,也使得从分子水平上研究细胞生命现象成为可能。因此。在分子遗传学和分子生物学等学科发展的影响下,诞生了细胞生物学这一新的学科。

6.1.4　现代细胞生物学的发展

细胞生物学诞生于1965年。戴绕贝特斯(D. P. Derobetis)根据细胞学积累的基础,将《普通细胞学》改为《细胞生物学》,从而标志着细胞生物学的正式形成。1953年沃森(Watson)和克里克(Crick)提出DNA双螺旋结构模型,标志着分子生物学的正式诞生,其相关技术迅速渗透到细胞学研究中(参阅"分子遗传学的确立与发展"一节)。特别是20世纪80年代以后,细胞生物学与分子生物学的结合愈来愈紧密,有关基因调控、信号转导、细胞分化和凋亡、肿瘤生物学、单克隆抗体、动物克隆、干细胞技术等领域研究已经成为当前的主流研究内容。

电镜技术的发展

电镜及其配套技术的推广使用,使人们洞察到细胞内部更为精细的结构,这使得人们对细胞结构与功能的认识越来越深刻。第一台电子显微镜于1932 年问世,它的出现彻底摆脱了光学显微镜分辨率低的束缚。随后经过技术改进,1964 年以后的电子显微镜分辨率已达到理论极限值 3 埃,放大倍

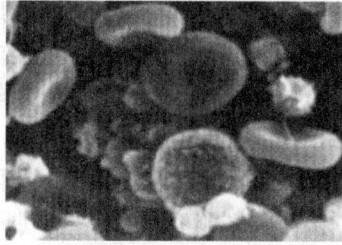

图 6-7　扫描电镜拍摄的人类血细胞照片

数达到上百万倍,进入了用肉眼通过仪器直接观察原子的阶段。于是,超显微形态学逐步形成。电镜的发明与使用,从根本上扭转了长期以来对细胞质结构、细胞器等生理功能认识比较被动的局面,为此,1986 年的诺贝尔物理学奖颁发给了在电镜方面有突出贡献的三位科学家:罗雷尔(Heinrich Rohrer,瑞士)、鲁斯卡(Ernst Ruska,德国)和宾尼希(Gerd Binnig,德国)。

单克隆抗体技术

免疫反应是哺乳动物(包括人类)对病原物刺激具有抵抗力的重要因素。当动物机体受到病原物(抗原)刺激后可产生相应抗体,这些抗体抵抗病原微生物(或抗原)的进一步侵染,成为保护机体的一道天然屏障。抗体主要由动物脾脏组织 B 淋巴细胞合成,然而动物脾脏上的 B 淋巴细胞有几百万种,每种类型的 B 淋巴细胞各自合成不同类型抗体,其中主要起抵抗病原物作用的只有一种或少数几种。所以,从免疫动物体内获得的抗体,实际上是由不同类型 B 细胞产生的多种抗体混合物,这在医学上应用价值并不大。因此,若能在免疫后动物脾脏组织 B 淋巴细胞中选出一种产生特定抗体的细胞进行培养,就可得到由一种细胞产生的抗体,这种抗体就称为单克隆抗体。

1975 年,德国的科勒(Georges J. F. Köhler)和英国的米尔斯坦(César Milstein)首先报道用细胞杂交技术使经绵羊红细胞(SRBC)免疫的小鼠脾细胞与骨髓瘤细胞融合,建立起第一个 B 细胞杂交瘤细胞株,并成功地制得抗 SRBC 的单克隆抗体(McAb)。单克隆抗体的出现,为许多疾病的诊断和治疗提供了有效手段,特别是 20 世纪 80 年代以后,随着基因工程技术的发展,相继出现了单域抗体、单链抗体、嵌合抗体、重构抗体、双功能抗体等。迄今为止,世界上已研制成数以千计的 McAb,从而为广泛

和有效地应用单克隆抗体提供了广阔的前景。与多抗相比,单克隆抗体具有理化性状高度均一,生物活性单一,与抗原结合的特异性强,便于人为处理和质量控制,而且来源容易,所以一问世便受到欢迎和重视。单克隆抗体技术在医学领域中有广泛应用:在诊断治疗疾病、判断预后以及疾病机制研究等方面起着巨大的促进作用。在免疫学和单克隆抗体技术研究过程中,丹麦巴塞尔免疫研究所的杰尼(Niels K. Jerne)、德国巴塞尔免疫研究所的科勒和英国医学研究会的分子生物实验室的米尔斯坦作出了卓越贡献,为此,三人共同分享了1984年诺贝尔生理学或医学奖。

【资料】 单克隆抗体技术简单介绍:动物的淋巴细胞具有分泌抗体能力,而骨髓瘤细胞具有无限增生能力,两种细胞经过特殊处理后融合,形成的杂交瘤细

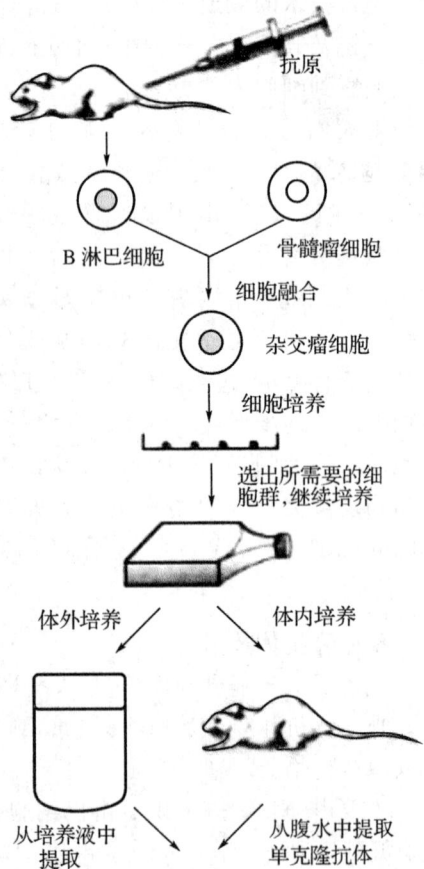

图 6-8 单抗技术制备流程

胞具有无限增生且能分泌抗体能力,杂合的瘤细胞在特定的筛选培养基上培养,筛选出能够分泌抗体的特定杂合细胞,然后将该种细胞在体外培养或植入小鼠体内,即可得到单克隆抗体。单克隆抗体技术制备流程如图 6-8 所示。

动物克隆技术

1996 年 7 月,在英国爱丁堡附近的罗斯林(Roslin)研究所,进行相关科学研究的科学家们在世界上首次用体细胞克隆出小羊"多莉"(Dolly)(图 6-9)。这只在母羊体内妊娠了 148 天,体重为 6.6 千克,编号为6LL3 的小"克隆羊"强烈地震撼了世界。这是一只既无父亲又无母亲,借助于克隆技术复制出来的小绵羊。1997 年 2 月 23 日,当这一研究成果

在英国著名科学杂志《自然》上全文刊出时，立刻轰动了全世界。世界各地的报刊、电台、电视台等媒体对此结果纷纷进行了报道和评述，很快地，"克隆"成了家喻户晓、众人皆知的时尚词语。为此，该项技术荣登美国《自然》周刊评出的 1997 年十大科学发现的榜首。更有意思的是，多莉竟被英国评为1997 年度"十佳女性"之首！

图 6-9 克隆羊多莉

【资料】 多莉的身世与三只母羊有关：一只怀孕三个月的芬兰多塞特母绵羊——提供了全套遗传信息，即提供了细胞核（即供体）；两只苏格兰黑面母绵羊，一只提供无细胞核的卵细胞，另一只提供羊胚胎的发育环境——子宫，是"多莉"羊的"生"母。克隆羊多莉 1996 年 7 月出生，1997年 2 月被公布于世，1998 年 4 月生下了一只雌性小羊羔—"邦妮"（Bonnie）。2003 年 2 月 14 日，多莉因患严重肺病而接受"安乐死"。

其实，有关克隆的设想早在 1938 年就被提出来了，随后多年并没有实质性进展。1952 年，科学家们着手青蛙克隆试验并于 1970 年取得突破。据称，经克隆的青蛙卵能够发育为蝌蚪，但在进食后就死亡了。1981 年，科学家又以鼠为材料，用鼠胚胎细胞培育出了发育正常的鼠；1984 年第一只胚胎克隆羊诞生。在这些研究的基础上，英国罗斯林研究所的专家们潜心研究，终于在 1997 年宣告克隆羊成功。其实克隆羊多莉才是真正意义上的动物克隆，它是利用成年羊的乳腺细胞（真正意义上的体细胞）进行克隆的。

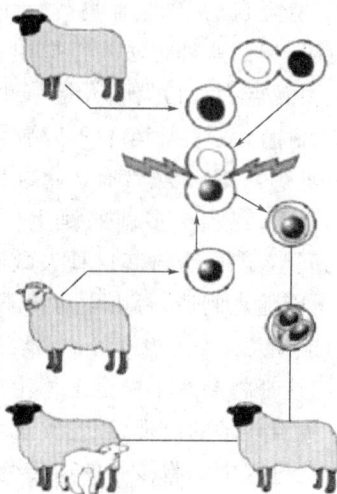

多莉的诞生，既说明了已经分化的动物体细胞也具有遗传全能性，而

图 6-10 克隆羊技术实验流程

且翻开了人类以体细胞核竞相克隆动物的新篇章。截至目前，已有克隆鼠、克隆牛、克隆猪、克隆猴、通过克隆鼠再克隆的鼠、含有人类基因的克隆羊等相继问世（参见下面介绍），而采用的体细胞类型有胎儿成纤维细

胞、乳腺细胞、卵丘细胞、输卵管/子宫上皮细胞、肌肉细胞和耳部皮肤细胞的克隆后代均有成功报道。可以说，动物克隆技术已经日臻完善，英国、美国、中国、日本等国家都拥有比较过硬的动物克隆技术。

【资料】 1998年/克隆鼠：在1997年克隆羊多莉诞生之后，夏威夷的一个研究小组培育出了第一批克隆鼠——"Cumulina"和她的姐妹们。

2003年/克隆牛：2003年5月7日，非洲第一头克隆牛在南非的布里茨向媒体亮相。这头名叫"福特"的小花奶牛是2003年4月19日在南非的西北省出生的。

五世同堂的"阳阳"：2000年6月22日，我国西北农林科技大学通过成年体细胞克隆的山羊"阳阳"顺利诞生，如今，她已迎来6岁生日，据介绍，目前已五代同堂做了太姥姥的"阳阳"经全面检查，生长发育一切正常，没有出现早衰和多病现象，一家子幸福着、健康着、快乐着……

2005年/克隆猪：2005年8月8日，中国农业大学对外宣布，李宁教授领导的课题组经过一年多的科技攻关，一头体重1130克的体细胞克隆小香猪于8月5日在河北省三河市明慧养猪公司顺利诞生。

"克隆自己，你愿意吗"？克隆动物的成功，自然使人们想到人类自身的克隆，然而这种想法一经提出，立即遭到国际社会的强烈反对，反对者的主要观点为：(1)克隆人是单性生殖，从进化角度看，这是最低级的生殖方法，没有经过生命孕育的"精雕细刻"过程。(2)克隆技术还很粗糙，若克隆出缺胳膊少腿、带有严重缺陷的克隆人，谁对其负责？(3)克隆的成功率很低，克隆羊多莉的诞生，其成功率仅为1/227。科学试验允许失败，克隆人能经受得起这种失败吗？(4)从社会的角度看，人毕竟不是东西，不能随意制造，否则生命将不会受到尊重，人们也将不再珍惜生命，而且可能随意毁坏。(5)克隆人与被克隆者是父子关系，还是兄弟姐妹关系等等，这都将会产生社会道德伦理等问题。

克隆技术的出现，理论上证明了分化了的动物细胞核也具有全能性，在分化过程中细胞核中的遗传物质并没有发生不可逆变化；实践上也证明了利用体细胞进行动物克隆技术是可行的。此外，在与卵细胞相融合前可对这些供体细胞进行一系列复杂的遗传操作，从而为大规模复制动物优良品种和生产转基因动物提供了有效方法；而且这为生产人类胚胎干细胞，用于细胞和组织替代疗法，复制濒危的动物物种，保存和传播动物物种资源等等，具有重要的理论意义和实践价值。

细胞信号转导

无论是单细胞生物，还是多细胞生物有机体，都无时无刻地与周围环境进行着信息"交流"。对于单细胞生物而言，它要不断地接受周围各种信号刺激，并对此作出相应"调整"，才能适应周围环境；对多细胞生物体而言，细胞与周围环境之间、细胞与细胞之间都需要进行精确地调控，才能使有机体正常地生长、发育，适应周围环境。例如图6-11即说明了多种内部信号对植物细胞代谢的影响。有

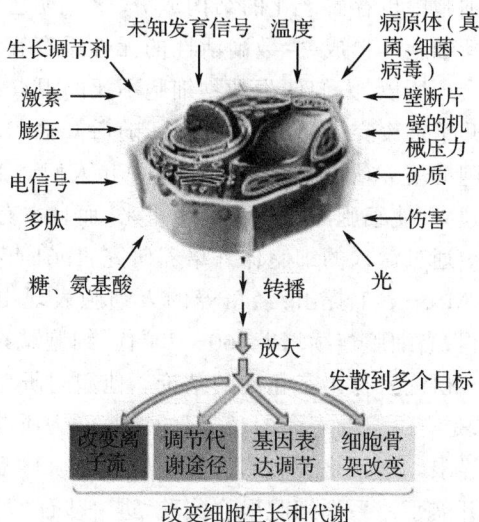

图6-11　不同内部信号对植物细胞的影响

关细胞信号转导机理的研究可以追述至20世纪50年代。1957年苏瑟兰德(Sutherland)首次发现信号途径中的cAMP分子，1965年提出了第二信使学说。这是人们认识受体介导的细胞信号转导的第一个里程碑。1977年罗斯(Ross)等对信号传导途径中G蛋白及其功能进行了深入研究，进一步深化了对G蛋白偶联信号转导途径的认识。70年代中期以后，科学工作者又认识到了癌基因和抑癌基因、蛋白酪氨酸激酶的结构与功能等，并分离到各种受体蛋白基因并对相关的结构与功能等进行了深入探索，使人们对细胞信号转导研究有了更为深入的认识。

细胞衰老、坏死与凋亡

生物有机体内的细胞总是在不断地衰老、死亡，同时又有新增殖的细胞来补充；细胞衰老是细胞生命活动周期中一个组成部分，衰老的最终结果导致细胞死亡。例如，在正常人体内，每分钟就要死亡几百万到几千万个红细胞。所以，细胞衰老、死亡是细胞生命活动的正常发育过程。

也有人提出了细胞不"死"论。早在1892年，德国生物学家魏斯曼(A. Weisman, 1834—1914)就在他的《种质的遗传理论》一书中，提出了种质不死而体质会衰老与死亡的学说。他观察到原生动物的某些无性系可以长期保持很高的分裂速度，所以在当时有关原生动物细胞不死的说法

广为流行。随后有研究表明：原生动物的细胞分裂并不是均等的，新增殖的细胞中也存着老化的结构成分，这说明已经死亡细胞的部分结构参与了新细胞的形成，少数高活性的无性系存在并不能否定原生动物衰老的事实。所以，人们认为动物细胞不死的观点并不科学，而细胞不死的理论也几乎被废弃了。有意思的是，随后开瑞尔和伊百岭（Ebeling）对鸡心脏细胞的培养研究，以及 20 世纪中叶人们对 L 系小鼠细胞和 Hela 细胞系的建立，使细胞不"死"论卷土重来，而且占有绝对的统治地位。

通过深入的细胞体外培养研究，1961 年，海弗雷克（Hayflick）和茂海德（Moorhead）提出：经培养的人细胞表现出明显的衰老、退化和死亡的过程，当细胞连续培养"60—70"代，细胞就逐渐开始解体、死亡。此后有很多研究者得出了相同的结论。他们的研究表明：细胞，至少是培养的细胞，是有一定的寿命的，它们的增殖能力不是无限的，它们的生长有一定的界限。这就是著名的海弗雷克界限。随后，怀特（Wright）和海弗雷克又开展了一系列细胞融合实验，进一步证实了海弗雷克界限的正确性，并提出引起细胞衰老死亡的原因，主要是由于细胞核而不是细胞质导致的。至此，人们才开始广泛接受"细胞增殖能力和寿命有限"的观点。

随着研究的深入开展，人们已经明确细胞衰老、死亡是一个正常的生理过程。那么，细胞为什么会衰老、死亡？引起衰老死亡的原因又是什么呢？为此，不同时期的研究者分别提出了自己的观点，比较典型的有1959 年斯拉德（Szilard）提出的体细胞突变和 DNA 损伤论、同年哈曼（Harman）提出的自由基理论、1968 年柏克斯屯（Biorksten）提出的生物大分子铰链论、1980 年 A. H. Wyllie 提出的细胞程序性死亡理论、1984 年米馈尔（Miquel）和弗莱明（Fleming）提出的线粒体损伤论等。这些理论虽然都有自己的实验证据，但往往是只强调了一个方面而忽略了另外因素，所以在当时，有关细胞死亡的真正原因尚未明了，但是人们比较看好自由基理论和细胞程序性死亡理论。为解释器官发育的遗传调控和细胞程序性死亡的真正原因，英国人悉尼·布雷诺尔（Sydney Brenner）、美国人罗伯特·霍维茨（H. Robert Horvitz）和英国人约翰·苏尔斯顿（John E. Sulston）作出了突出贡献，为此他们三人同时站在了 2002 年诺贝尔生理学或医学奖的领奖台上。

【附录】 细胞相关知识图谱

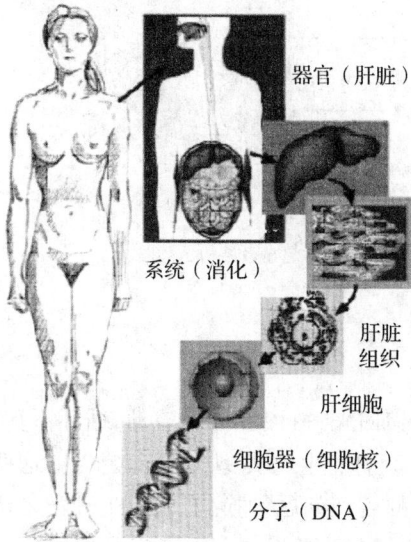

器官（肝脏）

系统（消化）

肝脏
组织

肝细胞

细胞器（细胞核）

分子（DNA）

附图 6-1 细胞在有机体中所处的水平

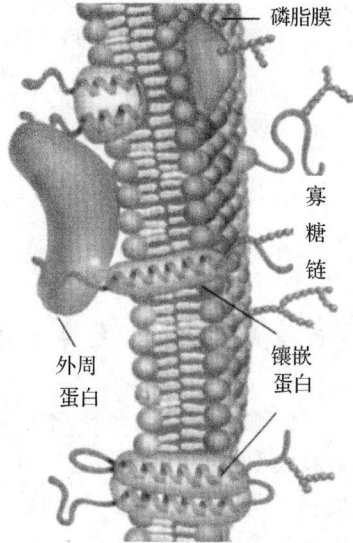

磷脂膜

寡糖链

外周蛋白

镶嵌蛋白

附图 6-2 细胞膜结构示意图

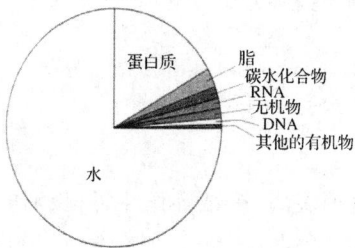

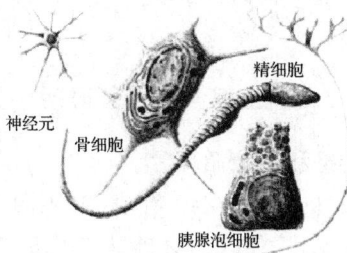

蛋白质 脂
碳水化合物
RNA
无机物
DNA
其他的有机物

水

神经元

骨细胞

精细胞

胰腺泡细胞

附图 6-3 细胞化学组成及所占比例(左);细胞的不同形态(右)

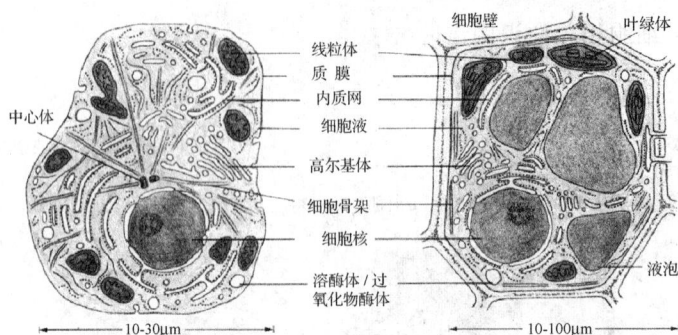

附图 6-4　动物细胞(左)与植物细胞(右)的超显微结构示意图

6.2　生理学及其发展

手碰触到针尖或火时,本能地收缩回来;血液在体内流动,循环不止;植物吸收 CO_2,释放的却是氧气……不同的生物类型为什么会产生这些现象呢? 这些问题都涉及动物、植物的生理问题。换句话讲,生理学是研究生活状态下机体的正常生命活动规律的生物分支学科。其研究范围包括微生物生理、植物生理、动物生理和人体生理等几个方面。因为动物生理(特别是哺乳动物生理)和人体生理关系密切,他们之间又具有许多共同点,所以,通常意义上的生理学,主要是指人体和高等脊椎动物的生理学。本节中我们就生理学(包括植物生理学)发展史中出现的重要事件作一概述。

6.2.1　生理学的奠基时期

哈维和血液循环

在过去,人类为了生存,必须同生理疾病、饥饿等作斗争,长期的生产和医疗实践,使人们对自身和动植物有了粗浅认识。如在公元 300—400 年的《黄帝内经》一书中,就阐述了经络、脏腑、七情六淫、营卫气血等生理学理论;在国外也有相关动物解剖的一些知识。然而,真正以实验为特征的近代生理学开始于 17 世纪。其中最为典型的事例是哈维发现了动物的血液循环现象。

哈维(William Harver,1578—1657)出生在一个自耕农家庭里,1602 年获得医学博士学位,是一位杰出而富有的医生。据说哈维从小就对动物活动方式充满好奇,而且非常善于观察。有一次,在一场争吵中,他的朋友被匕首割断了动脉,哈维观察到血液从动脉中一股一股地喷出来,这与血液从静脉中流出来的情况完全不同,引起了他强烈的好奇心。随后哈维又对几种活体动物进行过多次解剖实验,发现了血液在动物体内循环流动现象,并于1628年发表了《心血运动论》的著名论著。这是历史上第一次以实验证明了人和高等动物血液是从左心室输出,通过体循环动脉而流向全身组织,然后汇集于静脉而回到右心房,再经过肺循环而入左心房。这样,心脏便成为血液循环的中心。但是,在当时,哈维尚未能解释动脉与静脉之间是怎样连接的,他认为动脉血是穿过组织的孔隙而通向静脉的。当然这只是他的主观猜测,但是他对生理学的影响却有着非同一般的意义。随后显微镜的发明与使用,给生理学的发展创造了良好条件。所以直到1661年意大利组织学家马尔皮基(Malpighi M.),通过使用简单的显微镜发现了毛细血管之后,血液循环的全部路径才搞清楚,同时确立了循环生理的基本规律。

笛卡儿与"反射"

在17—18世纪,其他学科的发展给生理学的奠基做了必要的准备。显微镜的使用把人们的视野延伸到"微观领域",而且哈维以后的生物工作者仍然以极大的热情进行人体或动物解剖工作,并发现了一些腺体和卵泡以及淋巴系统等。17世纪,法国哲学家笛卡儿首先提出了"反射"的概念。他认为:动物的每一个活动都是对外界刺激作出的必要反应,刺激与反应之间有固定的神经联系,他称这一连串的活动为反射。这一概

图6-12 笛卡儿

念为后来对神经系统活动规律的研究开辟了道路。笛卡儿不但是一位才华横溢的数学家和哲学大师,而且对动物生理也充满了兴趣;他认为人是一架具有"理性灵魂"的特殊机器,除思想外,其他所有生理功能就像钟表、磨坊一样不断地机械运转,他曾试图以机械论观点解释动物的血液循环和神经活动等。但应该指出的是,在生理学方面,笛卡儿偶尔也做一些实验或亲自到屠宰场观看动物解剖,然而他的观点和理论多是通过哲学推理得到的,其中少部分见解刚好与事实相吻合,而有些观点其实并不科

学。笛卡儿在生理学发展史上的意义在于,他是第一位运用机械论解释动物(包括人)的功能——特别是大脑功能的人,这对当时盛行的唯灵论是一个沉重打击。笛卡儿也因此曾遭到了教会的批评和反对。他的著名警句"我思,故我在"流传至今。

医学化学派及其贡献

西尔维斯(F·Sylvius,1614—1672)是医学化学派全盛时期的代表人物,他继承了巴拉赛尔苏斯(T·Paracelsus,1493—1541)和赫尔蒙特(J. Van Helmont,1579—1644)阐释生命现象的化学观点,并大胆提出了"生命体的生理学过程和非生命体的化学过程基本一致,理论上说一切生命现象都可以在实验室里得到再现"。西尔维斯通过对酸、碱、盐的研究,认为酸碱的相互作用决定了生命的健康和疾病,因此,人们可以通过调节酸碱平衡来治疗疾病。18世纪,首先发现氧气和燃烧原理的法国化学家拉瓦锡(A. Lowdisier,1773—1794)和拉普拉斯(P. S. Laplaue,1749—1827)合作设计了一个实验系统,该系统能够定量测定动物产生的热量,从而使呼吸和燃烧能在定量的条件下进行比较。他们认为:呼吸过程同燃烧过程一样,都需要消耗氧气,产生二氧化碳。这种观点为机体新陈代谢的研究奠定了基础。同时代的意大利医生和动物学家伽伐尼(Luigi Galvan,1737—1798)则在一次偶然的实验中发现了"动物电"现象,他认识到动物肌肉收缩时能够产生电流,从而推动了生物电学这一新的生理学分支的产生和发展。上述发现和研究成果为机体新陈代谢的深入研究奠定了基础。

6.2.2 生理学的全面发展时期

19世纪,生理学开始进入全面发展时期。随着其他自然科学的迅速发展,生理学实验研究也取得了长足进步,积累了大量有关器官生理功能方面的知识,如感觉器官、神经系统、血液循环、肾的排泄功能、内环境稳定等的研究,均为生理学发展提供了不少宝贵资料。

实验生理学与马让迪

实验生理学的发展,在很大程度上应归功于不知疲倦、性情暴躁而冷酷的马让迪(Francois Magendie 1783—1855)。他通过对毒性和催吐剂的研究,开辟了实验药理学的新领域。马让迪的研究以活体解剖为基础,据说他解剖动物时的"残忍程度"曾引起了反活体实验者的极大抗议。马让迪在神经系统研究中，发现了脊神经的感觉和运动机能是彼此独立的，因而享有极大声誉；然而人们认为他的最大贡献是将自己的学生贝尔纳从麻木和平庸中拯救出来，同时激发了贝尔纳对生理学科的热爱。马让迪曾任法兰西医学院教授、法国科学院院长等职。

内环境概念与贝尔纳

贝尔纳(Claude Bernard 1813—1878)，法国著名生理学家，现代实验生理学的真正奠基人。他出身于贫苦农民家庭，经济上的困窘曾一度使他过着仆人般的生活——扫地、洗刷玻璃器皿、送药方等。1834年贝尔纳到巴黎法兰西医学院学医，1839年起在马让迪实验室作实习医生和实验助手，1853年获得动物学博士学位，1854年当选为法兰西科学院院士，1869年接替马让迪担任法兰西科学院院长。

贝尔纳在许多方面都超过了自己的老师，连高傲的马让迪也不得不承认他的活体解剖技术胜过自己。贝尔纳在生理学的很多方面都作出了卓越贡献，其主要成就有：发现肝脏有生成糖原的功能，血管舒缩受神经控制，胰液能消化脂肪以及一氧化碳的毒性等；他认为生物体内的氧化过程不是氧和碳的直接燃烧，而是间接氧化。特别值得一提的是，1857年他所提出的内环境概念，已成为生理学中的一个指导性理论，至今仍有重要影响。他指出，血浆和其他细胞外液乃是动物机体的内环境，是全身细胞直接生活的环境，内环境理化因素如温度、酸碱度和渗透压等的恒定是保持生命活动的必要条件。贝尔纳曾作出高度概括：内环境的恒定是自由和独立的生命赖以维持的条件；由于动物将自己关闭在一种"温室"里，外环境的变化不会干扰它（例如动物在炎热或寒冷情况下，虽然周围环境发生很大变化，但体温并没有多大改变）。但同时贝尔纳又解释到：这并不意味着周围环境对较高等的动物来说是无关紧要的，恰恰相反，较高等动物同环境有着相当密切和内在的联系……

贝尔纳由于身体原因在家休养期间，曾系统整理、总结自己的工作，并于1865年写成《实验医学研究导论》一书。该书的出版被誉为生理学发展史上的里程碑，贝尔纳出色的总结概括能力使其从一个"自然科学家"上升到"哲人"的高度。1878年贝尔纳去世时，法国下议院投票通过为他举行了隆重的国葬。

德国生理学家及其贡献

德国著名生理学家路德维希(C. Ludwig, 1816—1895)对血液循环的神经调节作用研究作出了重要贡献，而且对肾脏的泌尿生理等提出了有价值的设想。他发明的记纹器，长期以来一直是生理学实验室的必备仪器。同时代的德国海登海因（Heidenhain）除了对肾脏泌尿生理提出了不同的设想外，还首次运用了慢性的小胃制备法研究胃液分泌的机制，被称为海氏小胃。该法后来经俄国著名生理学家巴甫洛夫改进成为巴氏小胃，从而分别证明了胃液分泌既受体液调节又受神经调节，都

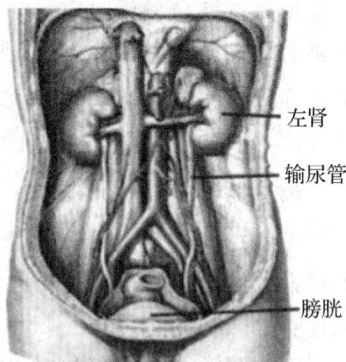

左肾
输尿管
膀胱

图 6-13　人体泌尿系统解剖图

对消化生理作出了不朽贡献。德国科学家赫尔姆霍茨则是一位"万能"博士，兼有生理学家、物理学家、数学家等多种头衔。曾有人这样评述过他："他从研究生理学开始，解剖了眼睛、耳朵，探索它们的作用、结构。但是他发现，要研究眼睛和耳朵，就必须同时研究光和声的本性，这导致他研究物理学，很快他又发现，要研究物理学，还必须掌握数学……"勤奋钻研的执著精神最终使他成为 19 世纪最有成就的生理学家、物理学家、数学家之一。他运用物理学知识对视觉和听觉生理研究作出了重要贡献，还创造了测量神经传导速度的简略方法。

谢灵顿和突触学说

　　20 世纪前半期，生理学研究在各个领域都取得了丰富成果。神经生理学的发展也不例外。英国生理学家谢灵顿（Sherrington，1857—1952），曾任伦敦大学、利物浦大学、牛津大学教授，在中枢神经系统生理学研究方面有重要贡献。谢灵顿曾详细研究过姿势和行走的反射基础，对中枢神经系统的整合功能作出了具体而生动的描绘。他证明了在反射活动中，当一群肌肉兴奋时，相对的另一群肌肉就被抑制，这种交互神经支配理论因而被称为谢灵顿定律。他所提出的"神经元"和"突触活动"等基本概念，对其后神经生理学的发展产生了很大影响。谢灵顿所著的《神经系统的整合作用》（1903）一书，为神经系统生理学的发展奠定了坚实的基础，被视为神经生理学的经典之作。他因在神经系统功能研究方面的杰出贡献而获得 1932 年诺贝尔生理学或医学奖。

俄国生理学之父谢切诺夫

谢切诺夫(I. Sechenov,1829—1905),俄国生理学之父。他的研究主要涉及神经生理学领域,被誉为神经生理学的主要奠基人之一。由于谢切诺夫研究化学试剂(硫酸氰化钾)对神经和肌肉的刺激作用比较深入,为此他得到德国生理学派的推崇与赞誉。1863年,在其论文《关于青蛙脑中抑制脊髓反射活动机制的生理学研究》中,他认为青蛙的中脑和大脑里存在着抑制激发脊髓反射的机制(即中枢抑制)。1868年,他通过对肌肉反射活动研究,发现了中枢神经系统有积累微弱刺激的能力,也就是说,多次重复某种微弱的刺激对造成一定的心理特性起着重要作用。随后,在其著作《思维的要素》中,谢切诺夫对心理现象的神经生理基础作了深入探索和思考,认为行为是一种纯粹的反射活动—由传入刺激和传出反应之间的平衡所引起的。他还于1866年出版了《神经系统生理学》一书。

谢切诺夫对神经生理学进行了非常深入的研究和思考,提出了许多有价值观点,开创了俄国生理学发展的良好开端。他亲自培养并影响了一批俄国生理学家,巴甫洛夫即是其中最著名的一个。

世界生理学领军人物——巴甫洛夫

巴甫洛夫(I. P. Pavlov,1849—1936),俄国著名生理学家。1875年开始在谢切诺夫指导下学习医学和生理学,1883年获得医学博士学位,1907年当选为俄国科学院院士。随后他曾被英、美等22个国家的科学院选为院士。主要著作有《消化腺机能讲义》、《动物高级神经活动(行为)客观研究二十年经验》及《大脑两半球机能讲义》等。1904年获诺贝尔生理或医学奖。他是俄国第一位诺贝尔奖获得者,也是国际上第一位诺贝尔生理或医学奖的获得者。

巴甫洛夫在心脏生理、消化生理和高级神经活动生理方面都作出了卓越贡献。早年的他,发现了温血动物心脏有特殊的营养性神经,这些神经能够使心跳增强或减弱;巴甫洛夫从大学时代开始就对消化生理充满浓厚的兴趣,在消化腺的研究中,他创造了多种外科手术,巴甫洛夫主张:只有在正常生理状况下才能揭示生理活动的本质规律。为此,他在1879年,第一次在狗身上成功地安置了一个固定的胰腺管,改变了当时的在非正常状况下进行的生理学实验,即以慢性实验取代了急性实验,从而能够长期地观察整体动物的正常生理过程;在消化生理研究过程中,他提出并形成了条件反射概念,从而开辟了高级神经活动生理学的研究;晚年的巴甫洛夫又转入精神病学研究,并提出了著名的两个信号系统学说,他的高级神经活动学说对于医学、心理学以至于哲学等方面都有重要影响。

为了证实神经对消化腺分泌的控制作用,巴甫洛夫开展了一系列著名的实验,"假喂"实验即是很典型的一个。1889 年,他以狗为实验材料,把狗的食管切开(通过处理使狗仍保持健康),因此,当食物从口中进入后却从食管切开处流出来,并没有进入胃中,但通过胃瘘管发现仍然有胃液分泌,这说明胃液的分泌并不仅仅是食物对胃的机械或化学刺激所引起,而是通过神经系统在起作用。为了更准确地验证该结论的正确性,他把分布到胃的迷走神经切断再重复上述实验,结果胃液停止了分泌。这就很清楚地说明了动物胃液的分泌,是在进食时嗅觉、味觉、咀嚼和吞咽运动等通过神经传导刺激而产生的,并非食物直接刺激所致。巴甫洛夫进一步发现,胃液分为两种:一种由食物的机械或化学刺激产生,另一种是由神经刺激产生(他称之为"心理分泌液")。巴甫洛夫总结了自己在消化腺研究方面所取得的主要成就,于 1897 年出版了《主要消化腺活动讲义》一书。巴甫洛夫由于在阐明"神经系统对消化液分泌过程中的作用"方面的巨大成就而获得 1904 年的诺贝尔生理学或医学奖。

20 世纪初,巴甫洛夫的研究重点转向高级神经活动方面。他第一次用生理学中的"反射"概念来理解"心理性分泌",并建立了条件反射学说。其实在当时,英国的谢灵顿已经对"膝跳反射"等作了非常精彩的研究。然而,当巴甫洛夫用狗做实验时,发现狗看到或嗅到食物、甚至只要听到饲养员的脚步声就能分泌大量唾液,这种现象用一般的反射理论很难解释。后来,巴甫洛夫终于弄明白:反射可分为条件反射和非条件反射两大类;非条件反射是先天性的(如膝跳反射),条件反射则是后天获得的。巴甫洛夫认为:条件反射是中枢神经受外周神经反复刺激后形成的一种暂时联系。同时,他还指出动物和人身上的条件反射和非条件反射属于第一信号系统,在人身上还存在第二信号系统——语言。他还用两个信号系统理论来解释人的学习过程。

坎农与"体内平衡"

坎农(B. Cannon 1871—1945),美国生理学家,哈佛大学医学院博士,美国科学院院士,1926 年首次提出著名的"体内平衡"术语,随后进一步指出"体内平衡是一种不断变化但又相对恒定的条件,而不是不变或停滞不动的意思"。对于生命现象的各种复杂生理活动,坎农认为,这些过程可能牵涉到脑、神经、心、肺、肾脏等各个部分的相互协调活动。

坎农的"体内平衡"原理，进一步丰富和发展了贝尔纳的内环境恒定理论，在生理学发展史上具有重要的指导作用。如今这一概念得到了极大的拓展，甚至延伸到其他学科领域，如反馈、传递作用、控制论等。

6.2.3　内分泌生理学的形成与发展

人体的内分泌系统，主要由一些腺体如甲状腺、肾上腺、胸腺、胰岛和性腺等组成，它们专门分泌一些化学物质——激素，如胰岛素、甲状腺素、性激素等，量虽不多，但作用大而广泛，对婴幼儿的发育、青少年的健康成长、各种生理功能及免疫机制等具有极为重要的作用。它与神经系统相互配合，共同调节着机体。

早在 18 世纪，法国人利尤特德（J. Lieutaud, 1703—1780）已经从解剖学上研究了一些无管腺；同时代的伯德（T. D. Bordeu, 1722—1776）则指出"每个腺体或器官能够产生一种特定的物质，进入血液以保持机体功能的相对稳定"。然而真正提出并进行深入研究腺体功能的则是 19 世纪法国科学家贝尔纳，他发现胰脏具有分泌功能并且首次提出了"内分泌"概念，这标志着内分泌学的萌芽。1889 年，72 岁的赛柯德（C. B. Sequard）做了一个很有趣的实验，他把狗和豚鼠睾丸的提取物注射到自己身体内，感觉到自己精神状况得到了明显改善，据此他认为这种神奇物质具有"明目爽神、返老还童"作用，于是他就极力宣传这种物质的作用效果，有力地推动了内分泌研究的发展。因此有人把他称为"内分泌学之父"。1902 年斯达林（E. H. Starling）和拜雷斯（Baliss）通过实验研究，发现了促胰液素，他们认识到动物体内有些细胞可以制造出一些化学物质并通过血液作用于其他器官。1905 年他们使用"激素"（Hormone）来命名这类化学物质。几年之后，潘德（Pende）引入了内分泌学（Endocrinoloyy）的概念，内分泌学由此正式诞生。

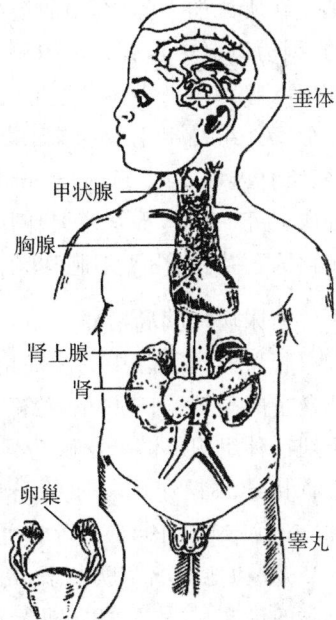

图 6-14　内分泌系统分布图

（图中标注：垂体、甲状腺、胸腺、肾上腺、肾、卵巢、睾丸）

183

大脖子病与碘

在 20 世纪五六十年代以前,人群中经常出现"大脖子"(地方性甲状腺肿,俗称大脖子病)病患者。这是什么原因呢? 这种病主要是由于缺碘导致甲状腺分泌不足而产生的。

其实,早在 2000 多年前的中医文献中,就有关于"海藻治瘿"(瘿就是现在所说的大脖子病)的记载。现在看来,"海藻治瘿"也是有科学根据的,因为海藻中含有大量的碘。1850 年,查丁(G. A. Chatin)认识到地方性甲状腺肿与呆小症发生地区的水、土和食物中缺少碘有关。此后,人们又分离并结晶出甲状腺素,最终于 1926 年确定了它的化学结构。1927年,哈林敦(C. R. Harington)和贝格(G. Barger)进行了甲状腺素的人工合成研究。甲状腺素主要作用于肝、肾、心脏和骨骼肌,促使其中的糖原转化为葡萄糖,用于细胞呼吸,对基础代谢有很大的调节作用。

糖尿病与胰岛素

胰岛素由胰腺中的胰岛组织所分泌,其含量的高低直接影响着体内糖含量的高低。1869 年,兰格汉斯(Langerhans)首先发现胰岛组织,并认识到这种组织能够分泌胰岛素和高血糖素。实验研究证明,胰岛素缺乏会直接导致糖尿和多尿的出现。1921 年,加拿大医药学家班廷(F. G. Banting,1891—1941)和苏格兰生理学家麦克劳德(J. R. Macleod,1876—1935)成功地提取了胰岛素;1922 年,两人又同时发表了用胰岛素治疗糖尿病的论文,这一消息立即轰动了西方医学界。胰岛素及其功能的发现,解释了困扰人类数千年的糖尿病问题,并为治疗糖尿病奠定了坚实的科学基础。为此,班廷和麦克劳德共同分享了 1923 年度的诺贝尔生理或医学奖。目前人们已经对胰岛素的结构和功能有了更为深入的认识:胰岛素是已知的唯一降低血糖水平的激素,它能够增加细胞膜对葡萄糖的通透性,促使葡萄糖从高浓度的血浆进入低浓度的细胞中。胰岛素缺乏,容易导致糖尿病的发生。

内分泌学研究的深入发展

20 世纪上半叶,人们主要依靠生物学鉴定法测定各种激素的特性并运用化学方法搞清它们的化学组成和分子结构。截至目前,人们已经对上百种激素进行了定性定量研究。一般认为,激素是由一些特定器官或组织分泌到体液中,并通过血液循环作用于器官的化学物质。关于激素的作用机制,早在 20 世纪 40 年代,萨瑟兰(E. W. Sutherland 1915—

1974）就发现了肾上腺素和高血糖素的功能：两者都可以作用于肝细胞使肝糖原分解成葡萄糖，使血糖升高。1969 年萨瑟兰又提出了第二信号学说，用以解释激素的作用机制。为此，他获得了 1971 年诺贝尔生理学或医学奖。

内分泌学研究阐明了许多生理现象，为农业、医学等实用性学科提供了理论基础。例如，1932 年贝特（Bethe）在研究昆虫的性引诱作用时提出了"外激素"概念（某些昆虫分泌的性激素弥散到空气中能够引诱同类异性昆虫），而现在已经能够人工合成多种昆虫性激素，在农业上用来诱捕有害昆虫或干扰害虫交配。20 世纪 30 年代，人们已经认识到黄体酮可以阻止女性排卵。1940 年，马克尔（R. E. Marker）合成黄体酮获得成功；1952 年，化学家德雷斯（C. Djerassi）成功合成了"炔诺酮"。这些激素类避孕药物被相继投入市场，并被认为是人类历史上最具有文化和人口学意义的药品之一，为实现全球人口控制和实行计划生育作出了巨大贡献。

6.2.4　植物光合作用的认识与发展

光合作用是指绿色植物在光照下将 CO_2 和 H_2O 合成有机物并放出 O_2 的过程，在这个过程中，叶绿体中的色素吸收光能，并将其合成为有机物，释放出氧气；动物不能够直接利用太阳能，必须依靠绿色植物所固定的太阳能才能够生存。由此可见，太阳是地球上所有生物代谢能量的最终来源，所有生物生命的维持都依赖于自养生物（主要是绿色植物）的光合作用。光合作用的过程非常复杂，所以人类对植物光合作用的发现与认识也经历了相当长的时间。

早期的潜意识观察

古希腊时人们就一直认为：小小的种子能够长成参天大树，它那粗壮的树干和繁茂的枝叶完全是由"土壤汁"变化而来的。当时的大哲学家亚里士多德（Aristotle）即持有此种观点。1637 年，我国明代科学家宋应星指出："人所食物皆为气所化。"1727 年，英国植物学家斯蒂芬·黑尔斯（Stephen Hales）也提出了类似观点（即植物生长主要以空气为营养）。但是，两位科学家因受当时的条件限制，都不能用实验来证明此著名论断。

基础实验阶段

盆栽柳树实验——17世纪,比利时(原属荷兰)科学家海尔蒙特(J. Helmont,1577—1644)精心设计了一个实验:他把一棵称过重的柳树种植在一桶事先称好重量的土壤中,然后只用雨水浇灌而不供给任何其他物质。5年后,发现这棵柳树的重量竟然是刚栽种时的33.8倍,而土壤的重量只减少62.2克。因此,他认为植物体的增重主要来自水,土壤只供给极少量的物质。这个实验首次证明了水参与植物体有机物质的合成。

光合作用发现年——英国著名的化学家约瑟夫·普利斯特利(Joseph Priestley),首次采用实验方法证明了绿色植物能够从空气中吸收养分,并且能够"净化"空气。他把薄荷枝条和燃着的蜡烛放在一只密闭的钟罩里,蜡烛不容易熄灭;把小鼠和植物放在同一钟罩里,小鼠也不易窒息死亡。若单独把蜡烛(或小鼠)放在钟罩内,则蜡烛很快就熄灭(或老鼠死亡),这是什么原因呢?为此,他认为植物能够"净化"空气(指光合作用中释放出的氧气,当时他却认为是由植物缓慢生长所致)。由于普利斯特利开创性地采用实验手段研究光合作用并作出杰出贡

图6-15　植物"净化"
空气示意图

献,人们为了纪念这位科学家,把他的实验完成年(1771)定为光合作用发现年。

光合作用的重大进展——随后有人重复了普利斯特利的实验,然而奇怪的是,却得出了相反的结论:植物不仅不能把空气变好,反而会使空气更"糟糕"。为什么会出现这种情况呢? 1779年,荷兰人英格豪茨(Jan Ingen-housz)通过一系列实验,证实了绿色植物只有在日光下才能"净化"空气,把空气"变好",而且这种"净化"能力不是因植物生长缓慢所致,而是由太阳光照射植物的结果;如果植物置于黑暗中则不仅不能"净化"空气,反而会像动物一样把好空气"变坏"(在黑暗中植物呼吸时会释放出二氧化碳);同时他又发现植物有释放气体的能力,而且这种能力的大小与天气的晴朗程度(也就是植物接受的光照强度)呈正相关。随后的研究发现:只有叶片和绿色的枝条在光照射下才能"净化"空气,而其他器官即使在白天也会使空气变坏,这些实验结论为人们深刻认识光合作用奠定了重要基础。

光合作用的"原料与产物"——明确了植物在不同条件下能够使空气"变好或变坏"，那么很自然地又产生了新的问题，是什么原因导致出现这种现象呢？1782 年，瑞士的森尼别（Jean Senebier）研究认为：植物"净化"空气的活性除需光照外，还取决于所"固定的空气"。直到 1785 年，当空气组成成分逐渐明确后，人们才认识到

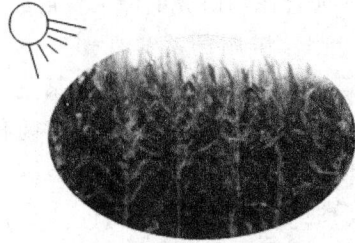

图 6-16　植物在光照下
才能"净化"空气

植物在光下释放的起净化作用的气体为氧气，而植物各器官（包括绿色部分）在呼吸过程中释放的气体即"固定的空气"为二氧化碳。1804 年，瑞士学者德·索苏尔（Nicholes. T. de. Saussare）证实了植物光合作用以二氧化碳和水作原料，同时他又发现植物制造的有机物和释放出氧的总量远远超出所吸收的二氧化碳量，他的实验结论使得人们对光合作用本质有了更为深刻的认识。

光合作用通式的提出——1864 年，德国科学家朱利叶斯·萨克斯（Julius Sachs）发现只有照光时，叶绿体中的淀粉粒才会增大，指出光合作用的产物除氧气外，还有有机物。他及时总结自己实验及前人研究成果，提出了光合作用的公式：

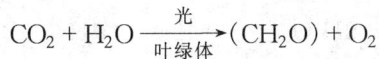

$$CO_2 + H_2O \xrightarrow[\text{叶绿体}]{\text{光}} (CH_2O) + O_2$$

知道了光合作用的"原料和产物"，当时人们很想知道：氧气究竟是从绿色叶片的哪个部位产生的？为解决这个问题，1880 年德国学者恩吉尔曼（G. Engelman）采用水绵（一种绿藻，具有螺旋形叶绿体）做实验，证明了植物光合作用的放氧部位是叶绿体。

通过两个多世纪发展和光合作用知识的不断积累，人们对光合作用本质的认识已经相当深刻：明确了光合作用的原料产物、发生器官、反应条件和光合作用公式等（即光合作用是绿色植物叶绿体利用光能，把二氧化碳和水合成为有机物并释放出氧气的过程），也就是在那时（1897 年），教科书中首先出现了"光合作用"这个名词。这些知识的积累，为近代深入研究、探索光合作用机理奠定了坚实基础。

光合作用研究的深入发展

光合作用的其他形式——20世纪 30 年代,荷兰生物学家范尼尔(C. B. Van Niel)在研究细菌代谢时发现了细菌光合作用,也就是说,某些细菌在无氧条件下,也能在只含有无机培养基(CO_2、H_2S、光)的条件下正常生长。这个过程同绿色植物非常相似,不同之处在于用硫化氢(H_2S)代替水来使 CO_2 固定,而且此过程也不释放氧气。另外,当时的人们还发现了另外一

图 6-17 植物光合作用的
光反应和暗反应

些细菌,可以直接氧化无机物获得能量,进而合成有机物,其过程与光合作用也有许多类似之处,这种反应被称为化能合成作用。

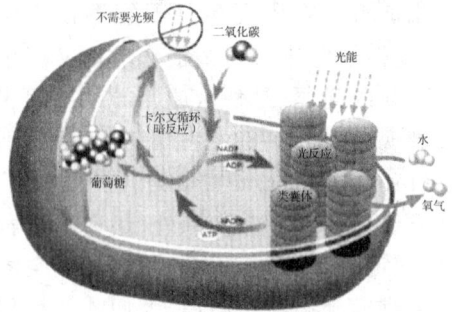

光反应和暗反应机制——19 世纪 30 年代末,人们普遍认为光合作用生成的氧气来自二氧化碳。到底是不是这样呢?为了验证该结论的正确性,英国著名生化学家和植物生理学家希尔(R. Hill)用实验回答了这个问题。他从磨碎的叶片中提取叶绿体,加上氧化剂铁离子(Fe^{3+})等,光照后同样能够释放出较多的氧气。希尔的实验可表述为:

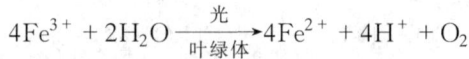

$$4Fe^{3+} + 2H_2O \xrightarrow[\text{叶绿体}]{\text{光}} 4Fe^{2+} + 4H^+ + O_2$$

这个反应式说明:有氧化剂铁离子的存在,照样可以进行光合作用,CO_2 似乎并非是必需的。换言之:光合作用生成的 O_2 不是来自 CO_2,而是来自水。希尔的工作开启了光合作用的"黑匣子",阐明了光合反应的第一个过程—光反应机理(光合作用分两个阶段—需要光的光反应阶段和不需要光的暗反应阶段),这就是:叶绿体促使光分解水放出氧气,并将光能转变成三磷酸腺苷(ATP)和还原型辅酶Ⅱ(NADPH)。后来人们把光合作用的公式概括为:

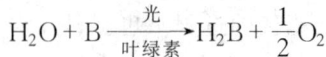

$$H_2O + B \xrightarrow[\text{叶绿素}]{\text{光}} H_2B + \frac{1}{2}O_2$$

这就是著名的希尔反应(其中 B 是氧化剂)。希尔反应说明,光合作用的氧来自水而不是二氧化碳。希尔反应把放氧作用与二氧化碳固定作用分开,这是光合作用研究史上的重要里程碑。希尔的工作也证实了前人的"光合作用发生在叶绿体内"的推论。在随后的研究中,他还首次分

离出光合作用中传递的几种细胞色素蛋白。这些工作对于阐明光合作用的本质有着重要意义。1960年，希尔同本多尔（F.Bendel）共同提出"Z-图式假说"，为光合作用电子传递途径的研究指明了道路。希尔1927年获剑桥大学博士学位，1946年被选为英国皇家学会会员，1975年被选为美国科学院外籍院士。他曾多次获得英、美等国的科学奖状。

在光合作用暗反应机制研究中，美国的生化学家卡尔文（M. Calvin，1911—1995）作出了杰出贡献。从1945年起，他和本森（A. A. Benson）、巴沙姆（J. A. Basshau）等人合作，采用同位素示踪和纸层析等方法，研究CO_2如何还原成糖。经过10年的艰苦探索，他们最终推导出：在黑暗环境中，有机体细胞利用光反应生成的ATP和NADPH，在一系列酶催化下将CO_2还原成糖类，明确了CO_2形成糖（6-磷酸果糖）的具体过程。卡尔文及时总结自己的研究成果，进而提出了光合作用暗反应的三碳循环理论，即著名的"卡尔文循环"。为此，1961年的诺贝尔化学奖授予了卡尔文。

光合磷酸化——1954年美国人阿龙（D. I. Arnon）等进行叶绿体照光实验时发现：当体系中存在无机磷、ADP和NADP时，体系中就会有ATP和NADPH产生；而且，只要供给ATP和NADPH，即使在黑暗中，叶绿体也可以合成糖类。可见，光反应的实质在于产生的"ATP和NADPH"（同化力）去推动暗反应的进行，而暗反应的实质在于利用"同化力"将无机碳（CO_2）转化为有机碳（CH_2O）。两个反应既彼此独立，又相互依存。也就是说，在光反应过程中，光合色素将光能转化成化学能，形成ATP和NADPH；在暗反应过程中，利用ATP和NADPH的化学能使CO_2还原成糖和其他有机物，全部过程是在多种酶的催化下完成的。深入研究发现光、暗反应对光的需求也不是绝对的：光反应中有不需光的过程，而暗反应中也有需要光调节的酶促反应。这样，到了20世纪中叶，光合作用的本质已基本得到阐明。

"双光说"的提出——20世纪60年代初，美国学者罗伯特·爱姆生（Robert Emerson）利用小球藻做材料，研究不同光波下的光合效率，结果发现光合作用最有效的光是红光（650nm—680nm）和蓝光（400nm—460nm）。而且他还发现：叶绿体单独吸收长光波（例如680nm）或短光波（例如650nm）时，光合效率都很低，若同时吸收长短两种光波，光合效率则明显增加，这就是双光增益效应。随后希尔、爱姆生又提出了光合作用的"两个色素系统"假说（即"双光说"）。该假说认为：在叶绿体内存在两个色素系统,一个专门吸收长波,另外一个专门吸收短波;若叶绿体单独吸收长光波或短光波时,光合效率都很低;若同时吸收长短两种光波,因两个色素系统同时起作用,所以光合效率高;光合作用就是这两个色素系统的相互作用的结果。随后的研究也证实了"双光说"的正确性,这一假说的提出对深入探索光合作用本质起了非常重要的作用。

什么是 C_4 途径——20 世纪 60 年代,澳大利亚科学家哈奇(M. Hatch)和斯莱克(C. Slack)在研究玉米、甘蔗等作物时发现:即使在干旱和炎热的环境中,它们的光合效率仍然非常高,比小麦、水稻等作物的光合效率高得多。为什么会出现这种反常的情况呢?深入研究发现:玉米、甘蔗等作物(被称为 C_4 植物)的叶片结构与小麦、水稻等作物有很大差别,正是这种结构上的差别,导致这些植物的光合途径与一般植物的光合途径不同。人们把光合作用早期产物是三碳化合物的光合途径称为 C_3 途径,把具有这种光合途径的植物称作 C_3 植物(如小麦、水稻等);而称光合作用早期产物是四碳化合物的光合途径为 C_4 途径(又称为 Hatch-Slack 途径),并把这种光合途径的植物称作 C_4 植物(如玉米、甘蔗等)。实验证明,C_4 植物利用 CO_2 的效率特别高,即使在 CO_2 浓度非常低时,它仍然具有"捕捉" CO_2 的能力,光合效率也高得多。这非常有利于植物在干旱环境中生长,因此,这种类型的作物属高产型。该途径的发现,是对卡尔文循环的重要补充与发展,使人们对光合作用的认识更加全面与深刻。

目前,随着基因工程研究的深入,国内外某些研究单位已经着手分离 C_4 植物的高光效基因,以期转移到 C_3 植物(如水稻等)中,获得光合效率提高的水稻植株。这对于提高农作物产量,指导农业生产,解决人类赖以生存的粮食问题,均具有重大的理论与现实意义。

6.2.5 对呼吸作用的认识

动物运动(如人类跑步、滑雪等)、种子萌发、植物生长都需要消耗能量,可以说:离开了能量,生物体就无法生存。那么,生物体的这些能量主要来自哪里呢?经过不同时期的生物工作者的共同研究,证实了能量主要来自于生物体内糖类等有机物的氧化分解。

生物体内有机物在细胞内经过一系列的氧化分解,最终生成二氧化碳或其他产物,并且释放出能量的过程,人们称之为细胞呼吸作用(又叫生物氧化)。不同种类的生物,其呼吸方式也有所不同:低等生物的酵母

菌、乳酸菌等,可以不需要氧气而进行呼吸(称作无氧呼吸,或称作发酵);
对于大多数动植物,除无氧呼吸(糖酵解)外,还要进行需氧的有氧呼吸。

无氧呼吸(或糖酵解)

无氧呼吸一般是指细胞在无氧条件下,通过酶的催化作用,把葡萄糖
等有机物质分解成为不彻底的氧化产物,同时释放出少量能量的过程。
这个过程对于高等动植物来说,称为无氧呼吸。如果用于微生物(如乳酸
菌、酵母菌),则习惯上称为发酵。

对无氧呼吸的初步认识始于18世纪,当时化学家们就开始了对发酵
现象的研究。1810年,法国化学家盖-吕萨克(Gay Lussac)在前人研究的
基础上,对酒精发酵的过程作了如下推导:1个葡萄糖分子通过发酵过程
分解为2个乙醇分子和2个二氧化碳分子,其总反应式为:$C_6H_{12}O_6 \rightarrow 2C_2H_6O + 2CO_2$。

实际上,这已触及了发酵(无氧呼吸)的本质,但该过程是如何进行,
在哪里进行?限于当时的知识与技术手段,尚未有人能解释清楚。

19世纪30年代,德国博物学家施旺(T. Schuann)证实了跟发酵有关
的泡沫(即酵母)是活的细胞。他指出,酵母细胞是靠消耗葡萄汁中所含
的糖生长繁殖而留下乙醇的。

关于对发酵机制的认识,法国著名科学家,微生物学奠基人巴斯德
(L. Pasteur 1822—1895)发挥了重要作用。巴斯德出生于贫困家庭,1847
年大学毕业后从事晶体化学研究,因发现酒石酸盐晶体的立体化学结构
而声名大振。然而真正使巴斯德彪炳史册的,却是在微生物学方面的卓
越成就。

1854年9月,在担任法国里尔工学院院长期间,巴斯德对酒精工业
产生了浓厚兴趣,解决了当时酒精发酵工业的重大难题,明确了发酵条件
和产物(酒精和二氧化碳)来源。1957年,他又提出更为深入的见解:发
酵作用就是"不用空气的生命"对葡萄糖的一种不完全的氧化作用,与"用
空气的生命"的呼吸作用相比,在于后者反应使有机物完全氧化成 CO_2
和水。实际上,这已经触及了有氧呼吸与无氧呼吸的本质区别。巴斯德
把发酵看作是一个极其复杂的反应序列,并认为只有活细胞才能完成它。
巴斯德一生发明很多,在工业、农业、生物科学及医学等多方面作出了杰
出贡献;发明了著名的"巴氏消毒法",解决了当时法国啤酒业遇到的技术
难题(啤酒变酸);阻止了法国南部养蚕业面临的一场危机(蚕被微生物感

染);弄清楚了鸡霍乱的病因,挽救了法国鸡农的经济损失;1884 年又研制成功狂犬疫苗并进行推广使用。巴斯德的屡屡建树,使其几乎成了法国传奇式人物。

1897 年,德国化学家巴克纳(E. Buchner)兄弟在实验中发现了无细胞发酵现象。这是人类首次认识到了生物化学变化并不依赖于完整细胞的生命形式。它纠正了自 1857 年以来在发酵研究中占统治地位的巴斯德的生机论观点,使人类对发酵现象的认识更趋于科学。但是,总的说来,19 世纪的科学仍未弄清无氧呼吸即发酵的本质。

在 20 世纪的第一个 10 年中,哈登(A. Harden)和扬(J. Young)在进行酵母发酵研究时注意到:发酵过程中无机磷酸盐逐渐地消失,只有不断补充无机磷酸盐才能使反应速度不致降低并进行下去。他们注意到发酵肯定与糖磷酸化有关——这就是葡萄糖发酵反应过程中,第一步的葡萄糖磷酸化作用。哈登由于在发酵机理研究上的突出成就而被授予 1929

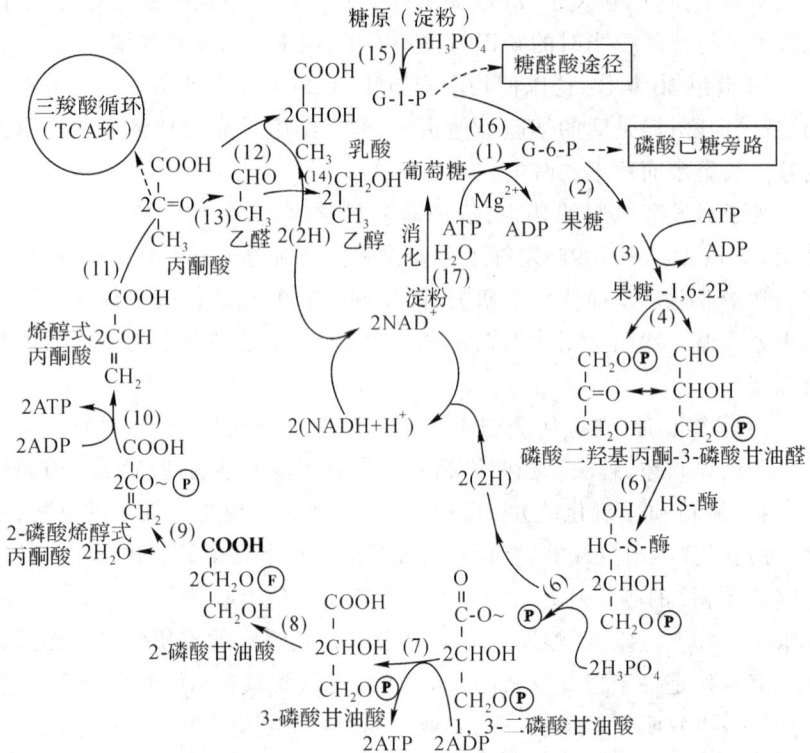

图 6-18 糖酵解(无氧呼吸)过程

年诺贝尔化学奖。随后 20 多年,经过多位科学家的努力,终于搞清楚了发酵的全过程:葡萄糖经过一系列复杂的酶促反应,最终转变成丙酮酸(如上页图 6-18 所示);酵母在缺氧条件下再将丙酮酸转化成乙醇,同时放出 CO_2。整个过程伴随有能量 ATP 的产生,其总的反应式如下:

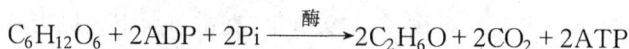

$$C_6H_{12}O_6 + 2ADP + 2Pi \xrightarrow{\text{酶}} 2C_2H_6O + 2CO_2 + 2ATP$$

很明显,这个公式表明了呼吸作用是一个产生能量的过程。

1933 年,爱姆勃登(G. Embden)、迈耶霍夫(Q. Meyerhof)和帕娜斯(Parnas)发现:动物肌肉中也存在与酵母发酵十分类似的过程,此过程也不需要氧即可分解葡萄糖并产生能量(被称为酵解)。为表彰和纪念这三位科学家对糖酵解所作出的突出贡献,后人称该途径为 EMP 途径。

有氧呼吸

1935 年,斯村特-吉俄基(A. Szent-Gyorgyi)观察到,将少量有机酸(如苹果酸、柠檬酸)加入到切碎的动物组织中,结果被氧化,所消耗的氧

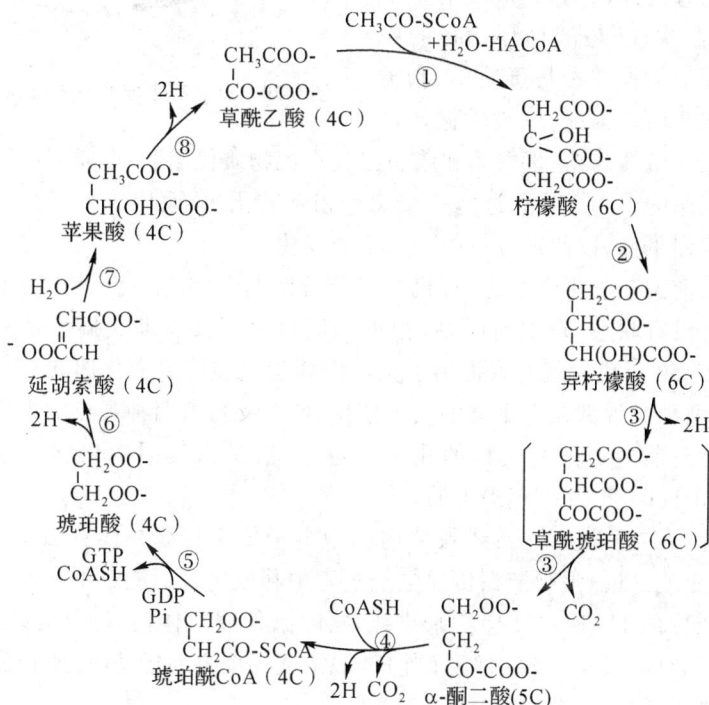

图 6-19　三羧酸循环(有氧呼吸)过程

量比在体外有机酸氧化耗氧量大得多。

1937 年,马丁(Carl Martins)和努帕(F. Knoop)阐明了从柠檬酸经顺乌头酸到琥珀酸的氧化途径。差不多在此前后,英国生物化学家克雷布斯(H. Krebs)通过一系列生化实验,证实了丙酮酸彻底分解过程中的主要物质并确立了主要反应途径。1937 年,克雷布斯正式提出有机体细胞的有氧呼吸途径(即三羧酸循环途径或柠檬酸循环途径,如上页图 6-19 所示)。克雷布斯出色的研究,使其同李普曼(F. A. Lipmann)共同分享了 1953 年诺贝尔医学与生理学奖。李普曼的主要贡献是发现了辅酶 A 及其在中间代谢中的作用。

三羧酸循环途径是葡萄糖分解的又一种方式,是葡萄糖无氧酵解的继续。这一发现具有深刻的生物学意义:首先,这种异化作用是生命有机体内 ATP 形成的主要形式;其次,三羧酸循环途径的中间代谢产物能够参与蛋白质、脂类的合成代谢。因此,三羧酸循环途

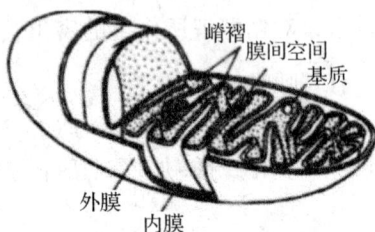

图 6-20 有氧呼吸场所——线粒体

径是联系机体内糖、蛋白质和脂肪三类有机物质代谢的"交通枢纽",各种物质代谢的中间产物通过这一交叉点相互转化,从而构成了生命体内动态的代谢平衡,以此适应体内外环境的变化。

目前关于氧化磷酸化(有机物氧化分解与 ADP 生成 ATP 两个过程之间有没有联系,是如何联系的)的偶联机理还没有彻底搞清楚。早在 20 世纪 50 年代后就有人提出了化学偶联学说和构象变化偶联学说。但是,这两种学说都缺乏足够的实验依据,所以支持这两种观点的人已经不多了。目前多数人所支持的化学渗透学说,是由英国生化学家米切尔(P. Mitchell)于 1961 年提出的。

化学渗透学说认为:线粒体内膜中电子传递与线粒体释放 H^+ 是偶联的,也就是说,呼吸链在传递电子过程中释放出来的能量不断地将线粒体基质内的 H^+ 逆浓度梯度泵出线粒体外,使线粒体内膜两侧形成跨膜电位,同时形成一个 pH 梯度;当 H^+ 顺浓度梯度方向运动时,所释放的自由能用于 ATP 的合成(如图 6-21)。

化学渗透学说较为圆满地解释了氧化作用与磷酸化作用相偶联的本

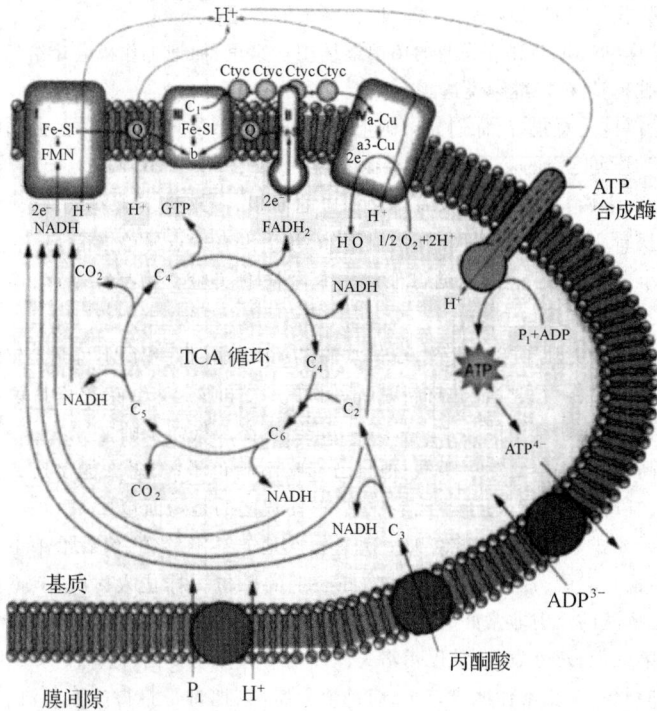

图 6-21　化学渗透学说示意图

质,并且得到了后人多个实验的确认。其中如 1978 年美国科学家科恩(Cohen)等人使用完整的大鼠肝细胞作为实验材料,采用核磁共振(NMR)技术直接观察到了完整细胞中胞液与线粒体基质之间存在 H^+ 跨膜梯度,胞液的 pH 值比线粒体基质的 pH 值低 0.3 单位,从而说明了该学说的正确性。由于 P·米切尔的细致研究和杰出贡献,他获得了 1978 年诺贝尔化学奖。

【附录】　巴甫洛夫与条件反射实验

巴甫洛夫的弟弟尼古拉是一个帽子设计师,当时正失业在家,兄弟俩并不怎么友好,特别是弟弟对大名鼎鼎的学者哥哥已经由嫉妒演变成赤裸裸的厌恶。

在 1903 年春季的一个午宴上,巴甫洛夫说他准备在狗身上进行唾液分泌的条件反射实验。当时,妈妈打断了他:"你和那些混蛋一起研究还不如让你弟弟和你一起去,你弟弟最馋嘴了,谁的口水也没有他多。"

"妈妈,我知道自己该怎么工作"巴甫洛夫回答道。

"但是你的决定会让你失业的弟弟继续闲在家里,而把工作机会让给那些你根本不认识的脏狗!"妈妈继续说道。

"我觉得这主意很好,你们兄弟俩正好可以多花些时间在一起,在工作中还可以互相帮助"老实巴交的父亲也在一旁附和着。

很显然,老两口的好意并没有得到相应的回报,一踏进实验室大门,兄弟俩就气呼呼地对视着,他们之间除了相互憎恨之外,几乎没有一点兄弟情谊了。弟弟不想被当作一只小白鼠,但巴甫洛夫觉得他连一个合格的实验动物都算不上,连一条狗都不如。

在选择一个能让弟弟有食欲、流口水的盘子时,他们就吵得不可开交;然后,在讨论选择什么食物作为实验辅助材料时,他们再一次争吵起来。弟弟坚持说除了上好的鱼子酱,别的东西都不能让他马上流口水;巴甫洛夫气炸了肺,生气地说:科学研究是为了崇高理想,并不是为了赚钱,他自己都吃不起鱼子酱,怎么能拿这么贵重的东西喂"狗"。争吵了几天,鱼子酱没能吃上,取而代之的是烤面包片。

实验开始的头两天,巴甫洛夫一次又一次地先摇响铃铛,然后给弟弟一盘面包片;他在实验日志中写道:"我弟弟就像屁股上的脓包一样让人讨厌,但不可否认的是,他分泌唾液的反射非常好,是个合适的实验品。"

但在第三天,意外发生了,巴甫洛夫像往常一样摇动铃铛,但却没有拿出面包片。弟弟的反应并不是止不住地流口水,而是抢起胳膊,把哥哥打得鼻血长流、送进了医院。母亲去看望住院的儿子,但没有丝毫同情的意思。

"你在搞什么狗屁实验,摇了铃铛也不给尼古拉吃的,"她质问道,"你知道你弟弟肚子饿的时候就像个疯子一样。"

当巴甫洛夫还躺在医院时,而弟弟却逢人便谈论他"自己"进行的实验多么伟大、令人惊奇。他曾对记者们吹嘘道:"我才是整个实验的指导者,我在仔细地流口水的时候,他(指巴甫洛夫)就知道在一边傻呵呵地摇铃铛。"巴甫洛夫再也无法忍受了,他不顾仍打着石膏的鼻子,重新回到了实验室……

这次,巴甫洛夫找了一只牧羊犬代替自己的弟弟,实验者和实验品终于不用再讲话了,兄弟俩从此再也没有说过话,只有一次巴甫洛夫收到一封辱骂自己的电报,他估计是他弟弟发的。在获得诺贝尔奖的致谢辞中,巴甫洛夫感谢了上帝、他的助手们,还有那只牧羊犬,但从未提及他的弟弟尼古拉……

(引自《世界博览》,2005 第 4 期,钉子编译,有改动)

参考文献

1. 翟中和. 细胞生物学. 北京:高等教育出版社,2000.
2. 林成滔. 科学的故事. 北京:中国档案出版社,2001.

3. 顾德兴. 张桂权. 普通生物学, 北京: 高等教育出版社, 2001.

4. 吴庆余. 基础生命科学. 北京: 高等教育出版社, 2002.

5. 胡玉佳. 现代生物学. 北京: 高等教育出版社, 1998.

6. 李难, 崔极谦. 生命科学史. 天津: 百花文艺出版社, 2002.

7. 吴汝康. 人类的过去、现在和未来. 上海: 上海科技教育出版社, 2000.

8. 倪慧芳. 21 世纪生命伦理学难题. 北京: 高等教育出版社, 2000.

9. 姚敦义. 生命科学发展史. 济南: 济南出版社, 2005.

10. 荒原. 细胞学的发现. 三思科学·电子杂志, 2001, (6).

11. 柯南. 小小大千世界. 三思科学·电子杂志, 2002, (11).

12. 高崇明, 张爱琴. 生物伦理学十五讲. 北京: 北京大学出版社, 2004.

13. http://www.bioon.com/biolog/news/186326.shtml

14. http://www.shiliao.com.cn/2005/6-24/0505287498.html

15. http://www.ster.cn/zsk/chuzhong/200505/1168.html

14. http://www.sw-sj.com/rwdata/shownews.asp? newsid=1665

第 7 章

生命科学的形成与发展（Ⅱ）

7.1　遗传学的兴起与发展

很早很早以前，人们就知道了生命的"接力"（即遗传）现象：无论何种生物有机体，它们都能够生生不息、繁衍后代。然而，早期的人们并不知道"生命如何得以延续下来的"？

生活中，我们常常听到这样的俗语："龙生龙，凤生凤，老鼠的孩子会打洞"、"种瓜得瓜，种豆得豆"……这说明后代的长相与生活习性与亲代的非常相似，人们把这种亲代的性状能够在下一代中表现出来的现象，叫做遗传；然而，生物的后代并不是完全和祖先一样，永远不会变化。比如，"一母生两女，连娘三个样"，即使非常相像的双胞胎姐妹也有细微差别，人们把"这种同种生物世代之间或同代不同个体之间的性状差异"，叫做变异。但是，种瓜却得不到豆，种豆也得不到瓜，这就意味着生物界既存在着深刻的遗传保守性，又具备多种多样的变异特点。变异性使生物界有可能产生出更适应新环境的新个体，而遗传性又使新的特点固定下来。当然，并不是所有的变异都是可以遗传的。关于人们对"生物的遗传、变异现象"的认识，经历了一个漫长、复杂且逐步扬弃的发展过程：

7.1.1　对遗传现象的朦胧认识阶段

早在远古时期，人们就开始圈养动物，饲养家畜，种植农作物了，这说明早期的人们已经开始有意识地从事"遗传学"意义上的"繁育和栽培"活动了。

泛生论的提出

古希腊著名思想家、医学之父希波克拉底（Hippocrates，前 460—前 377），根据自己的深入观察、推理与猜测，提出"体液学说"来解释"生殖和遗传"问题。他认为，人体是由血液、精液、黄胆汁和黑胆汁这四种体液组成的。四种体液与生俱来、分工协作，它们既负责传递健康与疾病物质，又具有遗传双亲性状给子代的功能；而精液是双亲身体各部位代表性"元素"的微集合体，所以亲代可以把所有"素质"传递给子代，并在子代中发育成各

图7-1 能够稳定遗传的西瓜

种各样类似亲代的性状。希坡克拉底的这种看法，被称之为泛生论。

　　按照泛生论的说法，男性、女性以同样的方法，对精液的形成起作用。因此它们在功能上是相等的。例如：孩子总是有像父亲的部分，也有像母亲的部分；如果生殖里面所含的来自男子身体某一部分的精液，比来自妇女身体同一部分的精液多一些，那么孩子的这一部分就更像父亲，反之，则更像母亲；如果来自双亲的精液在数量上男性精液比之女性占优势，那么孩子的性别为男性，反之，则为女性。在那个混沌的年代，泛生论比较"合理地"解释了人们熟知的现象，因而，得到了当时人们的广泛支持与拥护，因此希波克拉底所倡导的泛生论流传了相当长一段时间。

　　继希波克拉底之后，古希腊著名思想家亚里士多德（前384—前322年）也非常关注"生殖和遗传"现象。他观察到不同肤色人种婚配后其子女并不出现"肤色杂合"特点，而在其（外）孙代出现亲代之一的肤色，这使其对"泛生论"产生了质疑。他认为"精液是纯化的血液，是由生物体内的多余营养被生命热力所转化最后调合而成"；妇女不能产生精液，她的多余营养形成月经血，因此男女两性在遗传中的作用是不相同的；他进一步指出：真正起决定性作用的是男性精液的"非物质"的传递形式和运动。正是这种"传递运动和成形"力量，使妇女的月经血变浓而改变其组成，生成一个由精液决定的实体（胚胎）——即男性精液中的力量使女性月经血形成胚胎。

　　亚里士多德在生物学上有相当大的成就。他对多种动植物的形态构造、物种演化等方面都有相当准确的观察和描述，曾著有《动物历史》、《动物解剖》和《动物繁殖》等书。在分类学上，一般都把亚里士多德视为分类学之父，因为在他之前，人们虽然对动植物已知道得不少，但流传下来的早期著作中根本没有分类的知识。他曾提类似达尔文进化论的观点以及物种演化等问题，这在其著作《自然之阶梯》中有所反映。在解剖学方面，

他曾解剖过不少动物尸体(如海豚胎盘、哺乳动物血管、节肢动物的生殖、消化器官等),详细论述过动物内脏和器官,开始了简单的比较解剖学研究,而且对发生学、胚胎学也有着浓厚兴趣。亚里士多德一生勤奋治学,研究领域涉及逻辑学、修辞学、物理学、生物学、教育学、政治学等,写下了大量著作。他是古希腊著名哲学家、科学家、教育家,柏拉图的弟子,王子亚历山大的老师(学生的社会地位也大大方便了他进行科学研究)。亚里士多德非常尊敬自己的老师,但并不盲目崇拜,其至理名言是:"我爱我师,但我更爱真理。"

古希腊学者的"生殖和遗传"学说建立在猜测推理之上,缺乏科学的实验证据,但这些见解排除了全能"上帝"的干预,把生殖和遗传之谜引入到可以研究、思考的认识范围中来,这无疑是巨大的贡献,给予后人深刻的影响。而亚里士多德的看法本身已经蕴涵着一些朴素的遗传思想。

预成论(卵源论和精源论)的提出

1618 年,时任英王詹姆士一世(James I)和查理一世(Charles I)的私人医生的哈维,深受亚里士多德的影响,对鸡胚发育研究产生了兴趣,他认为:鸡雏是由卵里的卵黄长成的,并作了大胆预测:"一切动物均来自卵"。哈维于 1651 年发表《动物的生殖》一书,总结了他在这方面的研究工作,开创了用实验方法揭示生命之谜的科学道路,启迪着当时的学者把注意力集中到对"卵"的研究上。不过,哈维的"卵"观念指的是一团未分化的物质,并不是现代意义上的"卵"概念。哈维的另一个重要贡献是确立了血液循环学说,为近代生理学研究奠定了基础(请参阅生理学一节)。

意大利学者马尔比基(M. Malpighi,1628—1694)借助于显微镜,观察到动物的微血管并发现动物的卵黄有确定的结构,他相信卵里早就有预先形成的新生物体,当预先形成的各部分的体积扩大时,生物体就逐渐成为可见的了。在他看来,预成的卵是生殖和遗传的所有进一步发育的出发点;荷兰学者施旺墨丹(J. Swammerdam,1637—1680)也认为:昆虫的发育实际上并没有经历过任何真正的变态,只不过是从早已存在的细微部分长大起来罢了;瑞

图 7-2 微型小人草图

士学者保耐（C. Bonnet,1720—1793)进一步发展了这种观点。他认为：每个雌性动物都包含着所有以它为祖先的这种动物的"胚芽"，因此，每个物种的第一个雌性动物的卵巢中就已包含有这个物种一切后代的雏形，它以"胚芽"的形式存在，当得到合适的营养后，这些胚芽就会在精液的刺激下而开始生长。

1677 年，荷兰的列文虎克和莱顿医学院的学生哈姆（J. Ham)，在人和动物的精液中观察到"微小的动物"—精子，通过精子的外形、能动性及其他特征等研究，列文虎克认为：预成的"小体"不在卵内，而是在精子里面，卵的作用不过是为胚胎发育提供养料而已。为此他绘制了有名的微型小人草图（如图 7-2)。

无论是卵源论还是精源论都认为：整个复杂的有机体是由预先存在于精子或卵子内的"小体"发展出来的，并没有什么新的东西形成。因此发育和遗传只不过是原始东西的展开和继续而已。这两种观点被统一为"预成论"。很显然，这种说法缺乏证据，所以很快被其他的学说所推翻！

渐成论

正当预成论盛行时，德国生物学家沃尔夫（C. F. Wolff,1733—1794)于 1759 年撰写的《发生论》却提出相反的观点。他根据自己的显微观察，认为：个体发育并不像预成论者所说的那样从完备的胚胎开始的，而是从未分化的胚胎组织开始的；在受精卵里面看不到什么现成的器官，更不用说什么"小体"了，发育永远是一系列从简单到复杂的"新的构造"逐步形成过程，其动力是有机体所产生的"自发力"或"生命力"（例如，目前已经确认的人类胎儿形成，即是受精卵通过不同发育时期逐步形成的，在精子或卵子中都没有什么预先存在的"小体"可言，如图 7-3)。

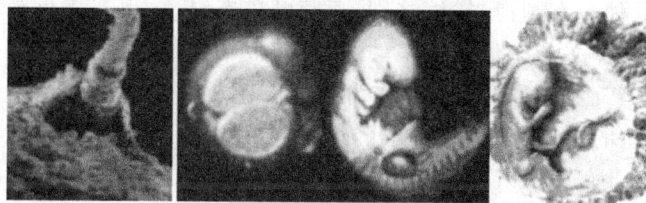

图 7-3 精卵结合，受精卵分裂、受精 5 周的胚胎，9 周时的胎儿

沃尔夫用发展变化的观点阐述个体的发育，不仅批驳了预成论而且还孕育着许多重要的新概念，如变化的概念、细胞的概念、动植物在结构上相似的观点等等，这在某种意义上闪烁着"进化论"思想。但是，沃尔夫

在阐述发育机制时,并没有确切指出"生命力"的具体含义。因为这种"力"既可理解为没有超出自然性质的生命活动,也可以理解为一种超乎自然力之外的"特殊的力"。

7.1.2 经典遗传学阶段

19世纪中叶的"细胞学说"和"进化论"这两个划时代的发现,使人们认识到:细胞是生命的基本单位,有机体是由受精卵发育而成的。这种认识再次加深了科学家们有关有机体的生殖、发育和遗传密切相关联的观念,并促使他们在新的条件下,把遗传现象同细胞结构、生长发育和生物进化联系起来,努力去寻找遗传物质的基础。

18世纪末和19世纪初,一些植物育种学家为了提高农作物产量,着手进行植物杂交实验,取得了不少重要成果和理论发现。然而在当时,也遇到了很多难以解释的关键问题。对于某些重大疑难问题(如异花授粉、杂交育种机理等),欧洲一些国家科学院公开悬赏征解。在这样的大背景下,遗传学真正进入了黄金发展时期——经典遗传学时期。

分离定律的发现

约翰·格里戈·孟德尔(Johann. Gregor. Mendel, 1822—1884)出生于奥地利的一个贫穷农民家庭,他的父亲除了辛勤务农外,还喜欢研究园艺。受父亲影响,孟德尔自幼就对种植花草产生了兴趣。1843年在哲学学院大学毕业后,迫于生计,21岁的他进入了修道院。1851—1853年间,孟德尔被准许到维也纳大学学习,此间接触过许多著名科学家。1853年,重新回到布尔诺的修道院。1856年,孟德尔着手进行豌豆杂交试验。他观察到豌豆品种具有明显特点(性状差异),例如豌豆种皮有灰色、白色之分;豌豆种子有圆滑、皱缩之别;豆荚颜色有绿色,也有黄色等等,对此他产生了强烈兴趣。他从找来的34种豌豆中精选了7个品种。首先他选择纯高茎豌豆和纯矮茎豌豆作为亲本进行杂交,得到的杂种一代(F1)全都是高茎的,只表现一个亲本的性状(在F1中表现出来的性状,叫做显性性状,没有表现出来的性状,叫做隐性性状)。当用F1自交时,得到的杂种二代(F2)中,既含有高茎的,也有矮茎的,他把产生的所有后代精确地进行了统计,结果孟德尔发现了一个惊人的现象,无论是哪一对性状进行杂交,其产生的后代数目比例都接近3:1;随后他又选了其他性状进行实验,均发现相似的规律(如表7-1所示)。

表 7-1　　不同组合杂交后代比例

研究的性状	植物数目		比　例
	显性	隐性	显性／隐性
茎长：高对矮	787	277	2.84∶1
花位：顶位对侧位	651	207	3.14∶1
豆荚形状：饱满对不饱满	882	299	2.95∶1
豆荚颜色：绿对黄	428	152	2.85∶1
种子形状：圆对皱	5474	1850	2.96∶1
子叶颜色：黄对绿	6022	2001	3.01∶1
种皮颜色：灰对白	705	224	3.15∶1

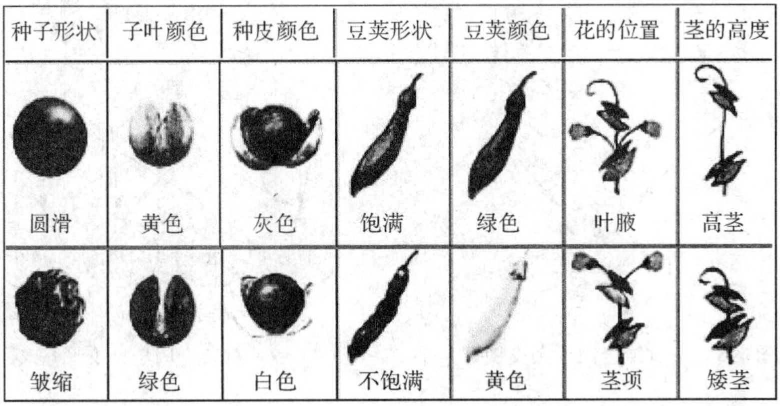

种子形状	子叶颜色	种皮颜色	豆荚形状	豆荚颜色	花的位置	茎的高度
圆滑	黄色	灰色	饱满	绿色	叶腋	高茎
皱缩	绿色	白色	不饱满	黄色	茎顶	矮茎

图 7-4　豌豆的不同性状

　　孟德尔对他的"3∶1 实验结果"作了详细分析，并对某些实验继续做了五代或六代。但在所有实验中，杂交种后代都产生 3∶1 的比例。正是通过这些烦琐的杂交实验和枯燥的数据统计，孟德尔认识、发现并创立了著名的 3∶1 比例——分离定律。为什么会出现这种现象呢？孟德尔推测：(1)生物的遗传性状(如高茎、矮茎等)是由遗传因子决定的，不同性状由不同的遗传因子所控制；(2)植物的每种遗传因子在体细胞中成对存在，在生殖细胞(花粉或卵细胞)中单个存在；(3)形成生殖细胞时，每对遗传因子相互分开(即相互分离)；而生殖细胞的结合是随机的；(4)基因有强弱之分，有显性和隐性的表现，并且它们在 F2 中的比例为 3∶1。遗传性状(即表现型)和遗传基础(即基因型)既有区别又有联系(基因型不同，

表现型可以相同也可以不同）。例如，DD 表现为高茎，dd 表现为矮茎，而
Dd 和 DD 均表现为高茎。DD 和 Dd 虽然表现型是相同的，但它们的基因
型是不同的。因此它们在性状遗传上是有差别的，DD 的后代总是高茎，
而 Dd 的后代则有分离。

后来，人们发现很多生物性状的遗传都符合孟德尔的遗传因子杂交
分离假设，因此把孟德尔发现的一对遗传因子（等位因子）在杂合状态下
并不相互影响，而在配子形成时等位因子分离到配子中去的规律，叫作分
离定律（如图 7-5，图 7-6 所示）。

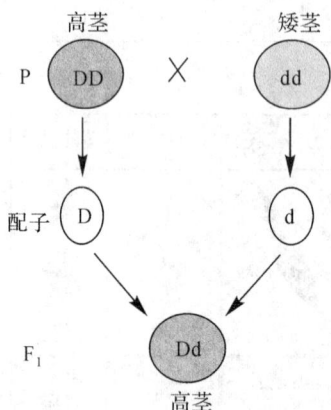

图 7-5　一对纯合因子杂交图解　　　图 7-6　一对杂合因子杂交图解

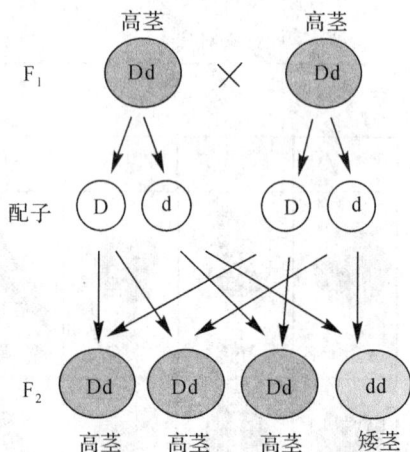

自由组合规律的发现

孟德尔并没有满足于分离规律的发现，接着他又开始了一项更为繁
琐的研究——同时研究两对性状的遗传表现。他选用黄色圆粒种子（以
YR 表示）与绿色皱粒种子（以 yr 表示）的两个纯种豌豆作亲本杂交，得到
F1 代全是黄色圆粒的（YyRr）。F1 自交后得 F2 代，除得到亲本类型黄
色圆粒和绿色皱粒外，又出现了两种新类型：绿色圆粒和黄色皱粒种子，4
种类型：黄色圆粒、黄色皱粒、绿色圆粒和绿色皱粒的比例为 9∶3∶3∶1。

孟德尔的分析是：F1 双杂种基因型（YyRr）可以产生 4 种配子（卵子
或精子），基因型分别为 YR、Yr、yR、yr。按照分离定律，Y 和 y 一定要分
开，而 Y 或 y，可以和 R 结合在一起，也可和 r 结合在一起。因此可产生
16 种组合。由于存在显、隐关系，所以 16 种组合的表现型只有 4 种，其
比例为 9∶3∶3∶1。由这个试验可知，具有两对以上相对性状的亲本进行

杂交以后，F1 形成配子时，不同的等位基因各自独立地分配到配子中去，一对等位基因与另一对等位基因在配子里的组合又是自由的，互不干扰的。后人把孟德尔的这一发现，叫做自由组合定律。

8 年的豌豆实验中，孟德尔共研究了 28000 株植物，其中有 12835 株是经过"仔细修饰"的。通过这些实验获得了大量的实验数据。孟德尔从事的豌豆杂交实验，是一件非常枯燥的工作——播种、收获，统计数目；然后再播种、收获，再统计数目。在他人看来，孟德尔整天摆弄着这些豌豆，简直是件"毫无意义的举动"。

1865 年，孟德尔将自己的研究成果写成了一篇 3 万字的论文——《植物杂交实验》，发表在地方性杂志《布鲁恩自然史协会论文汇编》上。然而，令人遗憾的是，由于孟德尔的研究方法和结论都远远超过了当时学术界的认识水平，他的这些天才的科学发现和见解，并没有引起生物学界的关注。其主要原因，可能是在当时的欧洲，人们正在热烈地讨论着达尔文的《物种起源》和进化论。再者，当时的科学家往往从实用性出发来研究，比如牛的体型和力气大小，牛奶和牛肉的产量高低，或绵羊毛的质量等，他们认为这些优良性状才真正值得去研究。而这些性状一般不表现简单的孟德尔式的遗传，常常是由多个基因所共同控制的。此外，在奥地利这个偏僻的小国家，没有一个人具有读懂孟德尔论文的能力，更没有人具备深邃的科学慧眼，解读出这是一篇开启新时代的不朽之作。所以，从1865 年该文章的发表到 1884 年孟德尔去世，欧美各国学术界几乎没有人认识到他的巨大贡献。

分离定律和自由组合定律的发现，揭示了生物体遗传的基本规律，在遗传学研究与杂交育种上具有重要的里程碑意义。随着生物学的发展，现在我们知道：基因与性状并非一一对应，有的基因可能影响几个性状，有的性状受多个基因影响。而且，显性也不是绝对的。此外，孟德尔所说的"遗传因子"只是依据实验结果设想出来的概念，他未能把遗传因子和细胞里的某种实体联系起来。

孟德尔的实验材料——豌豆，是一种严格自花传粉植物，它易于栽培、生长周期短，各种性状易于识别（如高茎、矮茎），且品种较多，所以，是一种研究遗传现象的理想材料。

遗传现象的染色体基础

孟德尔的研究论文虽然在 19 世纪曾被多次引用，但在学术界一直没有发生任何影响。直到 20 世纪初，由于三位植物学家狄·费里斯（H. de

Vris)、柴马克(E. Tschermak)与柯伦斯(C. Correns)的研究和发现,孟德尔的"豌豆实验"意义才被人理解并得到正确评价。然而,仍有不少学者对此持怀疑态度,因为在当时尚未有人找到遗传因子的物理基础。

早在1892年,德国生物学家魏斯曼(A. Weisman,1834—1914)在其《种质的遗传理论》一书中,就提出了"种质论"。他认为,机体细胞分种质(指性细胞和产生性细胞的细胞)和体质(除种质以外的所有细胞)两部分:种质负责传递遗传因子,是连续的、独立的、稳定的,它能产生后代的种质和体质,但体质不能产生种质;魏斯曼明确指出:一定存在遗传物质(由微小的物质颗粒组成)以

图 7-7　魏斯曼

及遗传物质载体是染色体等,他这种看法颇有启发性,对随后的遗传学发展产生了相当大的影响。然而,其理论尚缺乏实验依据,思辨性很浓,而且他的"小鼠断尾"实验也存在严重不足。

1900年前后,有关受精过程、有丝分裂和减数分裂现象相继得到阐明,同时人们也注意到染色体的许多行为与孟德尔的遗传因子(基因)行为相平行或一致,比如在体细胞中,染色体成对存在,遗传基因也成对存在;在配子中,每对同源染色体只有一条,而遗传因子也只有一个等等,这种平行或一致关系很快得到了美国遗传学家萨顿(W. Sutton)和德国动物学家博韦里(T. Boveri)的肯定,而且能够比较合理地解释孟德尔的遗传规律。在此基础上,两者于1903年大胆预测:代表性状的遗传因子就是位于细胞核内的染色体上,从此奠定了遗传的染色体学说。

基因连锁和互换定律的提出

在经典遗传学发展史上,另一位需要特别指出的是美国著名遗传学家摩尔根(T. H. Morgan,1866—1945)。1910年,他以果蝇为材料进行性别决定的遗传学实验。一天,他偶然发现在培养瓶里有一只雄果蝇的身上出现了一个小小的变异,它与通常的红眼果蝇不同,是只白眼果蝇。接着,摩尔根把那只雄果蝇同它的红眼姊妹一起饲养,看看会有什么变化,结果他发现所有的杂交一代都是红眼的。如果将 F1 近交(指亲缘关系极近的个体之间杂交),那么所产生的 F2,有红眼的,也有白眼的,它们之间的数量比例是 3:1。这个实例表现得如同典型的孟德尔式的基因一样。有趣的是,F2 的白眼果蝇全部都是雄性个体。以后的多次交配表

明,白眼几乎总是出现在雄性果蝇身上,但偶尔也会出现一只白眼的雌果蝇。这使摩尔根想到,决定红眼和白眼这两种性状的基因很可能总是与决定性别的染色体成分联系在一起的,即可以设想这个白眼基因位于 x 染色体上,而 y 染色体上没有它的等位基因。

基于上述实验,摩尔根认为:某些基因与果蝇的性染色体紧紧联在一起(如决定果蝇白眼性状的基因经常出现在雄果蝇上),这就是著名的伴性遗传现象。他首次把一个特定的基因(如决定果蝇眼睛颜色的基因)和一个特定的染色体(x 染色体)联系起来,从而用实验证明了染色体是基因的载体,即基因以线性形式排列在染色体上,并在染色体上占有一定的位置。进一步的研究发现:基因的传递同基因所在染色体的传递是连锁的,而且位于同源染色体上的等位基因可以发生交

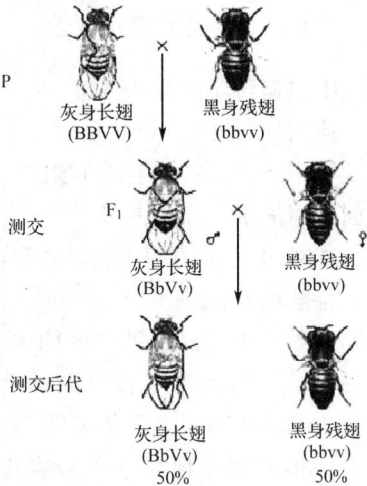

图 7-8 果蝇的遗传连锁现象

换,这就是著名的连锁互换定律。该定律同孟德尔的分离定律、自由组合定律被称为遗传学三大定律。

摩尔根选用的研究材料——果蝇很有特点:以发酵腐烂水果上的酵母为食,生活周期短,容易饲养,繁殖力强,染色体数目少并且容易观察,广泛分布于世界各温带地区,因而也是遗传学研究的最佳材料。

摩尔根注重人才培养,在那个被世人称为"蝇室"的实验群体中,摩尔根安排他的大弟子们具体指导学生,如此一代又一代。他的三大弟子中,司多芬特(Sturtevant)和布里奇(Bridges)与老师共享了 1933 年度诺贝尔生理学或医学奖;穆勒(H.J.Muller)则以开创辐射遗传学的出色成就荣登 1946 年诺贝尔生理学或医学奖的领奖台。谈家桢先生(摩尔根的学生)曾这样描述他的老师:"这是一位思想敏捷,不保守,判断力犀利和富有幽默感的老人,同时又是一位兴趣广泛、讲求实际的科学家。"摩尔根把自己的一生都献给了对科学真理的孜孜不倦的追求之中。

摩尔根及其同事的研究工作,第一次把一个特定基因与特定染色体上的特定位置联系起来,明确指出基因以直线形式排列在染色体上,基因

不再是一个抽象符号,而是实实在在具体的物质。这为研究基因的结构和功能奠定了理论基础。同时,连锁互换定律的发现,使人们对生物体的遗传变异机制有了更深入的认识,也开启了遗传学研究的分子时代。这方面内容可参阅第8章。

7.1.3　中国的遗传学家

中国遗传学的带头人

谈家桢(1909—),复旦大学教授,国际著名遗传学家。1932年燕京大学硕士毕业,1936年获美国加州理工学院博士学位。在他带领下,先后创建中国第一个遗传学专业,第一个遗传学研究所,第一个生命科学院。1980年当选为中国科学院院士,1985、1987年分别当选美国、意大利国家科学院外籍院士,1999年当选纽约科学院终身名誉院士。解放后,毛泽东主席曾四次接见并鼓励他把中国的遗传学搞上去。1999年,国际有关组织正式批准命名中国科学院紫金山天文台发现的、国际编号为3542号的小行星为"谈家桢"星。

1930年谈家桢在燕京大学生物系读研究生(其导师李汝祺教授曾是美国遗传学家摩尔根的学生),当时的生物系主任胡经甫教授给谈家桢出了一个题目——"研究瓢虫的色斑变异遗传规律",这是一个少有人问津的课题,但意义却非同一般。谈家桢异常勤奋,常常着迷地研究色彩斑斓的瓢虫。深入的研究促使谈家桢写了三篇关于瓢虫色斑变异遗传规律的论文,其中两篇在国内发表,作为研究核心部分的《异色瓢虫鞘翅色斑的遗传》论文经李汝祺教授推荐,寄往大洋彼岸的摩尔根实验室。摩尔根认真审阅后,对这份论文中显示出来的才华非常震惊并大为赞赏,同时希望谈家桢到他的实验室继续攻读博士学位。摩尔根的助手杜布赞斯基(T. Dobzhansky)教授(国际著名群体进化遗传学家)对此论文也是激动不已,认为这位年轻的中国学者正在从事着前人没有涉足的事业。

1934年,25岁的谈家桢赴美,开始在加州理工学院攻读博士学位。在摩尔根的实验室,在杜布赞斯基教授指导下,谈家桢开始研究果蝇的细胞图以及生物种系之间遗传结构的区别。在美国三年,谈家桢深受摩尔根器重,也没有辜负导师的殷切期望,他先后写了10多篇高质量论文,被美、英、德等国的科学刊物采用。1936年,谈家桢顺利通过博士论文《果蝇常染色体的细胞遗传图》答辩,成为国际上知名的遗传学家。摩尔根和杜布赞斯基一致希望谈家桢继续留美从事遗传学研究,然而,谈家桢的一番话让杜布赞斯基教授非常感动："中国的遗传学底子薄,人才奇缺,迫切需要培养专业人才。"1937 年,谈家桢放弃在海外继续发展的机会,毅然回国。

谈家桢先生毕生致力于遗传学的教学和研究,为中国乃至世界的遗传学发展,作出了卓越贡献。他的研究工作主要涉及瓢虫、果蝇、猕猴、人体以及植物等的细胞遗传、群体遗传、辐射遗传、毒理遗传、分子遗传和遗传工程等;其学术成就主要有:20 世纪 30 年代初起,在果蝇种群间的遗传结构演变和异色瓢虫色斑遗传变异研究领域有开拓性研究成果,为奠定现代进化综合理论作出了重要贡献;1946 年发表的《异色瓢虫色斑遗传中的嵌镶显性》论文,在国际遗传学界引起巨大反响,被认为是丰富和发展了摩尔根遗传学说;20 世纪 60—70 年代,先后在猕猴辐射遗传研究及组织分子遗传学和植物遗传工程等方面取得重要成果。

"杂交水稻之父"袁隆平

中国工程院院士,世界著名水稻育种专家,国家杂交水稻工程技术研究中心主任,联合国粮农组织首席顾问,我国杂交水稻研究领域的开创者和带头人。他在杂交水稻的应用与推广方面作出了杰出贡献,长期从事杂交水稻育种理论研究和制种技术实践,1972 年育成中国第一个大面积生产上应用的水稻雄性不育系,1986 年成功完成两系杂交水稻研究并投入生产,被国际同行誉为"杂交水稻之父"。从 1981 年起,袁隆平先后获得中国特别发明奖、世界知识产权组织金奖等多项大奖。2001 年获得国家最高科学技术奖(该奖每年授予人数不超过两人,奖金 500 万元),2004年获世界粮食奖。袁隆平院士曾多次出访,帮助国外不同肤色的民族培育水稻;也曾多次谢绝国外的高薪聘请。

袁隆平 1953 年毕业于西南农学院,毕业后分配到湖南省偏远山村一所农校任教。1960 年,他在稻田中偶然发现几株优势杂种水稻,随即萌生了利用杂交技术培育高产水稻的想法:"既然自然界客观存在着'天然杂交稻',只要我们能探索其中的规律和奥秘,就一定可以按照我们的要求,培育出人工杂交稻来,从而利用其杂交优势,提高水稻的产量。"然而当时的学术界认为,水稻是一种严格的自花授粉作物,利用人工杂交培育高产水稻,简直是天方夜谭。但是袁隆平并不认可这一说法。在随后的9 年时间内,他多次去海南、广西、云南等地,深入田间地头广泛开展试验,重复做了几千次不同品种组合实验,终于在 1973 年和他的助手们一起宣告杂交水稻试验成功。当时这在国际上尚无前例。1975 年他又同协作组成员一起攻克了制种技术难关,从而成为国际上第一个成功利用水稻杂种优势的科学家。1986年,袁隆平提出杂交水稻育种由三系法到两系法再到一系法和从品种间到亚种间再到远缘杂种优势利用三个发展阶段的战略设想,这一设想现已成为国内外公认的杂交水稻育种指导思想。目前,袁隆平所研究的超级杂交稻正走向大面积试种推广阶段。

杂交水稻目前在中国的年种植面积约有2.3亿亩,占水稻种植总面积的50%,产量占稻谷总产的57%,每年全国因此增产的粮食超过200亿公斤。从推广种植杂交水稻以来,已累计增产稻谷3500亿公斤,产生了巨大的经济和社会效益。农民们盛赞袁隆平是"从田野走向世界"的科学家。国际水稻研究所所长斯瓦米纳森说,"杂交水稻的出现和推广是第二次绿色革命","袁隆平的成就不仅是中国的骄傲,也是世界的骄傲,它给人类带来了福音"。针对20世纪90年代美国学者抛出的"中国威胁论",袁隆平郑重地向世界宣布:"中国完全能解决自己的吃饭问题,中国还能帮助世界人民解决吃饭问题。"

【附录】 生男生女谁来定?

生男生女历来是人们最关心的话题之一,而有关生男生女的技巧、秘诀甚至古方、偏方等也是屡屡见诸书端。如"农历法"、"饮食法",怀孕年龄、受孕时间及温度等等,弄得神秘兮兮的。是呀,谁不愿意按照自己的心愿生个男孩或女孩呢? 特别是对那些连续几代都是单传的家庭,更是求菩萨、告奶奶,希望自己的媳妇生个男孩,这样才能给祖宗一个"交代"。过去(甚至现在)在农村,媳妇生了男孩,便备受公婆宠爱;若生个女孩,便会受到丈夫、婆婆的白眼,成为"受气包"。可见某些人们的传宗接代思想已经根深蒂固了。而把生男生女的责任全推卸到女方身上,更是没有道理的,也是不科学的。其实,生男生女主要由男方的性染色体决定的。性染色体,顾名思义是决定性别的染色体。人类的生殖细胞中,有23对即46条染色体,其中22对为常染色

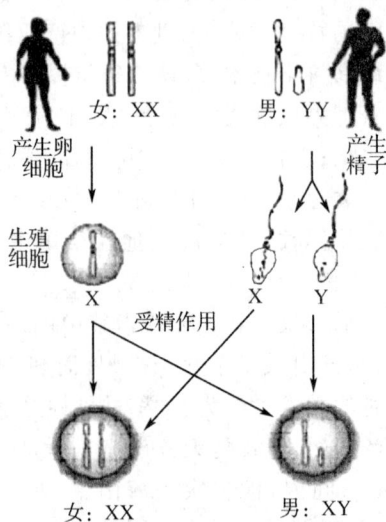

女:XX 男:YY

产生卵细胞

产生精子

生殖细胞 X X Y

受精作用

女:XX 男:XY

附图 7-1 男女性别产生示意图

体,1 对为性染色体,女性的性染色体为 XX,基因型可用 46,XX 表示;男性的性染色体为 XY,基因型为 46,XY。生殖细胞要经过两次减数分裂,23 对染色体变成 23 条,卵子所含性染色体只有 X 一种,而精子可分别含 X 或 Y 性染色体。当精子与卵子结合后,受精卵的染色体又恢复成 23 对。若含 X 染色体的精子与卵子结合,受精卵为 XX 型,发育为女胎;若含 Y 染色体的精子与卵子结合,受精卵为 XY 型,发育成男胎。所以,生男生女取决于参加受精的究竟是 X 精子,还是 Y 精子。而精子与卵子的结合是随机的,是不以人们的意志为转移的。这样才能维持人类两性比例的大体平衡,这也是一种自然界的生态平衡。这个平衡决不容破坏,否则,必然造成不堪设想的社会问题。

（摘自 http://xjk.91.cn/syzs/2003-05-11/20040.htm,有改动）

7.2　生物进化

7.2.1　前达尔文进化理论

在达尔文之前,有关生物进化问题,从最早的上帝"主宰一切"到拉马克的"用尽废退"学说,在不同历史时期有着不同观点,其中比较典型的观点有以下几种。

18 世纪以前的"神创论"

18 世纪以前,人们对自然界的认识主要来自《圣经》所宣扬的神创论(即创世说)观点。神创论认为,地球及万物(包括生命)都是上帝在大约 6000 年以前的某一天某个时辰创造出来的,而且自从被上帝创造出来以后,地球上的生命就再没有发生过任何变化,所有的万事万物都在上帝的主宰、统一安排下有秩序地延续着。曾有神学研究者根据《圣经》中的神话故事,推导出上帝(当时称为雅赫维)造人过程的可能顺序为:

大地没有草木,也无人耕种

雅赫维用地上的尘土造出第一个人亚当

雅赫维建造伊甸园,创造出植物

雅赫维为不使亚当感到孤独,用土创造走兽和飞鸟

雅赫维用亚当的肋骨造出第一个女人夏娃

在那个年代,几乎所有的人(包括著名的学者)都丝毫不怀疑《圣经》中所阐述的内容。因此,神创论的思想对当时的西方学术界、知识界以及整个西方文化、甚至科学发展都产生了极大的影响。

211

18 世纪前后的进化学说

布丰的"环境变化论"   18 世纪的法国学者乔治·布丰(George Buffon,1717—1788)首先提出了广泛而具体的进化学说。布丰出生在一个富裕而有势力的家庭,有一个"迷人美男子"的好名声。年轻时因恋爱受挫被迫离开法国。在英国伦敦期间,他研究了数学、物理学、植物学,回国后,他决心把生物学当作自己的专业领域。有意思的是,他在一天的工作中,总要中断两次以梳妆打扮。1739 年,布丰成为法兰西科学院的非正式会员,并被任命为皇家植物园园长。布丰曾收集到很多自然科学方面的材料,加上自己的有意识观察,最终编写了《博物学》一书。他认为,当物种生存环境发生改变,特别是恶劣气候或食物性质改变时,能够引起生物机体的改变。也就是说,生物物种是可以随着环境发生变化的。布丰的观点摆脱了万能上帝的束缚,倡导自然界的发展有自身的规律。很明显,这与当时《圣经》所描述的观点背道而驰。遗憾的是,布丰经受不起来自宗教势力的迫害而公然放弃了进化观点。正如达尔文对他的评论那样,他是"在现代第一个以科学精神对待这个问题的作家……然而,他的观点在不同时期动摇不定得这么厉害……"

居维叶的"灾变论"   从 18 世纪晚期到 19 世纪初,人们从各时代地层中发现了大量的生物化石。令人困惑不解的是,这些化石既与现代生物有相似之处,但又不完全相同。这说明在地球发展历史上,曾经生存过许多现今已不存在的物种。这个问题,按照《圣经》所说的物种不变论,很难解释。科学家为了解释古生物学的发现而又不违背圣经,结果就提出了灾变论。

"灾变论"的代表是法国地质学家、比较解剖学和古生物学家居维叶(G. Cuvier,1769—1832)。他进行过大量的比较解剖学和古生物化石研究,1818 年当选为法兰西科学院院士,曾著有《比较解剖学讲义》、《按结构分类的动物界》等。其灾变论观点是:在整个地质发展的过程中,地球经常性地发生各种突如其来的灾难性变化,比如火山爆发、洪水泛滥、气候急剧变化等,这些剧烈变化可能导致海洋干涸成陆地,陆地凸起成山脉等等。这些灾难性变化有可能使许多生物面临灭顶之灾。每发生一次灾难性变化,就会使几乎所有的生物灭绝。这些灭绝的生物沉积在相应的地层,久而久之便形成化石从而被保存下来。此时,上帝又重新创造出新的物种,使地球又充满了生机。很明显,这种观点思辨性很浓,也很难解释现有物种与化石中的形态差别。

莱伊尔的均变论　居维叶的灾变论虽能"自圆其说"，"较好"地解释了《圣经》所遇到的难题，但随着地质学的发展，有关地球变化的另一种观点——"均变论"仍逐渐取代了灾变论。对均变论的形成和确立作出重要贡献的学者是英国地质学家莱伊尔（Charles lyell，1797—1875，现代地质学之父）。莱伊尔19岁进入牛津大学学习数学和古典著作，后转学地质学。他曾长期在欧洲从事野外考察，潜心研究前人的地质学著作。1830—1833年间，他陆续发表了《地质学原理》1－3卷，1838年出版了《地质学基础》。他认为，地壳岩石记录了上亿万年的历史，可以客观地解读出来。比如：斯德哥尔摩附近海面以上200呎的地方，存在海生动物的贝壳，这说明了陆地在不断地作上升运动，导致原来在海水中的贝类随着地壳的上升被遗留在海平面以上。也就是说，用不着求助于超自然的力或大灾变，通常意义上的"微弱"的地质作用力（大气圈降水、风、河流、潮汐等），经过漫长的作用过程，就足可以使地球面貌发生巨大变化。莱伊尔强调"现在是认识过去的钥匙"，这一思想对后来的达尔文影响很大。

拉马克的"用进废退"学说

拉马克（J. B. de Lamarck，1744—1829），法国伟大的博物学家，较早期的进化论者之一。拉马克年轻时就对植物学产生了兴趣，并于1778年出版了《法国植物志》。他也是第一个将动物进行分类的人。拉马克提出的"用进废退"学说认为：生物体的周围环境变化导致这些生物个体的不同器官发生相应变化；有些器官因经常使用而得到进一步发育，逐渐发达起来，有的器官则由于经常不用而逐渐退化（如长期居住在黑洞内蝙蝠眼睛的退化）；由于环境变化引起的这种变异能够遗传下去。经过多世代传递，这种"获得性状"积累的结果就导致了生物进化。拉马克的经典实例为：根据化石证据，长颈鹿的祖先是生活在二三千万年前的一种矮鹿，环境改变使它们赖以生存的地上的草和矮小灌木丛减少，使得这些矮鹿不得不努力伸长颈部，吃高处的树叶。由于颈部逐渐得到锻炼，久而久之，它的颈部就越来越长了，并且能够一代又一代地遗传下去。这样，经过千万年漫长而缓慢的变化，矮鹿就进化成了今天的长颈鹿。这就是拉马克的"用进废退"学说。

拉马克进化论的主要内容是：

1. 生物物种是可变的，所有现存的物种，包括人类都是从其他物种变化、传衍而来；

2. 生物本身存在由低级向高级连续发展的内在趋势；

3．环境变化是物种变化的原因，动物进化遵循"用进废退"和"获得性遗传"两个原则。

拉马克的进化理论比较系统、完整，内容相当丰富，在进化论发展史上，第一次成为一个体系。然而，拉马克的进化学说主观猜测较多，缺乏必要的证据，而且有很多现象不能自圆其说，引起的争议也比较多。尽管如此，当年这个理论启发并帮助了达尔文，为达尔文的科学进化论的诞生奠定了客观基础，因而拉马克的《动物学哲学》和达尔文的《物种起源》被称为现代进化论思想的两大源泉。拉马克曾任法国科学院院士，皇家植物标本室主任，他的代表作《无脊椎动物系统》（1801）和《动物学哲学》（1809）中提出了有机界发生和系统的进化学说。

7.2.2　达尔文的进化学说

查尔斯·达尔文（Charles Darwin，1809—1882），英国著名生物学家，科学进化论的首创者和奠基人。达尔文出身于医生世家，16岁时被送到爱丁堡大学学医。然而达尔文从小热爱大自然，喜欢打猎、采集矿物和动植物标本，即使进入医学院后也仍然经常跑到野外采集动植物标本。其父认为他"不务正业"，一怒之下又把他送到剑桥大学学习神学，希望他将来成为一个"尊贵的牧师"。神学院的谬论学说让达尔文非常厌烦，反而使得他热爱大自然的兴致更加浓厚，以至于完全放弃了对神学的学习。在剑桥大学期

图 7-9　查尔斯·达尔文

间，达尔文系统地接受了植物学和地质学研究的科学训练，这为他后来的研究打下了坚实的基础。

1831 年达尔文从剑桥大学毕业后，毅然放弃了待遇优厚的牧师职业，继续从事着自己喜欢的自然科学研究。同年，达尔文在植物学家约翰·史蒂文斯·亨斯洛（J. S. Henslow）的推荐下，以"博物学家"的身份，自费搭乘"贝格尔号"军舰参加英国政府组织的环球考察活动。

在考察过程中，达尔文常常白天外出采集矿物和动植物标本，挖掘生物化石，晚上则忙着记录整理。由此，达尔文发现了许多以前未曾记载过的新物种，并促使他思考：自然界万事万物（包括人类）究竟是怎样产生

的？它们为什么会千变万化？它们之间有联系吗？神创论和物种不变论正确吗？特别是 1832 年 2 月底，当他们攀登南美洲的安第斯山时，在海拔 4000 多米的高山上竟意外地发现了贝壳化石。达尔文异常吃惊："海底的贝壳怎么会跑到高山上呢？"反复思索之后他认为：物种并不是一成不变的，而是随着客观条件的不同而发生相应的变异！

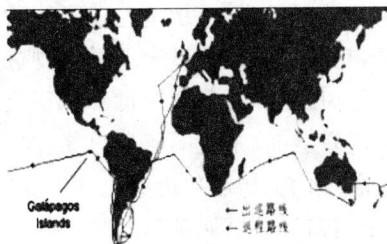

图 7-10　"贝格尔号"航行路线

历时 5 年的环球考察终于在 1836 年 10 月结束。在此期间，达尔文积累了大量的第一手资料。回国之后，他随即整理这些资料，并为他的生物进化理论寻找根据。1838 年，他偶尔翻读了马尔萨斯的《人口论》，从中

图 7-11　达尔文在海岛
上观察到的海龟

受益匪浅，领悟到生存斗争的生物学意义，并意识到自然条件就是生物进化中所必须有的"选择者"，具体的自然条件不同，选择的结果也就不相同。1859 年 11 月，经过 20 多年的潜心研究，达尔文终于完成了他的科学巨著《物种起源》，创立了达尔文进化学说，其主要内容有：(1)生物是进化的，一切生物都经历了由低级到高级，由简单到复杂的发展过程。(2)物种不断地变异产生新种，旧种也会发生灭绝，自然选择是变异最重要的途径；生物进化是连续的，没有不连续的突变，自然界没有飞跃。(3)生物间有共同祖先，彼此间存在一定的血缘关系。

达尔文认为：生物都具有过度繁殖的倾向，即每个物种能够产生比能存活的多得多的后代，但能存活的却十分有限，这是因为生物的生存资源是有限的，因而它们的生存必须通过竞争来实现。这里的竞争有种内竞争、种间竞争、还包括生物同无机环境的竞争。在这一过程中，物种不断发生变异，有些变异对生存比较有利，有些则不利。这样就出现了适者生存，不适应者被淘汰的现象。

《物种起源》的出版是一件具有世界意义的大事。该书用大量翔实的具体事例证明了生物变异的普遍性、变异与遗传的关系，提出了生存竞争

和自然选择学说,系统地论述了物种形成的机制;第一次把生物学建立在完全科学的基础上,以全新的生物进化思想,推翻了"神创论"和物种不变的理论,在欧洲乃至整个世界都引起强烈轰动。达尔文学说是对进化论研究成果全面、系统的科学总结,是进化论发展史上划时代的里程碑,它标志着现代生物进化论的正式形成。反动教会及封建御用文人强烈愤怒了,他们侮辱甚至讽刺达尔文。当然也有众多的进步学者同达尔文一道,极力宣传和捍卫达尔文主义。达尔文著作颇丰,曾著有《动物和植物在家养下的变异》、《人类的由来》、《考察日记》、《贝格尔号地质学》和《贝格尔号的动物学》等著作。1882 年 4 月 19 日,这位伟大的科学家因病去世,为了表达对这位科学家的敬仰,人们把他的遗体安葬在大科学家牛顿的墓旁。

7.2.3　后达尔文时期的进化论

达尔文的进化论学说轰开了人们的思想禁锢,启发和教育人们从宗教迷信的束缚中解放出来,促使 19 世纪一大批思想开明人士完成了从"有神论"到"无神论"的转变,并促使人们对生物界的认识发生了深刻变化。但是,达尔文的进化理论形成于生物科学发展水平较低的 19 世纪中期,那时的遗传学、生态学、细胞学等还未真正得到发展,作为当时生物科学最高成就的进化论,随着生物科学的发展逐步暴露出些问题、缺陷甚至是错误,因此,达尔文的进化论也在不断地接受修正和完善。

新达尔文主义

在 20 世纪初,魏斯曼等科学家认为,进化的主导因素为"自然选择",应该抛弃达尔文进化论中的其他庞杂内容(如拉马克的获得性遗传、布丰的环境直接作用等),也就是把"自然选择"原理强调为达尔文学说的核心。经过此番修正后的达尔文学说被称为"新达尔文主义"。

综合进化论

20 世纪初,在经典遗传学家孟德尔提出分离规律和独立分配定律、美国著名遗传学家摩尔根提出基因的连锁和互换定律(详见遗传学内容)之后,人们似乎发现了隐藏在生物体千姿百态表象之下的真正遗传变异机制。20 世纪 30 年代以后,当时的遗传学家、生物系统学家、古生物学家等综合生物各学科的成就和多种进化因素,重新诠释了"自然选择"学说,建立起现代的进化理论。这一理论即赫胥黎(J. S. Huxley)所说的现代综合论(或综合进化论)。

在达尔文的进化论基础上,综合进化论更新了自然选择学说中的一些基本概念,使得自然选择学说更加精确。其主要观点为:

1. 综合进化论认为,由于基因分离和重组,有性繁殖的个体不可能使其基因型恒定地延续下去,只有能够相互繁殖的种群才能保持一个相对恒定的基因库。因此,进化体现在种群遗传组成的改变上,也就是种群在进化,而不是个体在进化。达尔文则认为进化的改变仅仅发生在个体上。

2. 综合进化论认为,在种内或种间的生存斗争中,竞争胜利者被选择下来,它的基因型得以延续下去;此外,生物间的一切相互作用(包括捕食、竞争、寄生、共生、合作等),只要是影响基因频率和基因型频率的变化的,都具有进化价值。而达尔文则认为繁殖过剩和生存斗争导致自然选择,只是进化的一个方面。

3. 综合进化论摒弃了达尔文进化论中某些过时的概念,把自然选择学说和孟德尔理论及基因论有机结合起来。

中性进化学说

古生物学发展以及分子遗传规律的相继揭示,使得人们逐渐认识到生物进化规律、速度、趋势、物种形成和灭绝时期等,同时也使得人们对生物大分子进化规律和基因内部的复杂结构有了较为全面的认识。综合宏观和微观两个领域的研究结果,后达尔文进化理论正在接受着第三次的调整。

这次调整的代表人物为日本人木村资生(M. Kimura)。早在读大学期间,他就对生物统计学、概率论等很感兴趣,并立志成为一名理论遗传学家。木村于 1956 年获得美国威斯康星大学博士学位,1982 年当选为日本科学院院士。木村根据核酸或蛋白质组成单位的置换速率,以及这些置换所造成的改变并不影响生物大分子功能等事实,于 1968 年提出了分子进化中性学说。1969 年美国学者金(J. L. King)和朱克斯(T. H. Jukes)用大量的分子生物学资料进一步充实了这一学说。

该学说认为,生物体绝大多数的突变都是中性的,也就是说,这些突变并未对生物体带来什么影响,无所谓有利或不利之说,因此对于这些中性突变不会发生自然选择与适者生存的情况。生物的进化主要是中性突变在自然群体中进行随机的"遗传漂变"结果,而与选择无关。这是中性学说和达尔文进化论的不同之处。

中性突变无疑是存在的,但是绝对的中性突变在全部突变中占有多大比例,这是一个很复杂的问题,有些突变无疑是真正的或严格的中性突变,这种突变在任何情况下都不影响生物的生存。有些突变对生物有一些影响,但影响很小,因而自然选择仍旧起不了什么作用,起作用的仍旧是机会,基因的保留或丢失完全是随机的。

中性学说的倡导者木村强调遗传漂变的作用,但他承认生物的表现型是在自然选择下进化的。所以,我们可以认为,中性学说是在现代生命科学发展的基础上,是对达尔文学说的补充和发展。

7.2.4 人类进化历史

人类从哪里来?人类历史有多长?千百年来,科学家、哲学家们不断地思考和探讨这个问题。根据古生物化石研究成果,科学家们推测:人类祖先——森林古猿可能生活在约 1400 万年至 800 万年以前,然而当随后出现的腊玛古猿从热带森林走向热带草原之后,人类进化就真正开始了。化石研究表明,人类直系祖先——南方古猿可能生活在 400 万年至 190 万年以前;而能人生活在大约 170 万年至 20 万年

图 7-12 人类进化示意图

前。但目前尚未发现"从古猿到南猿之间以及从南猿到能人之间"的化石,或许因这个阶段的地质条件等因素,化石难以形成或不利于保存,所以出现了化石证据"断代"现象(如图 7-13 所示)。

直立人的出现,改变了以往的攀缘生活,生活的范围更大了,而且脑容量比以前的更大,并且能够制造一些比较"先进"的工具,与现代人相比较,其颅骨较低,头骨向后倾斜,面部向前突出,头骨厚、牙齿粗壮,两眉骨粗壮并向前突起;随后直立人进化到早期智人,再进化到约 10 万年前的晚期智人,也就是今天的现代人类。

7.2.5 人类干预自身进化

现在我们已经知道,目前的人类(包括黑种人、黄种人、白种人等)都来自于同一个物种-智人,随着人类自身的进化和生产力的迅速发展,目前的人类早已成为地球上占主宰地位的物种,并且具备干预自身进化的能力。

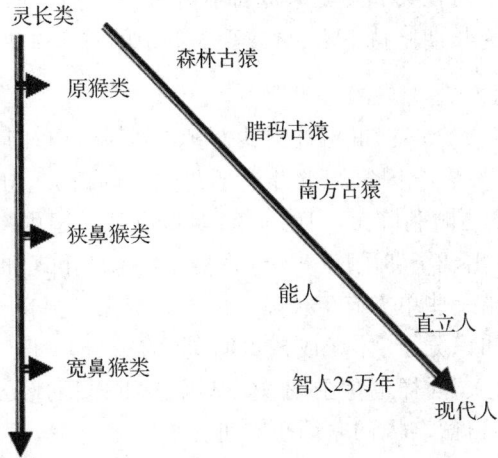

图 7-13 人类自身发展过程简略图

近亲婚配

我国婚姻法明文规定:"直系血亲和三代以内的旁系血亲禁止结婚。"近亲婚配情况下,由于夫妇双方都可能传来共同祖先的同一基因,而又可能把此同一基因传给他们的子女。这样,同一基因纯合概率会增加,所以近亲结婚可导致常染色体隐性遗传病在后代中发病率增高的有害后果。例如博物学家达尔文与其表姐埃玛于 1839 年结婚,婚后生育 10 个儿女,其中长子威廉无生育能力,次子乔治有神经质,三子弗朗西斯患精神忧郁症,四子伦纳德无生育能力,五子雷勒斯因多病一直由母亲照料,六子小查理 2 岁时死亡,长女安妮 10 岁时患猩红热而死,次女玛丽出生后即死亡,三女亨利埃塔无生育能力,四女伊丽莎白终身未嫁。近亲婚配的所有不幸几乎都出现在达尔文夫妇身上。

人类进化早期,基本上是以小群体生存,不同人群间交往甚少,致使兄弟姐妹、父女母子之间相互婚配,导致产生一定比例的畸形、弱智或残疾个体。随着生产力的发展与社会进步,不同群体间的交往和通婚现象逐渐增多,人们发现不同氏族、部落间通婚所生的孩子往往比近亲婚配的子女更强壮聪明,于是各地人群都陆续开始禁止近亲婚配。实行氏族外婚。但不同区域开始"禁止近亲婚配"的时间有早有晚。

产前诊断

随着对遗传性疾病、染色体、基因的研究和生化分析技术的改进,人类已经能够对许多遗传性疾病进行产前诊断。产前诊断有助于减少遗传病婴儿的出生,对社会和患儿家庭都有好处。产前诊断对于人类进化也是有利的,因为长期坚持下去,可减少人群中的有害基因和染色体畸变。

辅助生殖

1978 年 7 月 25 日,世界首例试管婴儿刘易斯·布朗(Louis Brown)在英国诞生。随后多个国家相继开展了此方面的研究。1988 年 3 月我国第一例试管婴儿顺利降生。1999 年,四川成都在国内率先成立"名人精子库",随后又出现了卵子库等。试管婴儿技术的出现和名人精(卵)子库的问世,确实给一些单方有生殖障碍的夫妇带来了福音。然而,使用所谓"名人"(高级知识分子、体坛或艺术明星)的精(卵)子,未必就能生出名人;更何况"名人"同样也存在"不好"基因,这些基因遗传给子女的概率完全一样,也就是说,名人的基因也有可能使子女患病。再者,若大量繁殖"名人"的后代,不但会增加后代人群中近亲结婚的概率,还必然使人类的多态性受到严重损害,而多态性是人类得以生存和发展的重要保障。

医疗保健与基因治疗

随着现代遗传学和医学的迅猛发展,人们已经能够较好地控制疾病的发生、传染、流行,对一些疑难杂症等遗传病,人们也能够较好地去预防、治疗。特别是近年来,人们的生活日益富裕,因而更加关注自身健康问题。这在很大程度上有助于延长人类寿命,许多国家百岁老人的数目也在逐年增多。基因治疗的兴起,使得人们能够更深入地洞察遗传性疾病的发病机理,并对其进行科学的诊断和治疗。人类基因组计划的实施,不仅可以预先知道一个人的先天遗传缺陷,医生还可以预测他在一生中将容易得什么病、不容易得什么病,从而采取相应的预防措施。药物基因组学的出现,则将使医生能够更准确地根据病人的具体情况对症下药。

生物技术的发展以及人类对生育、疾病等控制能力的逐步提高,确实给人类带来很大福音,在一定程度上干预了人类进化;然而由于人类过度开发,生态环境已经遭到严重破坏,一个非常严峻的问题已摆在全人类面前:全球气候异常、水土流失、自然灾害频繁、污

图 7-14　难以承受生命之"重"

染严重、全球气温增高等。人类在改造自然的同时，也遭到了自然界的无情报复。所以，人类的活动一定要遵循客观自然规律，不能盲目草率地干预人类的自身进化，更不能轻率地对人类基因组进行"改良"，否则会给全人类带来更大的灾难。

（本节内容参编自《知识讲堂》2002 年第 5 期，有改动）

【附录】

附表 7-1　地质年代表

宙	代	纪	世	距今年数	生物的进化
显生宙	新生代	第四纪	全新世	1 万	人类时代 现代动物 现代植物
			更新世	200 万	
		第三纪	上新世	600 万	被子植物和兽类时代
			中新世	2200 万	
			渐新世	3800 万	
			始新世	5500 万	
			古新世	6500 万	
	中生代	白垩纪		1.37 亿	裸子植物和爬行动物时代
		侏罗纪		1.95 亿	
		三叠纪		2.30 亿	
	古生代	二叠纪		2.85 亿	蕨类和两栖类时代
		石炭纪		3.50 亿	
		泥盆纪		4.05 亿	裸蕨植物鱼类时代
		志留纪		4.40 亿	
		奥陶纪		5.00 亿	真核藻类和无脊椎动物时代
		寒武纪		6.00 亿	
隐生宙	元古	震旦纪		13.0 亿	
				19.0 亿	细菌藻类时代
				34.0 亿	
	太古			46.0 亿	地球形成与化学进化期
				50 亿	太阳系行星系统形成期

（引自 http://207.152.99.251/myscience/magazine/200205/020512.htm）

7.3 生物分类学的发展

自然界中存在的生物种类极其繁多。据分类学记载,目前已经定名的生物种类约有 200 万种,其中动物约有 150 万种,植物约有 50 万种。且由于近年来陆陆续续在一些极端环境中(如深海、火山喷发口等处)相继发现了以前未曾记载的生物,因此生物种类的数目仍会继续增加。所以有人推测,现存生物的实际种数可能在 200 万至 450 万之间。要把这些庞大数目的生物种类一一区别开来,显然是一件非常烦琐但又非常必要而且具有重要意义的一件事。

7.3.1 人为分类

人类似乎很早就认识到了对生物分类的意义。在分类学历史上,曾有多名生物学家进行过有益的尝试(如亚里士多德就曾根据动物血液的有无,将动物区分为有血液动物和无血液动物两大类),但这些生物学家往往只是注重以生物表面上的相似与不同来进行分类并提出自己的命名规则,所以很不系统,缺乏科学性,因此都没有被广泛采用。

16 世纪,我国明朝医圣李时珍是中国早期最伟大的药物学家。他从小对自然界产生了浓厚兴趣,常常跟随父亲到山间采药。李时珍经常访问渔夫、猎户、农民和药户,收集到许多民间治病的偏方,而且他对各种药物的形态性质有了深刻了解。经过近 30 年的努力,李时珍终于在 1578 年完成了他的不朽巨著《本草纲目》,其中将植物分为五部——草、谷、菜、果、木,将动物也分为五部——出、鳞、介、禽、兽,人另属一部即人部。这是早期比较完整的生物分类方法,而欧洲的植物分类学家直到 1741 年才提出类似的分类法,比李时珍晚了近 200 年。

18 世纪,欧洲文艺复兴以后,商业贸易的发展促使各国人民的交往更加频繁;与此同时,人们对动植物的认识也丰富多了。然而,由于各国语言差异很大,同一种生物往往在不同的国家、地区,甚至同一个地区有着不同的叫法。且当时欧洲航海业盛行,许多航海归来的生物学家和博物学家常常带回世界各地的动植物,他们根据自己的喜好为之命名,结果造成一物数名或同名异物的混乱现象。所以在那个年代,系统整理并对动植物进行统一命名已显得迫在眉睫。

在这样的历史背景下,瑞典植物学家林奈(Karl von Linné,1707—

1778)根据前人的工作经验,建立了新的动植物分类系统,并于1735年出版了《自然系统》一书。此书立刻给他带来巨大的声誉,并且为他开始物种鉴定人的成功生涯铺平了道路。在这本书中,林奈正式提出科学的生物命名法——双名法,使过去紊乱的植物名称归于统一。他的分类系统包括纲、目、属、种4个等级;按照双名法,每个物种的科学名称(即学名)由两部分组成(即生物学名＝属名＋种名),第一部分是属名,第二部分是种名,种名后面还应有命名者的姓名(有时命名者的姓名也可以省略)。据说当时的业余科学家们的最大乐趣,就是从世界不同地方弄来各种植物标本、实物或种子送到林奈手中,让林奈用他们自己名字来命名所发现的新种。

　　林奈一生中收集的植物标本多达14000号,动物标本中仅贝类就有7000号。他在《植物种志》一书中使用双名法为7300种左右的植物命名,并根据植物花的雄蕊特征,把植物分成了24个纲,116目,1000多个属和1万以上的种。对于动物分类,林奈也很有建树,他把动物分成6个纲:四足动物纲、鸟纲、两栖动物纲、鱼纲、昆虫纲和蠕虫纲。林奈还发现,许多生物之

图7-15　鸟类动物

间存在从属关系,因此他把自然界分成植物界、动物界和矿物界,在界的下面又分为5个等级:纲、目、属、种、变种。这些都在他撰写的《自然系统》中有具体体现。对于这些在今天看来枯燥乏味、丝毫没有煽动性的分类鉴定工作,林奈却用诗一般的语言来描述,如"植物的爱情和婚礼","花瓣铺成的新娘的床"和拟人化的语言"纯洁的婚姻"和"通奸"等,可见林奈对分类工作的痴迷程度。

　　林奈发明的双名法,其生物学名部分均为斜体拉丁文,命名者姓名部分为正体,如狼的生物学全名是"*Canis lupus* Linné",而银杉的学名为"*Cathaya argytophylla* Chunet Kuang"。林奈开创性地使用拉丁文来命名,其主要原因在于拉丁文在当时欧洲文化界非常流行,而且是一种变化很少的文字,非常利于交流和学术

图7-16　两栖类动物

发展,也易于为各国科学家所接受。林奈的双名法统一了物种名称,受到

223

各国学术界的认可,一直流传至今。

林奈的不足之处在于他不相信生物进化,认为物种是不会改变的,物种之间也不存在亲缘关系,因而他的分类系统不可能真正反映不同生物在进化上的地位,是一种人为的分类系统。但是他所鉴定的物种选用的性状,大多是有同源关系的,是可以比较的,因此他的分类系统至今仍有积极意义。

7.3.2 自然分类

自 1859 年达尔文的《物种起源》出版后,人们认识到现存的生物种类都是经过几十亿年的长期进化而形成的;生物既然是进化的产物,那么,分类学就应该"还历史的本来面目",按照物种亲缘关系和进化水平,把它们安排到自己应占的地位上去。这种反映物种在进化上亲缘关系的分类称为自然分类。

7.3.3 现代分类的发展

随着人们对动植物种类认识的深入,一些未曾鉴定的物种逐渐被发现,林奈的分类方法尚不能满足分类需要,于是在生物学的发展过程中逐渐形成了现在的分类等级系统——界、门、纲、目、科、属、种。按照这一分类方法,人类在生物界中的分类位置为:

真核、异养、组织器官发达—动物界

脊索动物门:原脊索动物亚门,脊椎动物亚门

脊椎动物亚门包括:软骨鱼纲、硬骨鱼纲、无颌鱼纲、两栖纲、爬行纲、鸟纲、哺乳动物纲。恒温、热血动物,无羽毛、哺乳、毛发

哺乳动物纲:原兽亚纲、后兽亚纲、真兽亚纲

真兽亚纲 包括食虫目、食肉目、灵长目等等

灵长目

人类科

人类属

人类

7.3.4 生物的分界

生物的分界随着生产力发展和人们认识的深化而不断地发生变化,向着更加细化、更加科学的方向发展。

二界系统（1707—1778，代表人物林奈）

传统的分类认为，界是分类学的最高级单位，其实，人类很早就注意到生物可以划分为两大类：即不动的植物和能走动的动物，林奈的分类系统即采用了这种方法，将生物分为植物界和动物界两大类。

三界系统（1866，代表人物海克尔）

随着显微镜的出现与使用，当时的人们许多单细胞生物与动物相似，与植物也有相似之处（如藻类既能进行光合作用又能运动）；1859年达尔文的《物种起源》出版后，德国生物学家、进化论者海克尔（E. Haeckel）于1866年提出三界系统，即植物界、动物界、原生生物界（后者包括所有单细胞生物和一些简单的多细胞动物和植物）。

五界系统（1959，代表人物怀特克）

电子显微镜的问世，使得科学工作者更深入地洞察到细胞的超显微结构，他们认识到细菌、蓝藻细胞结构非常简单，细胞器也非常少，这与其他真核细胞结构有明显不同。所以在1959年，怀特克（R. Whittaker）即根据细胞结构和营养类型将生物分为五界——原核生物界（包括细菌、蓝藻）、原生生物界（单细胞真核生物）、植物界、真菌界和动界。

图7-17 五界系统

这五界可进一步划分为两个总界：原核生物总界（只含原核生物一界）、真核生物总界（包括原生生物、植物、真菌和动物四界）。

六界系统

我国生物学家陈世骧提出了六界系统，他把生物界分为三个总界：无细胞生物总界，包括病毒一界；原核生物总界，包括细菌和蓝藻两界；真核生物总界，包括植物 真菌和动物三界。除陈氏的六界系统外，还有人主张在怀特克的五界系统之下，加一个病毒界，构成另一个六界系统。但一般认为病毒不是最原始的生命形态,因此六界系统未受到重视。

【附录】 植物分类学家林奈

卡尔·林奈,1707年出生于瑞典,著名植物分类学家,同时也是一位昆虫学家、动物学家、医生和矿物学家。林奈出身贫寒,但他从小就非常喜爱大自然,常常不辞辛苦地去野外观察和采集植物,这大大激发了他对植物学的热爱;中学毕业后,林奈对拉丁语和自然科学情有独钟;1727年林奈进入大学,但是,他的大学生活非常窘迫,后来在塞尔西教授的帮助下,林奈的学业突飞猛进,而且,作为一名尚未毕业的学生,林奈就开始在大学讲授植物学,并发表了许多关于植物的文章。

1732年,林奈获得到一个很好的机会去拉普兰(Lapland)进行野外考察,搜集自然科学资料。这次考察,林奈收获颇丰,不仅得到了期望的自然科学资料,而且也搜集到人类学方面的材料,更重要的是他遇见了未来的妻子毛雷儿丝(Sara-lisa Moraeus),然而他们相恋八年之后才准许结婚,原因很简单:未来的岳父不同意女儿嫁给一个没有行医执照和社会地位的医生。

1735年《自然系统》的出版,给林奈、甚至瑞典科学界带来了崇高声誉。1761年,瑞典国王为了表彰他在生物学中的贡献,授予其贵族爵位;1770年,因受疾病侵袭,身体迅速瘫痪并丧失智力;1778年去世安葬时,平民出身的林奈得到了只有皇族才能获得的全部荣誉。

(摘自李难等:《生命科学史》,百花文艺出版社2002年版)

参考文献

1. 顾德兴,张桂权. 普通生物学. 北京:高等教育出版社,2001.

2. 吴庆余. 基础生命科学. 北京:高等教育出版社,2002.

3. 胡玉佳. 现代生物学. 北京:高等教育出版社,1998.

4. 陈守良. 人类生物学. 北京:北京大学出版社,2001.

5. 张　昀. 生物进化. 北京:北京大学出版社,1998.

6. 李　难,崔极谦. 生命科学史. 天津:百花文艺出版社,2002.

7. 姚敦义. 生命科学发展史. 济南:济南出版社,2005.

8. 赵寿元等. 现代遗传学. 北京:高等教育出版社,2002.

9. 徐晋麟,徐沁,陈淳. 现代遗传学原理. 北京:科学出版社,2001.

10. 张光武. 毛泽东与谈家桢. 北京:华文出版社,2001.

11. 龚 司. "世界杂交水稻之父"袁隆平艰难的研究历程. 农民日报,2000-11-28.

12. 吴兴华. 袁隆平:追求精神满足. 环球时报. 2001-01-02.

13. 舒群芳等. 人类对自身进化的干预. 科学,2002,(5).

14. 薛天烈. 进化论的奠基人——拉马克. 生物学通报,1998,(5).

15. 毛盛贤. 生物进化论的发展. 生物学通报,1995,(1).

16. 吴汝康. 人类的过去、现在和未来. 上海:上海科技教育出版社,2000.

17. 高崇明等. 生物伦理学十五讲. 北京:北京大学出版社,2004.

18. http://www.sw-sj.com/rwdata/shownews.ssp? newsid=1671

19. http://www.med8th.com/readingroom/swxsxfzdls/default.htm

第8章

生命科学的分子时代

8.1 分子遗传学的确立与发展

8.1.1 生物遗传物质基础的确定

早在 1868 年,米歇尔(F. Miescher,1844—1895)就发现了核素,然而直到 20 世纪 20—30 年代才确认自然界中存在 DNA 和 RNA 两类核酸,同时阐明了核苷酸的组成。当时错误地认为 DNA 中 A、G、C、T 含量大致相等,其结构只是"四核苷酸"单位的简单重复,不具有多样性,不能携带更多的信息。所以,在当时,人们更倾向于蛋白质是携带遗传信息载体的合适分子。

当时已经明确染色体是基因的载体,细胞化学方面的研究也证实了染色体主要由蛋白质和核酸组成。但是,基因究竟是什么东西? 其化学本质是什么? 它在遗传信息传递中到底起什么作用? 遗传物质究竟是蛋白质还是核酸?

1928 年,英国细菌学家格瑞菲斯(F. Griffith,1881—1941)用肺炎球菌做实验时发现了

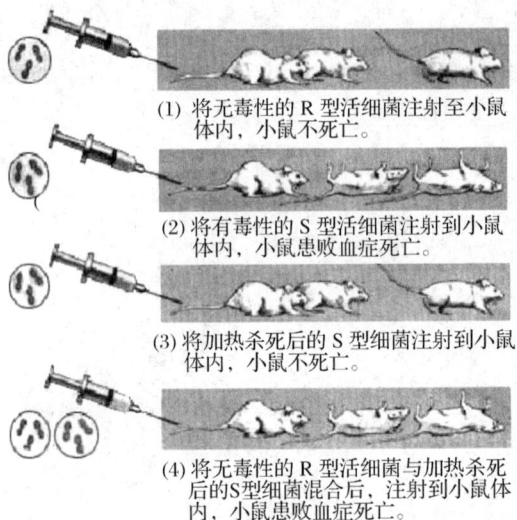

(1) 将无毒性的 R 型活细菌注射至小鼠体内, 小鼠不死亡。

(2) 将有毒性的 S 型活细菌注射到小鼠体内, 小鼠患败血症死亡。

(3) 将加热杀死后的 S 型细菌注射到小鼠体内, 小鼠不死亡。

(4) 将无毒性的 R 型活细菌与加热杀死后的S型细菌混合后, 注射到小鼠体内, 小鼠患败血症死亡。

图 8-1　格瑞菲斯的"肺炎双球菌实验"

一个令人惊异的现象:S 型肺炎球菌能使老鼠致病死亡(外形有荚膜,在培养基上形成的菌落是光滑的),而 R 型肺炎球菌(外形无荚膜,在培养基上形成的菌落是粗糙的)不能使老鼠致病死亡。当他把大量已经杀死的 S 型肺炎球菌与少量活着的 R 型肺炎球菌混在一起,注射到试验动物体内的时候,惊异地发现这些试验动物都病死了,而且在它们体内可以分离出许多 S 型的肺炎球菌。为什么会发生这种转化现象呢? 当时人们推测:一定是 S 型肺炎球菌的某些物质被 R 型肺炎球菌吸收了,使它转变为 S 型肺炎球菌。那么,这些物质是什么呢?

1944 年,美国生物化学家艾弗里(O. T. Avery)等做了一个体外实验,最终查明了引起转化现象的物质是 S 型肺炎球菌中的脱氧核糖核酸(简称 DNA)。

他们先把 S 型肺炎球菌磨碎用水抽提,发现这种抽提液中有蛋白质、DNA、脂肪和糖类等化合物;然后将抽提液放进培养基中,并用它来培养 R 型肺炎球菌,结果发现在培养基里产生 S 型肺炎球菌。这与格里菲斯所看到的转化现象一样,因此可以认定这种抽提液中确实存在着某种促成性状转化的

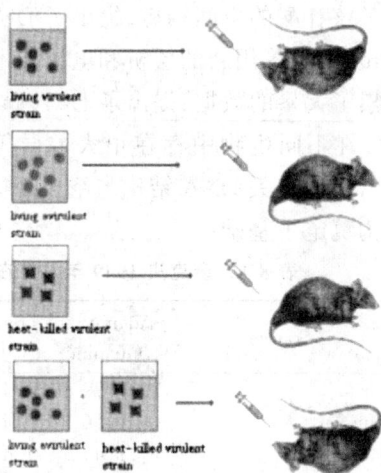

图 8-2　艾弗里的离体转化实验

因子。但这种因子是蛋白质,还是 DNA,或是其他物质? 为了弄清楚,艾弗里等人对这些物质逐一做了研究。当他们从 S 型肺炎球菌中抽取出提纯的 DNA,放到 R 型肺炎球菌的培养基上时,结果在那里发现了 S 型肺炎球菌,而用蛋白质或其他物质的抽提液代替 DNA 时,并没有发生这种现象。当他们在 DNA 的抽提液里加些蛋白酶时,并不影响实验结果,但若加进 DNA 酶时,转化现象便消失了。由此可见,不是别的物质,正是 DNA 担任着遗传物质的角色。

1952 年,赫尔希(A. D. Hershey, 1908—)和蔡斯(M. Chase, 1927—)继艾弗里等人之后,又做了一个经典实验:他们用 ^{32}P 和 ^{35}S 分别标记噬菌体的 DNA 和蛋白质部分,然后分别进行细菌感染实验,结果发现:噬菌体的 DNA 进入寄主细胞,而蛋白质外壳却留在外边,并且进入寄生细

胞的 DNA 能够复制出同原来一样的噬菌体。这个实验进一步说明了当噬菌体感染细菌时,DNA 分子进入细菌细胞内,利用细菌体内的复制、翻译系统进行 DNA 复制、转录、表达,再重新包装成噬菌体,这个实验非常直观、清晰,很好地说明了 DNA 是遗传物质,而蛋白质不是遗传信息的载体。赫尔希的出色表现,使其与德尔布吕克(M. Delbruck)和 S·E·卢里亚(S.E.Luria)共同分享了 1969 年的诺贝尔生理学或医学奖。

其实,当时已有学者着手研究 DNA 的空间结构问题。例如在 1949—1952 年期间,佛柏瑞(S.Furbery)等利用 X-射线衍射分析技术阐明了核苷酸的空间构像,提出了 DNA 是螺旋结构;1948—1953 年查加夫(Chargaff)等用新的层析和电泳技术分析组成 DNA 的碱基和核苷酸量,积累了大量的数据,提出了 DNA 碱基组成规律为:A = T、G = C;A + T/C + G 在不同生物中存在很大差异等(如表 8-1),这就著名的"查加夫规则",上述有关 DNA 结构与组成规律的认识,为科学地认识 DNA 双螺旋结构奠定了基础。

表 8-1 查克夫 1949 年发表在 J.Biol.chem 上的原始实验数据

Source	Adenine to Guanine	Thymine to Cytosine	Adenine to Thymine	Guanine to Cytosine	Purines to Pyrimidines
Ox	1.29	1.43	1.04	1.00	1.1
Human	1.56	1.75	1.00	1.00	1.0
Hen	1.45	1.29	1.06	0.91	0.99
Salmon	1.43	1.43	1.02	1.02	1.02
Wheat	1.22	1.18	1.00	0.97	0.99
Yeast	1.67	1.92	1.03	1.20	1.0
Hemophilus influenzae	1.74	1.54	1.07	0.91	1.0
E-coli K2	1.05	0.95	1.09	0.99	1.0
Avian tubercle bacillus	0.4	0.4	1.09	1.08	1.1
Serratia marcescens	0.7	0.7	0.95	0.86	0.9
Bacillus schatz	0.7	0.6	1.12	0.89	1.0

8.1.2 DNA 双螺旋结构的确立

20 世纪 40 年代末和 50 年代初,在 DNA 被确认为遗传物质之后,生物学家们又面临着一个难题:DNA 应该有什么样的结构,才能担当起遗传的重任?

当时国际上主要有三个实验室几乎同时研究 DNA 分子模型:(1)伦敦皇家学院威尔金斯和富兰克林实验室(他们用 X 射线衍射法研究 DNA 的晶体结构,根据得到的衍射图像,可以推测分子大致的结构和形状)。(2)加州理工学院大化学家莱纳斯·鲍林实验室(1950 年,鲍林因揭示蛋白质"α"螺旋结构而闻名于世)。(3)沃森和克里克所在的剑桥大学卡文迪许实验室。三个实验室小组几乎同时进行 DNA 分子结构研究,威尔金斯和富兰克林拥有第一手实验资料,大科学家鲍林具备建构分子模型的丰富经验。相对而言,当时的沃森和克里克并不具备优势,然而为什么机遇偏偏垂青这两位科学家呢?

三个研究小组的成员,除沃森为遗传学家外,其余都是物理学家或化学家,他们并不理解 DNA 在细胞中的重要意义,完全依据理化工具得到的晶体衍射图来建构分子模型,所以很难得到正确的 DNA 分子模型。比如鲍林,他把 DNA 分子当作一般的化合物来研究,忽略了 DNA 分子的生物学特性。更为过分的是,他竟然使用了 20 年前所拍摄的 DNA 衍射照片(非常模糊)。而沃森和克里克,一个是遗传学家,一个是晶体学家,两者的结合可谓"珠联璧合",被誉为学科优势互补、产生重大科研成果的典范。

1951 年,当时仅 23 岁的美国遗传学家沃森到剑桥大学做博士后,遇到了比他年长 12 岁、正在同一实验室做博士论文的克里克。沃森说服克里克一起研究 DNA 分子模型,因为当时克里克正在从事"多肽和蛋白质的 X 射线研究",拥有 X 射线晶体衍射学方面的知识。他们从 1951 年 10 月开始拼凑模型,当时他们的主要依据有:(1)DNA 的化学组成为 A、G、T、C;(2)美国生化学家查加夫规则,在 DNA 分子中 A = T、C = G;但是 $(A+T)/(C+G)$ 的比值在不同生物中变化很大;(3)最新证据,弗兰克林得到的 DNA 衍射照片(表明 DNA 是由两条长链组成的双螺旋,宽度为 20 埃)。

有意思的是,早在 1950 年查加夫就公布了他的重要成果(查加夫规则),但三个研究小组竟然都将它忽略了。据说 1951 年春天,查加夫亲自来到剑桥大学会见沃森、克里克,也未引起他们的重视。直到后来,沃森和克里克意识到了"查加夫规则"的重要性,随即邀请剑桥大学青年数学家约翰·格里菲斯(John Griffith)计算出 A 吸引 T,G 吸引 C,A + T 的宽度与 G + C 的宽度相等,然后借助于富兰克林和威尔金斯新近拍摄的高清晰衍射照片,很快就拼凑出了 DNA 分子的双螺旋模型。

　　随后,也就是在 1953 年 4 月 2 日,沃森、克里克把自己的研究成果以论文形式送交给英国著名《自然》杂志,4 月 25 日该杂志予以正式发表。然而这一重大成果并未立刻引起人们的关注。在该文发表 20 多天后,沃森、克里克所在实验室的主任劳伦斯·布拉格爵士在一次演讲中提到这个发现并被媒体报道,方才引起公众的广泛关注。沃森和克里克的 DNA 双螺旋结构模型认为:(1) DNA 分子由两条反向平行的多核苷酸链组成,形成右手双螺旋。(2) 糖-磷酸键是在双螺旋的外侧,碱基对与轴线垂直。(3) 糖分子平面与附着在糖上的碱基近于垂直。(4) 碱基配对方式为 A-T、C-G。(5) DNA 双螺旋结构中存在着两个凹陷,一个比较宽而深,称为大沟;另一个比较狭而浅,称为小沟。现在我们知道,除了沃森和克里克描述的 DNA 模型(被称为 B 型)外,还存在着其他形状,如A-DNA、Z-DNA 等。1962 年,沃森和克里克与威尔金斯一起因这一重大发现获得该年度诺贝尔生理学或医学奖(威尔金斯的贡献在于为沃森和克里克的发现提供了实验证据),富兰克林则因患癌症于 1958 年病逝而无缘该奖项,"悲痛之中"解决了该年度诺贝尔奖评定委员的难题(该项奖一次最多只奖给三个人)。

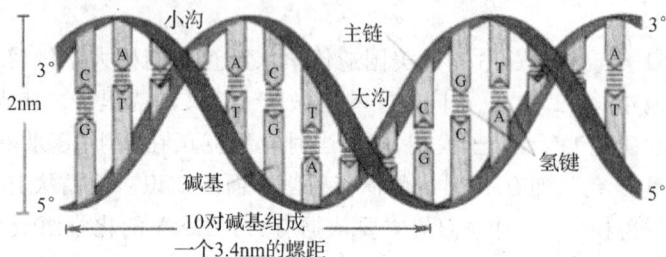

图 8-3　沃森和克里克的 DNA 双螺旋结构模型

　　DNA 双螺旋结构发现的意义在于 DNA 双螺旋模型的建立极大地震动了学术界,开创了分子遗传学基本理论建立和发展的黄金时代,同时也标志着现代分子生物学的正式诞生,被后人誉为 20 世纪以来生物学方面最伟大发现,也是生物发展史上能与达尔文进化论相媲美的最重大发现。随后逐步引发了基因工程技术、基因诊断、治疗技术、基因组测序技术、动物克隆等技术相继问世。在短短的 50 多年时间内,生命科学发生了巨大变化,为农业、生物、医学等领域开辟了一条崭新的道路。2003 年,在世界各地广泛庆祝 DNA 双螺旋模型发现 50 周年之际,曾发表 DNA 结构模型的《自然》杂志,在其专辑中也毫不吝言:"没有什么分子像 DNA 那样动人,它让科学家着迷,给艺术家灵感,向社会发出挑战,从任何意义说,它都是一种现代的标志。"

沃森(1928—)为哈佛大学教授,曾任美国冷泉港实验室(CSHL)主任、美国国立卫生院(NIH)人类基因组研究中心(NCHGR)主任,是人类基因组计划(HGP)的主要发起人之一,美国科学院院士及英国皇家学会会员。沃森 15 岁进人芝加哥大学学习,22 岁取得博士学位,随后被送往欧洲攻读博士后,并在英国剑桥大学卡文迪许实验室学习,在此期间认识了克里克。

克里克(1916—2004)21 岁毕业于伦敦大学,和沃森一样深受薛定谔的名著《生命是什么》的影响,对 DNA 结构产生了浓厚兴趣。两人默契工作,提出了著名的 DNA 双螺旋结构模型。随后,克里克回到蛋白质研究工作上,37 岁时获得博士学位,并成为卡文迪许实验室的永久成员。后又提出了遗传信息传递的"中心法则"。

8.1.3 "中心法则"的确立

随着知识逐步积累和生化研究的继续深入,特别是 DNA 双螺旋结构的揭示,到 20 世纪中期,人们已经确认 DNA 是遗传物质,其化学本质为由四种脱氧核苷酸残基按照一定顺序连接起来的链状结构;而蛋白质是基因的产物(它是由约 20 种氨基酸残基排列成的有序结构,具有高级空间结构)。这时人们就自然想到:两者之间到底存在什么样的对应关系? 随后经过多位科学家的努力,终于揭示了 DNA 自我复制的机制,发现了存在于生物体内的遗传密码、遗传信息传递的规律等。中心法则的提出和逐步完善,则使人们逐步认识、明确了信息传递的分子机制。

DNA 复制

有关 DNA 增殖问题(即复制),当时学术界主要有三种观点:全保留复制、半保留复制、分散型复制。那么 DNA 复制究竟采取哪一种方式,其复制机制又如何呢? 1956 年,柯恩拜瑞(A. Kornbery)首先发现 DNA 聚合酶(一种催化 DNA 分子合成的酶),为 DNA 复制提供了思路。1958 年,麦塞尔森(Meselson)及斯戴尔(Stahl)采用"同位素标记和超速离心分离"技术为 DNA 半保留复制模型提出了证明。1968 年,冈畸(Okazaki)提出了 DNA 不连续复制模型。1972 年证实了开始 DNA 复制需要 RNA 作为引物;70 年代初获得 DNA 拓扑异构酶,并对真核 DNA 聚合酶特性做了分析研究。这些研究成果都逐渐丰富并完善了对 DNA 复制机理的认识。自此，DNA 复制机制已逐渐明朗了。

DNA 复制模型

DNA 复制时，亲代 DNA 分子双螺旋先行解开，然后以解开的每一条链为模板，在多种蛋白质因子和酶的参与下，按照"A-T、C-G"配对原则，在两条亲代链上各自合成一条互补的新链（子链）。这样，原来的双螺旋 DNA 链经过复制，变成了两条双螺旋 DNA 链，在每一条双螺旋 DNA 中都有一条是老的（来自亲代），一条是新的（新合成的），这种 DNA 复制方式，称为 DNA 的半保留复制（图 8-4）。

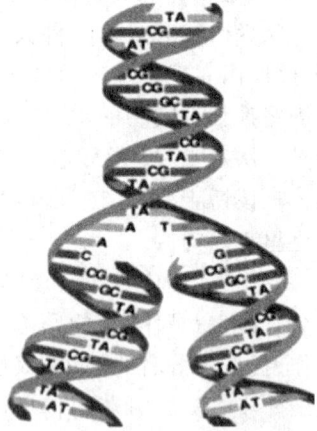

图 8-4　DNA 半保留复制模型

DNA 遗传信息的传递

既然 DNA 分子上携带有遗传信息，那么，DNA 是如把自身携带的信息传递给蛋白质呢？1958 年，韦思（Weiss）及霍维兹（Hurwitz）等发现了依赖于 DNA 的 RNA 聚合酶，这种酶能够催化以 DNA 为模板合成 RNA 的反应。1961 年，郝尔（Hall）和斯贝格尔曼（Spiegelman）用 RNA-DNA 杂交实验，证明了 mRNA 与合成 mRNA 的 DNA 序列相匹配（即互补），从而逐步阐明了 RNA 转录合成的机理，提出了 RNA 在遗传信息传到蛋白质过程中起着中介作用的假说。

那么，蛋白质又是如何形成的呢？20 世纪 50 年代初扎麦克内克（Zamecnik）等已经认识到微粒体（microsome）是细胞内蛋白质合成的部位；1957 年郝格兰德（Hoagland）、扎麦克内克及斯戴芬森（Stephenson）等分离出 tRNA，并对它们在合成蛋白质中转运氨基酸的功能提出了假设：tRNA能够携带特定的氨基酸并将其搬运到蛋白质合成部位。1961 年，布润纳（Brenner）及柯绕斯（Gross）等观察了在蛋白质合成过程中 mRNA 与核糖体的结合。1965 年，霍利（Holley）首次测出了酵母丙氨酸 tRNA 的一级结构。特别是在 60 年代，通过尼伦伯格（Nirenberg）、奥考阿（Ochoa）以及霍拉纳（Khorana）等几组科学家的共同努力，终于破译了 RNA 上编码合成蛋白质的遗传密码。随后的研究表明：这套遗传密码在生物界具有通用性（除少数低等生物和线粒体、叶绿体等密码含义有差别外），从而认识了蛋白质翻译合成的基本过程。遗传密码的破译和蛋白质合成机制的逐步阐明,成就了霍利、霍拉纳、尼伦伯格三位美国科学家,为他们赢得了 1968 年度的诺贝尔生理学或医学奖。

图 8-5　霍利(左)、霍拉纳(中)和尼伦伯格(右)

　　蛋白质合成的大致过程为:DNA 分子通过转录过程,把 DNA 分子上的遗传信息转移到 mRNA 分子上,再经过翻译过程,将 mRNA 上的密码子信息转换成氨基酸信息,形成一条多肽链,在经过折叠、压缩形成功能蛋白质(如图 8-6 所示)。在此过程中,需要很多酶和蛋白质因子参与。与原核生物相比,真核生物的蛋白质合成需要更多的蛋白质因子、酶等参加,而且当 DNA 转录后加工成成熟的 mRNA 后,mRNA 从细胞核的核孔进入到细胞质,在细胞质内与核糖体结合,然后在进行翻译形成多肽链,最后经过折叠压缩形成成熟的蛋白质,因而真核生物的蛋白质合成显得更加复杂。

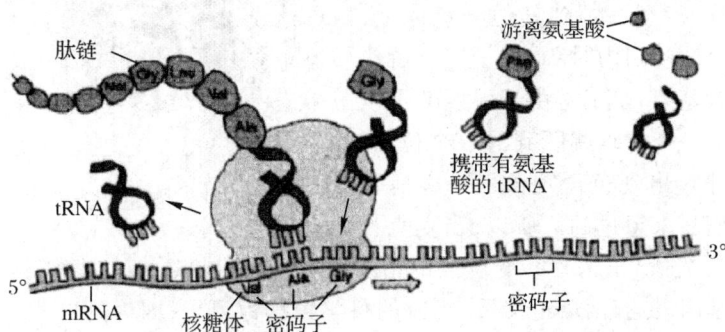

图 8-6　多肽链合成示意图

　　自此,生物体遗传信息传递的"中心法则模型"基本确立。而 1970 年特敏(H. M. Temin)和巴尔蒂摩(D. Baltimore)同时从鸡肉瘤病毒颗粒中发现的反转录酶(催化以 RNA 为模板合成 DNA 的反应),为此,两者与同样有出色表现的杜尔贝科(R. Dulbecco)共同分享了 1975 年的诺贝尔生理学或医学奖。反转录酶的发现进一步丰富完善了遗传信息传递的中心法则。

中心法则的主要内容:DNA 可以把自身携带的遗传信息传递到 RNA 分子,然后 RNA 分子再把接受来的遗传信息传递到蛋白质多肽链上,完成遗传信息的整个传递过程;DNA 能够自我复制产生 DNA 分子;RNA 分子也可以通过反转录酶生成 DNA 分子,同时 RNA 分子也可以自我复制(如图 8-7 所示)。

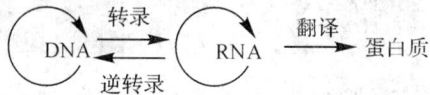

图 8-7 "中心法则"示意图

8.1.4 "舞蹈基因"的发现

1941 年 6 月,麦克林托克(B. Mecliutock, 1902—1992)进入美国冷泉港实验室,正式开始了她的著名研究。此前,麦克林托克已注意到玉米籽粒颜色很不稳定,常常会出现一些斑斑点点现象。为什么会出现这种情况呢? 她提出了一个全新的概念——基因是可以移动的,基因可以从染色体的一个位置"跳"到另一个位置,甚至"跳"到其他染色体上,她称这种可移动基因为"控制因子"(又称为转座子或跳跃基因)。正是由于跳跃基因从玉米染色体上一个位点跳跃到另一个位点,才导致玉米籽粒出现色斑现象——这是所有的科学家们从未想过的。所以,当麦克林托克于

图 8-8 具有不同籽粒颜色的玉米

1950 年发表《玉米易突变位点的由来与行为》和 1951 年发表《染色体结构和基因表达》两篇论文后,当时的科学家都惊讶了,因为她的观点与传统遗传学观念相违背,这使她处于非常孤立的境地。人们认为这个女人也许是发疯了,属于"另类或异端"。

可敬的是,她是在 20 世纪 40 年代初期传统遗传学盛行时,完全通过个人勤奋、采用传统研究方法,提出了"转座因子"概念,解决了后人用分子生物学手段才能解决的问题。更可敬的是,尽管她的超前发现并未引起关注且备遭众人非议,但她仍然坚持己见,继续埋头工作。直至 20 多年后,美国的梅勒米(Malamy)、德国的焦敦(Johdan)和英国的夏皮罗

(Shapiro)等人也分别发现了基因跳跃现象,特别是在 1976 年冷泉港召开的"DNA 插入因子、质粒和游离基因"专题讨论会上科学家们终于承认了麦克林托克提出的"转座因子"现象之后,人们才真正对她刮目相看了,跳跃基因现象也被人们所普遍接受。由于麦克林托克的超前科学发现和不屈不挠的坚强毅力,1983 年,瑞典皇家科学院决定把该年度的诺贝尔生理学或医学奖授予这位美国女科学家,当时她已 81 岁高龄。她也是在遗传学研究领域第一位独立获得诺贝尔奖的女科学家。历史往往有惊人的相似之处,同是在遗传学研究中,当年孟德尔对遗传规律的超前发现直到 30 多年后才被重新认识,而麦克林托克发现跳跃基因 20 多年后才被接受,到获奖时已整整历时 35 年! 但麦克林托克终于在她有生之年获得了她应得的荣誉。

芭芭拉·麦克林托克是一位出色的美国女科学家。她 21 岁康乃尔大学毕业,25 岁获植物学博士学位;1944 年被选为国家科学院院士,1945 年担任美国遗传学会主席,多次获国家级奖励。她对玉米遗传研究情有独钟,有关玉米染色体遗传变异的重大发现(如易位、倒位、缺失、环状染色体、断裂—融合等)都与她有关。她还成功地阐明了脉孢菌减数分裂的全过程。然而,真正使她名垂史册的是她发现了玉米中的"跳舞基因"——转座基因(即跳跃基因)。

图 8-9 麦克林托克

随着研究的深入,人们发现,除了细胞核基因外,细胞质里面也存在基因。这些基因常常位于线粒体和叶绿体等细胞器内,负责合成细胞器内部分蛋白质和功能 RNA。实验证明,有许多生物的某些性状(如草履虫的放毒与否)是由核内基因与核外基因共同决定的。此外,也发现细胞质遗传杂种后代的遗传行为,不符合经典遗传学三大基本规律。

8.1.5 基因是如何工作的

遗传信息传递的"中心法则"逐步确立以后,另一个问题就非常自然地摆到人们面前:是什么因素制约(控制)着基因的表达呢? 生物体细胞内有很多个基因,这些基因是在一起同时表达,还是分别单独表达的?

基因表达调控,指的是生物体内的基因在什么因素控制下才能够表现出活性,进行基因的转录、翻译,形成有功能的蛋白质。其实,这个问题早在 20 世纪 40 年代,美国遗传学家麦克林托克在研究玉米籽粒颜色时就已注意到了。随后"一个基因一个酶"理论的提出,也说明了基因是通过酶来控制性状发育的。至此人们已经意识到"基因和酶"之间存在"某种"关系。20 世纪 50—60 年代,生物学家在研究动物发育现象时,亦已注意到细胞分化时细胞内部的基因是有"选择性"地进行表达的:某些基因开放,而某些基因关闭,这样才能保证同一个受精卵增殖的细胞,有的发育成心脏,有的发育成眼睛,有的却发育成四肢……

操纵子模型与原核生物基因表达调控

在基因表达调控方面进行开创性工作,比较清楚地阐明基因调控实质的,是法国生物学家雅考布(F. Jacob,1920—)和莫诺(J. Monod,1910—1976)。1961 年,他们在研究大肠杆菌半乳糖代谢的调节机制时,发现了一个十分有趣的现象:大肠杆菌能在缺乏葡萄糖(提供能源)、只含有乳糖的培养基上照常生长;而且研究还发现,向培养基上加入乳糖时,细菌体内 β-半乳糖苷酶和 β-半乳糖苷透性酶(两者是葡萄糖分解代谢的主要酶)的含量也随之增加,当撤去乳糖时,两种酶在细胞内的浓度在一段时间内维持相对恒定,而编码这两种酶的 mRNA 含量则迅速降低……如何解释这种现象呢?雅考布和莫诺认为,编码乳糖分解代谢的酶基因存在于一条 DNA 分子上,由同一个启动子来启动;当有诱导物乳糖诱导时,这些基因就被启动,编码相应的酶,催化乳糖分解产生葡萄糖和半乳糖,当没有诱导物诱导时,这些基因就处于关闭状态。换句话说,当细菌在含有葡萄糖的培养基上生长时,这些基因处于关闭状态;当细菌在只含有乳糖的培养基上生长时,这些基因就被启动。他们的这些解释能够很好地阐明细菌的乳糖代谢机理,即用一套调节控制系统来解释细胞为什么在一定的条件下能按需要启动或关闭某些基因。这对于我们了解基因如何通过

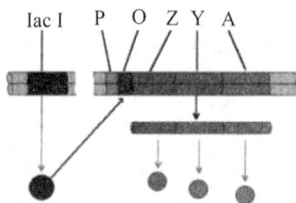

图 8-10 原核生物操纵子模型

酶的作用控制性状的发育,是很有帮助的,所以他们的理论很快就得到了学术界的认可,这就是他们提出的著名的"操纵子学说"。为此,1965 年的生理学或医学诺贝尔奖授予了这两位法国科学家。随后,科学工作者又发现了原核生物的其他基因调控方式(比如色氨酸操纵子等),这为从

分子水平上创建基因调控模型,揭示有机体的发育和细胞的分化等开拓了新思路。

真核生物基因调控制

我们知道,原核生物细胞结构相对简单,其 DNA 分子转录、翻译几乎同时进行,即边转录边翻译生成蛋白质;而真核生物的 DNA 分子主要在细胞核内染色体上,转录生成的 mRNA 要进入细胞质,然后才能与核糖体结合翻译成蛋白质。换句话说,真核生物的转录和转译,是分别发生在细胞核和细胞质中,这两个过程在时间和空间上都是分开的(如图 8-11 所示)。因此,相对于原核生物的基因表达调控,真核生物的要复杂和完善得多。再者,真核生物基因组含量很大,从受精卵到发育成完整的有机体,要经过非常复杂的分化发育过程,除了维持细胞基本生命活动所必需的基因持续表达外,其他不同组织细胞中的基因总是在不同的时间空间有序地被活化或抑制。因此,真核生物的基因调控非常复杂,它包括染色体 DNA 水平、转录水平、翻译水平、翻译后水平的调控,等等。

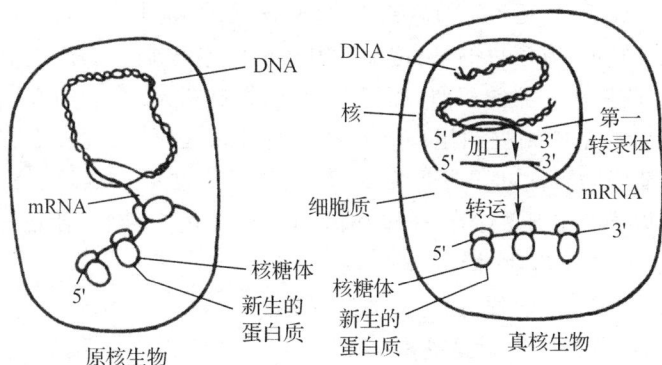

图 8-11 真原核生物遗传信息传递区别

现代生物学已阐明,多细胞有机体在胚胎发育时,生殖细胞中的全部基因都被复制并传递给各个子细胞,也就是说,体细胞的基因组 (genome)皆相同,但基因表达顺序差别很大;细胞内哪些基因要表达,主要取决于这个细胞在身体内的位置、所处的发育阶段以及当时的外在环境。近几年的研究表明:每个细胞内的活性基因与非活性基因都有其特定的图式,并且这种图式会随着发育过程的进行经历顺序的变化。

英国剑桥大学分子生物学实验室的科研人员在研究线虫的胚胎发育时,发现一件非常有意思的事情:这种透明的线虫体内有一组特定基因

(被称作时序基因)负责控制细胞分化的时间顺序,如果人为地造成这些时序基因的某些突变,那么细胞谱系的发育过程就会发生改变,最终导致产生突变的线虫发育提早或延迟。

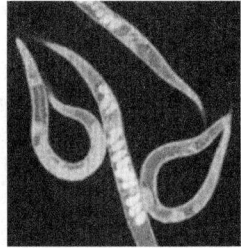

图 8-12　线虫

果蝇与诺贝尔奖

在经典遗传学一节,我们已经提到,摩尔根通过研究果蝇,发现了遗传学的连锁互换定律,为此,他获得了 1933 年的诺贝尔生理学或医学奖。时隔 62 年后的诺贝尔生理学或医学奖同样与果蝇有关,不过,这次是对果蝇的基因调控研究。美国加州理工学院的刘易斯(E. B. Lewis)作出了杰出贡献。他在读高中时(1930 年左右)就着迷于果蝇的自然突变。1946 年,他开始研究胸节的平衡棒(一种退化的后翅)如何转变成第二胸节的翅膀。刘易斯称这种将身体一部分的构造变成另一相似构造的转变为"同源性的"(homeotic)转变,而其相应基因则称为"同源基因"(homeotic gene)。经多年的研究,刘易斯发现:果蝇体节的发育由一串基因共同控制着。有意思的是,这串基因在染色体上排列次序,与它们所控制体节的前后次序非常相似。第一个基因控制头部,中间的基因控制腹部,而最后的基因则控制尾部。刘易斯通过深入研究,发现更有意思的是:如果某些同源性基因发生突变,可以使果蝇在生长触须的位置长出脚,也可以在生长眼的部位长出翅膀等种种变化。后来,研究人员们在蛙、鸡、鼠等其他生物体内,也发现了类似同源框的序列。这样,同源框的发现为研究真核基因调控机制提供了一个重要证据。

受刘易斯的启发,德国的 N-福尔哈德(Nusslein-Volhard)和美国的维绍斯(E. F. Wieshaus)两人于 1978 年联手,用一年多的时间夜以继日地在海德堡的欧洲分子生物实验室有系统地搜寻控制胚胎早期发育的起始基因。他们通过对果蝇突变的深入研究,最后整理出与胚胎发育有关的 5000 个重要基因和 139 个必要基因。随后,经科学家确认了 100 个以上

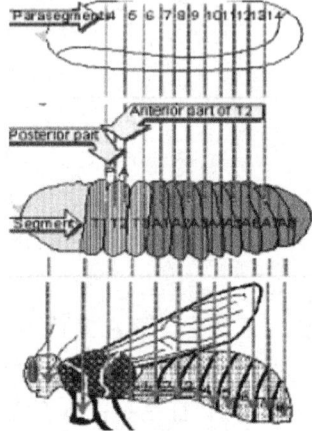

图 8-13　果蝇的同源框与体节

（其中多数是以前未曾发现的）控制胚胎早期发育的基因。他们认为，不同基因的控制作用，是由于产生了一些基因调控蛋白，并在卵及初期胚胎中呈阶梯状的不均匀分布，从而导致不同位置的细胞，接受不同的发育信息，进而影响其后的发育。他们三人的研究成果，揭开了胚胎如何由一个细胞发育成完美的特化器官（如脑和腿）的遗传秘密，在科学界树立了"动物基因控制早期胚胎发育"的模式。为了奖励三位发育遗传学家在真核生物基因调控方面作出的贡献，1995 年，该年度的诺贝尔生理学或医学奖授予了 77 岁的刘易斯、52 岁的福尔哈德和 48 岁的维绍斯。

基因组测序与基因调控

研究基因调控的最直接方法莫过于基因组序列测序了，通过对多个基因进行突变、失活，考察生物体性状变化，可以从整体上揭示基因调控的机理。20 世纪 60 年代以后，有多位科学家在揭示基因结构、基因组测序方面作出重要贡献。噬菌体 φX174DNA 的全核苷酸序列测定、SV40 病毒和腺病毒中编码蛋白质基因的序列认识（内含子和外显子结构）以及线虫、酵母、水稻、拟南界等基因组测序，这些都为认识真核基因组结构和调控提供了第一手的资料。随后于 90 年代初开始进行的人类基因组计划（HGP），则将在全面认识人类自身基因功能，阐述基因调控本质，揭示人类疾病发病机理等方面产生积极而深远的影响。

随着研究的继续深入，有关真核生物基因的表达调控在 20 世纪 80—90 年代也逐渐明朗起来，人们已认识到，真核基因的顺式调控元件（基因上的一些调控序列，如启动子等）与反式转录因子（与转录有关的蛋白质因子）、核酸与蛋白质间的分子识别与相互作用，是基因表达调控的根本所在。

【附录】 X-射线专家——罗莎琳德·富兰克林

富兰克林，女，1920 年出生于伦敦一个富有的犹太人家庭，剑桥大学物理化学专业毕业。二战后，她着手研究 X 射线晶体衍射技术，并很快成为该领域的权威。随后她来到伦敦皇家学院的 X 射线晶体衍射实验室，在这里认识了她的研究伙伴——威尔金斯，并和威尔金斯一起研究 DNA 结构。

富兰克林个性鲜明，经常直言不讳地批评他人。她的合作伙伴威尔金斯并不喜欢这位女科学家，两人关系比较糟糕。富兰克林曾直言批评过沃森和克里克构建的早期模型（三螺旋模型）是错误的。然而，富兰克林却是一位非常优秀的 X 射线衍射技术专家,她率先拍摄到当时最为清晰的 DNA 照片。其实,早在 1953 年 2 月,富兰克林就已确认 DNA 具有螺旋结构,至少有两股,其化学信息朝向里面(这已经非常接近真理)。

1953 年初,当剑桥大学的沃森和克里克构建出 DNA 分子双螺旋模型时,富兰克林对这一进展并不知情,她更不知道的是,沃森和克里克已经看到过她拍摄的 X 射线晶体衍射照片,正是这些至关重要的 DNA 照片,才启发了他们的灵感。据说,威尔金斯未经富兰克林允许,就把这些高清晰的 X 射线晶体衍射照片送给了沃森和克里克。所以,在 1953 年 3 月 17 日,当富兰克林将自己的研究结果整理成文欲发表时,才发现沃森和克里克破解 DNA 结构的消息已经出现在简报中;而 4 月 25 日出版的英国著名《自然》杂志,随即发表了署名有沃森、克里克和威尔金斯的有关 DNA 结构的千字论文。正是这篇附有插图的千字论文,使三位科学家的声誉大大提升!

1968 年沃森出版《双螺旋》一书,透露了威尔金斯曾偷偷复制富兰克林的研究成果并提供给他,其中就包括了现在众所周知的她证明螺旋结构的 X 射线图像。如果没有富兰克林的 X 射线成果,要确定 DNA 的螺旋结构几乎是不可能的;而克里克在很多年后承认,"她离真相只有两步"。

由于长期受 X 射线辐射影响,1958 年富兰克林因卵巢癌去世,享年 38 岁。据说沃森和克里克在获诺贝尔奖答谢时,也未曾提及(或承认)她对 DNA 结构的贡献。人们猜测其真正原因可能是:沃森和克里克在未告诉富兰克林的情况下,就直接使用了她的研究成果,而这些富兰克林压根就不知道。所以,沃森在他的书中满怀感情地写道:"现在有必要阐述一下她所取得的成就……我与克里克都极为赞赏她那正直的品格和宽宏大量的秉性。只是在多年之后,我们才逐渐理解了这位才华横溢的妇女……直到去世前的几个星期,她还在不遗余力地从事着高水平的工作。富兰克林这种勇敢精神和高贵品质是值得我们学习的。"

目前,科技界对富兰克林的工作给予较高评价,对威尔金斯是否有资格分享发现 DNA 双螺旋结构的殊荣存在很大争议。

后续:富兰克林因卵巢癌于 1958 年去世,享年 38 岁;克里克和威尔金斯,同是 1916 年出生,同时分享 1962 年诺贝尔奖,两者又于同一年(2004 年)相继去世,而 1928 年出生的沃森也早已进入暮年……

(摘编自《科学世界》2004 年第 11 期)

8.2 分子生物学的兴起与蓬勃发展

分子生物学是一门迅速崛起的生物学科,它是生命科学中发展最快、最具生命力与影响力的一门实验性学科,相对于其他生物学科来讲,分子生物学起步虽然较晚,但在短短的几十年时间内却使得生命科学与技术的发展产生了翻天覆地的变化。分子生物学的强劲发展,使其迅速渗透到生命科学的各个分支,出现了分子细胞生物学、植物分子生物学、生物化学与分子生物学等相关学科,而且这个阶段的诺贝尔生理学或医学奖、化学奖,多数与分子生物学的发展有关。综观其发展历史,大致可以划分为三个阶段。

8.2.1 分子生物学的初期发展

确定了蛋白质是生命的主要基础物质

酶的发现与其化学本质 1897 年,德国生物学家毕希纳(Buchner)兄弟证明了从酵母中得到的离体提取物能够使葡萄糖分解成酒精和 CO_2(即发酵),这说明发酵是由酶的作用而引起的催化过程,不需要酵母菌的存在。爱德华·毕希纳(Edward Buchner,1860—1917)因在微生物学和现代酶化学方面的重大贡献而被授予 1907 年诺贝尔化学奖。同样因在酶化学上的杰出贡献,奥伊勒·歇尔平(H. V. Euler-Chelpin,1873—1964)与他人分享了 1929 年的诺贝尔化学奖。20 世纪 20—40 年代,部分酶如尿素酶、胃蛋白酶、胰蛋白酶等相继得到提纯和结晶,在此期间,作出杰出贡献的科学家有美国康奈尔大学的萨姆纳(J. B. Sumner,1887—1955)、美国的诺思罗普(J. H. Northrop,1891—1987)和斯坦利(W. M. Stanley,1904—1971),三者在酶或病毒蛋白质的分离提纯方面的开创性工作使他们幸运地站在了 1946 年诺贝尔化学奖的领奖台上。那时人们已经发现:酶的理化性质与蛋白质的理化性质非常相似(如两者都为两性电解质,具有胶体性质,热不稳定,容易失去生物活性等特点),因此当时人们都普遍认为酶的化学本质是蛋白质。而且随后的发现也说明,许多生命现象(新陈代谢、消化、呼吸等)都与酶和蛋白质相联系。于是,在随后的一段时间内,"酶是蛋白质"这一说法被普遍接受。

酶结构与测序方法的认识

1902 年,出身于商人家庭的埃米尔·费歇尔(Emil Fisher)喜爱上了自然科学,他曾对糖、酶、嘌呤、氨基酸和蛋白质进行了广泛而深入的研究,并证明蛋白质结构是多肽(即多肽是由一个个氨基酸残基单元连接形成的链状结构),为生物化学的发展奠定了化学基础。为此他获得了1902 年的诺贝尔化学奖,成为第一个获此殊荣的有机化学家。40 年代末,桑格(Sanger)创立了二硝基氟苯(DNFB)法,艾德曼(Edman)提出用异硫氰酸苯酯(IPTG)法分析肽链 N 端氨基酸;1953 年桑格和汤普森(Thompson)完成了第一个多肽分子——胰岛素 A 链和 B 链的氨基全序列分析；1950 年有机化学家鲍林（Pauling）和科里（Corey）提出了 α-角蛋白的 α-螺旋结构模型。所以，在这一阶段，对蛋白质一级结构和空间结构都有了较为深入的认识。

　　桑格（Frederick.Sanger）是英国著名生物化学家，1939 年毕业于剑桥大学圣·约翰学院，1943 年获得哲学博士学位。勤奋执著的工作，使他两次登上学术的最高领奖台接受诺贝尔化学奖。

　　1940 年，剑桥大学分子实验室（LMB）主任佩鲁兹聘请桑格到 LMB 工作。"只要有才干，无论有无资格，都可以上阵"，LMB 宽松的工作环境和精英评价制度给予他充分展示才华的机会。然而，在获奖前十多年的工作中，桑格曾经历无数次的失败与挫

图 8-14　大科学家鲍林和他的模型

折，但他从未真正动摇过。经得住"失败和寂寞"考验的桑格，终于于 1953 年弄清楚了胰岛素的全部结构，10 多年的辛勤汗水换来了丰硕成果，为此他登上了 1958 年诺贝尔化学奖的领奖台。获奖后的桑格并没有自我陶醉、停滞不前，仍然默默地工作着，不断地尝试着另一个新领域——核酸序列测定，这项工作也是在不断的失败中逐步改进、完善。1966 年，正当核酸测序工作进展顺利、逼近成功时，霍拉纳率先完成 tRNA 测序工作。这给桑格以沉重的心理打击，但是桑格并没有因此而懈怠，继续从事他的研究工作，终于凭着特有的敏捷思维和对科学的深刻理解及持之以恒的惊人毅力，成功地测定了噬菌体（φχ174）DNA 一级结构，并发明了"双脱氧核酸测序法"。为此，1980 年诺贝尔化学奖（同另两名科学家分享）再次垂青这位勤奋执著、扎扎实实开展工作的杰出科学家。

　　谈到蛋白质的结构，人们很容易联想到莱纳斯·鲍林这位科学怪杰。他被誉为国际著名物理化学家，现代化学奠基人之一，科学史上罕见的"奇才"。他于 1954 年因在化学领域的卓越成就荣获诺贝尔化学奖，1963 年又因在禁止核武器和争取世界和平事业上的突出贡献荣获诺贝尔和平奖，是迄今为止唯一一位在不同领域两次单独问鼎诺贝尔奖的科学家。32 岁时他就成为美国国家科学院最年轻的院士，后被英国《新科学家》杂

志列为人类迄今为止最伟大的 20 位科学家之一,与伽利略、牛顿和达尔文等齐名。

鲍林一生成就颇多:首次描述化学键本质,在揭示蛋白质的 α 螺旋结构、镰状细胞贫血症病因等方面作出了卓越贡献;他提出的分子结构理论改写了 20 世纪的化学历史,并运用该理论成功地把物理学、化学、生物学和医学联系在一起;二战期间主持军工科研项目,曾荣获美国总统功勋奖章。鲍林天资聪颖,勤奋,富于进取,敢于挑战政府与权威,他完全是通过自己的奋斗而出人头地的。他的一生跌宕起伏、备受争议,20 世纪 60 年代后期遭政治迫害而一度声名狼藉;70 年代后,因大力宣传维生素 C 再次成为公众焦点,这次却遭到了医学界的愤怒指责;在随后的 20 年时间里,鲍林在科学界的形象从科技精英变成了一个行为孤僻的怪人。

确定了生物遗传的物质基础是 DNA

通过对核酸及其化学组成的认识,1944 年艾弗里等用肺炎球菌转化实验证明了遗传因子是 DNA;1952 年赫尔希和蔡斯又用同位素标记和噬菌体感染实验进一步证明了 DNA 是遗传物质(参考"分子遗传"一节)。此后随着晶体 X-射线衍射分析技术、层析和电泳技术的发展,1950 年查加夫又提出了著名的"查加夫规则"(DNA 碱基组成规律为 A＝T、G＝C;A＋T/C＋G 在不同生物中存在很大差异等)。这个阶段的主要成就是:确立了生物遗传信息物质是 DNA 分子,而不是蛋白质;DNA 结构与组成规律的发现,为科学地认识 DNA 双螺旋结构奠定了基础。

8.2.2　分子生物学的建立与发展

DNA 双螺旋结构的提出和中心法则的确立

这个时期的主要成就是沃森和克里克于 1953 年提出的 DNA 双螺旋结构模型。该结构的提出具有重大意义,它标志着现代分子生物学的正式诞生,开创了分子遗传学基本理论建立和发展的黄金时代,被后人誉为 20 世纪以来生物学方面最伟大的发现。DNA 双螺旋结构的发现,直接导致了 DNA 复制模型的提出以及随后对遗传信息的"中心法则"认识,使人们得以逐步洞察生物遗传规律的真正奥秘(请参考"分子遗传学"一节)。

对蛋白质结构与功能的深入认识

上面我们已经提到,20 世纪中叶人们已经对蛋白质和酶的化学本质及空间构象有了粗浅认识,而接下来的科学发现,使人们对蛋白质的空间构象及其功能有了更深入的理解。

1956—1958年间,安芬森(Anfinsen)和怀特(White)通过实验发现:蛋白质或酶在高温等条件下,生物活性逐步丧失(称为变性),蛋白质的结构变得非常松散;而已经丧失活性(变性)的蛋白质在合适条件下(如慢慢降温)能够逐步恢复生物活性(称为复性),形成有序的结构。据此他们认为,蛋白质的三维空间结构是由其氨基酸序列(蛋白质一级结构)来确定的。1958年,英格拉姆(Ingram)比较正常人和患镰刀状细胞溶血症(病人的红细胞呈现镰刀状)病人的血红蛋白时惊奇地发现,两者的肽链上仅有一个氨基酸残基差别,这么小的差别就导致了如此严重的后果,因此他认为蛋白质一级结构能够影响蛋白质的功能。随后,SDS-聚丙烯酰胺凝胶电泳技术的应用,氨基酸、序列自动测定仪的发明以及血红蛋白、核糖核酸酶A等一批蛋白质一级结构的揭示,使人们对蛋白质结构的理解更加深入了。

成功合成结晶牛胰岛素

1965年,中国科学家经过6年多坚持不懈的努力,终于成功合成了牛胰岛素结晶。通过实验鉴定,人工合成的牛胰岛素与天然牛胰岛素的活性完全一样,这是国际上首次人工合成的蛋白质。

这项工作始于特殊的"大跃进"年代(1958年),就在那样的历史背景下,中科院上海生化研究所开始了这个惊人的壮举。为了确定正确的合成路线,科学家们首先拆开天然胰岛素的A、B两条链,再重新连接得到了重新合成的天然胰岛素结晶;随后分别人工合成了B链和A链,并分别与天然的A链和B链连接而得到了半合成的胰岛素;最后将人工合成的A链和B链连接而得到了全合成的结晶胰岛素。人工牛胰岛素合成取得成功,具有重大理论意义和实践价值,它标志着人类在探索生命奥秘的征途中向前跨进了重要一步,为多肽类激素、大分子量蛋白质的合成奠定了技术基础,为我国蛋白质的基础研究和实际应用开辟了广阔前景,同时也极大地提高了我们国家在国际上的科学

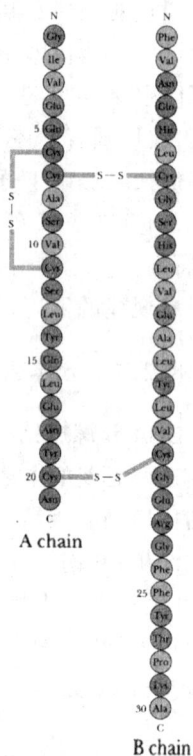

图 8-15 天然胰岛素的一级结构

声誉。1973年,我国科学家又采用1.8 AX-线衍射分析法测定了牛胰岛素的空间结构,为认识蛋白质的结构作出了重要贡献。结晶牛胰岛素的成功合成,曾被认为是中国20世纪最有希望获得诺贝尔奖的重大科学进展。

现在我们知道,蛋白质是生物体结构与功能的物质基础,它们由20种氨基酸(目前已经发现22种)组成,具有一、二、三级结构,有些甚至具备四级结构。其一级结构为多肽链氨基酸残基排列顺序,一级结构经过逐级压缩、折叠形成高级空间结构,而这种高级结构与其功能直接相关。近年来,人们通过对多种蛋白质结构的研究,发现了许多蛋白质结构的内部奥秘(如某些氨基酸容易形成α螺旋结构)。目前,人们已可以根据需要,对蛋白质进行功能预测或设计合成新的蛋白质分子。

8.2.3　基因工程的兴起与对生命本质的初步认识

20世纪70年代以后,生物技术的推陈出新使得分子生物学的发展进入了快车道,一系列激动人心的成果相继问世。其中,最为引人注目的是基因工程技术的出现,它标志着人类认识生命本质并能动改造生命新时期的开始。

重组DNA技术的建立和发展

1967—1970年,袁(R. Yuan)和史密斯(H.O.Smith)等发现了限制性核酸内切酶,它们能够在特异位点识别并切割DNA或RNA。限制性核酸内切酶的发现,为基因工程的实施提供了有力工具。史密斯(美)和阿尔伯(Arber,瑞士)、纳萨恩斯(Nathans,美)由于首先发现限制性内切酶并应用于遗传操作中,而获得1978年诺贝尔生理学或医学奖。

1972年伯格(Berg)等将病毒DNA与噬菌体DNA在体外重组成功,转化大肠杆菌,使本来在真核细胞中合成的蛋白质能在细菌中合成。该实验的成功具有重大理论意义和实践价值,意味着不同种属之间的基因可以相互交流,从而使基因工程技术成为可能。为此,伯格与吉尔伯特(Walter Gilbert)、桑格(Frederick Sanger)共同分享了1980年的诺贝尔化学奖(后两者发明了核酸的测序方法)。随后,博义耳(Boyer)等人根据前人发明的基因重组技术,将真核生物基因导入原核生物大肠杆菌中,成功获得相应产物。1979年,美国基因技术公司用人工合成的人胰岛素基因重组后,转入大肠杆菌中合成人胰岛素。基因重组技术的发展,得益于众多工具酶的相继发现,如连接酶、修饰酶、磷酸化酶、聚合酶等等,正是这些酶的使用,才使得科学工作者对基因的操作"随心所欲"。至今我们国家已有人干扰素、人白介素 2、重组人乙型肝炎疫苗等多种基因工程药物和疫苗进入生产或临床试用,世界上还有几百种基因工程药物及其他基因工程产品在研制中,成为当今农业和医药业发展的重要方向,将对医学和工农业发展作出新贡献。

转基因技术

转基因技术是指利用分子生物学技术,将某些生物的基因转移到其他物种中,以期改造生物的遗传物质,使获得外源基因的物种呈现优良性状。转基因技术在农业生产、动物饲养、医学研究中有着广泛应用。1982年派尔米特(Palmiter)等将大鼠的 GH 基因转移到小鼠体内,得到的转基因小鼠生长速度是对照组小鼠的 4 倍,这激起了人们创造优良品系家畜的热情。我国水生生物研究所将生长激素基因转入鱼受精卵,得到的转基因鱼的生长显著加快,个体增大。转基因猪等也相继培育成功。因此,可以预见,在不久的将来,人们直接饮用那些含有某些"治疗基因"的转基因羊奶即可治疗相关疾病。在转基因植物方面,1983年第一例含有抗生类抗体基因的转基因烟草培育成功;1994年保鲜时间延长的转基因西红柿开始投放市场;1996年转基因玉米、转基因大豆等也相继投入生产。我国科学家已经将自己分离的蛋白酶抑制剂基因转入棉花获得抗棉铃虫的"抗虫棉"。近年来,随着转基因技术的进展,转基因农作物越来越多,转基因水稻、油菜、花生、甜菜、马铃薯等相继问世。从全球种植转基因作物面积来看,从 1996 年的 170 万公顷增加到了 2004 年的 8100 万公顷;从种植的转基因作物来看,转基因大豆在 2000 年占有 2580 万公顷,转基因玉米为 1030 万公顷,转基因棉花位于第三位,为 530 万公顷,油菜为280 万公顷。在我国,抗虫棉(转基因抗虫棉花)的种植面积已经达到了300 万公顷。栽培转基因作物的国家也越来越多。种植面积排列前四位的是美国、阿根廷、加拿大和中国。

随着转基因食品逐渐走入人们生活,人们不免担心:转基因食品食用起来没有问题吗?绝对安全吗?然而到目前为止,转基因食品在上市前都没有经过长远的安全评估,人类长期食用转基因食品是否安全仍然有很大疑虑,而科学界对这些食品是否安全也尚未形成共识。世界粮农组织、世界卫生组织及经济合作组织等国际权威机构都纷纷表示:转基因食品可能产生"非预期后果";国际消费者联会也表示"现时没有一个政府或联合国组织会声称转基因食品是完全安全的"。也就是说,到现在为止,学术界还没有足够的科学手段和证据可用于评估转基因生物及食品的风险。因此,当我们选用转基因食品时一定要慎重考虑。

转基因小鼠 1982年派尔米特等领导小组将一个能够被锌调控的DNA元件与大鼠的生长激素基因连在一起,并将其注射到了受精了的小鼠胚胎中,从而培育出第一批转基因小鼠。这些转基因小鼠长期取食含有足量锌的食物后,就会长得非常大,成为超级小鼠。

转基因鱼 将人、牛、羊、草鱼的生长激素基因转入鱼体内,培育出可以快速生长的转基因鲤鱼。转基因鲤鱼的生长速度比普通鲤鱼快42%,而且转基因鲤鱼对饵料的利用率也非常高,这两个因素使得转基因鲤鱼的养殖经济效益比普通鲤鱼提高125%。

转基因荧光猪 2004年6月21日日本静冈县中小家畜实验场宣布:成功克隆出体内含有水母基因的转基因猪。用紫外线照射刚刚诞生的转基因克隆猪,猪蹄等部位能够发出荧光。

转基因棉花 对棉花造成严重危害的棉铃虫,使广大棉农大伤脑筋,一次次喷洒农药,不仅浪费大量物力、人力、财力,并对环境造成严重污染;再者,长期使用农药,不仅棉花植株不能够正常生长,而且棉铃虫也会产生抗药性;而抗虫棉的推广种植,有效地切断棉铃虫的正常代谢途径,使棉絮质量大幅提高,而且成本也大大降低。

转基因水稻 笔者曾以农杆菌介导法将PEASC(从辣椒上分离得到的倍半萜合成关键酶基因)导入籼稻品种,获得的转基因水稻经过检测具有广谱抗虫性。

基因诊断与基因治疗

目前,基因诊断与基因治疗技术已经逐渐走进人们的生活,有条件的医院相继开展此项业务。基因诊断是以DNA或RNA为诊断材料,通过检查基因的存在、缺陷或表达异常,对人体状态和疾病作出诊断的方法和过程;而基因治疗就是向有功能缺陷的细胞补充相应功能基因,以纠正或补偿其基因缺陷,从而达到治疗的目的。1987—1989年间,马丁·艾凡斯(Martin Evans),奥雷弗尔·史密斯(Oliver Smithies)和马瑞欧·凯皮奇(Mario Capecch)领导的几个研究小组对小鼠胚胎干细胞中特定目标基因进行失活,培育出了第一只基因敲除小鼠,从而使得基因治疗技术的出现成为可能。1991年美国率先在一患有先天性免疫缺陷病(遗传性腺苷脱氨酶ADA基因缺陷)的女孩体内导入重组的ADA基因,获得成功。随后部分国家也陆续开展基因诊断与治疗工作。我国于1994年用导入人凝血因子Ⅸ基因的方法成功治疗了乙型血友病的患者。

基因诊断与治疗技术的出现，是基因工程在医学领域发展的一个重要方面，它对于疾病的及时发现、准确诊断与治疗，彻底解决目前仍然困扰人类的一些疑难症状和家族遗传性疾病提供了新的思路。但是基因诊断与治疗真正广泛地应用于临床，还需要科学工作者长期的探索、实践，还有很长的路要走。

基因测序和 PCR 技术

1975—1977 年桑格、麦克塞姆和吉尔伯特先后发明了"双脱氧"测序法和"化学"测序法。然而，这些方法费事费力，工作效率低，且存在放射性同位素污染的可能性，给科研工作和人身安全带来很大不便。为此，在 90 年代，美国应用生物系统（ABI）仪器公司率先研发出全自动核酸序列测定仪等，使 DNA 测序工作实现了自动化操作。我们国家进行的 1% 人类基因组计划的测序工作，主要就是由这种自动化遗传分析仪承担的。

1985 年，美国西特斯（Cetus）公司穆里斯（Mullis）等人发明的聚合酶链式反应（Polymerase chain reaction，简称 PCR）技术，可以在体外大量扩增特定 DNA 片段。该技术被广泛地运用在医学和生物学领域中，在遗传疾病探测、传染病诊断、基因克隆、亲子鉴定、植物遗传育种、考古、分类等方面发挥了重要作用。无疑，这些技术的革新将对分子生物学的发展起到推波助澜的作用。

PCR 技术原理其实并不复杂，它是模拟细胞内 DNA 复制原理和条件而进行大量扩增的，但该技术的应用之广泛、影响之深刻却是其他技术所不能比拟的。为此，穆里斯和史密斯分享了 1993 年的诺贝尔化学奖（后者开创了"寡聚核苷酸基定点诱变"法）。穆里斯在其随后发表的论文

图 8-16　穆里斯驾车产生灵感的形象图

中写到："这种简单得令人惊奇，可以无限量地拷贝 DNA 片段的方法是在不可想象的情况下，即驾车行驶在月色下的加利福尼亚山间公路上时想出来的。"

基因组研究的发展

随着基因测序技术的日益成熟,科研工作者把目光从研究单个基因发展到研究生物整个基因组的结构与功能上。早在 1977 年,桑格即测定了 ΦX174 噬菌体 DNA 全部 5375 个核苷酸序列;随后,SV-40DNA、λ噬菌体 DNA、乙型肝炎病毒、艾滋病毒等基因组、大肠杆菌基因组 DNA 的全序列也陆续被测定。生物基因组核酸的全序列测序,无疑对理解这一生物的生命信息及其功能有着极为重要的意义,改变了过去零敲碎打研究单个基因的局面,从生物体基因组角度来研究整个生命现象。目前,除上述低等生物基因组测序完毕外,某些真核生物如线虫、酵母、拟南介、果蝇、水稻等基因组以及人类基因组序列测序亦已完毕。

1985 年 5 月,在美国加州由罗伯特·辛西米尔(Robert Sinsheimer)组织的专门会议上,提出测定人基因组全顺序的动议。1986 年,美国科学家,诺贝尔奖获得者杜尔贝克(R. Dwlbecco)在《自然》杂志上率先提出人类基因组计划(Human Genome Project,HGP)及设想;后经过美国科学家、社会团体及国会等部门的激烈讨论与认证,于 1990 年正式启动。随后,德、日、英、法、中 5 个国家的科学家先后加入,有 16 个实验室及 1100 名生物科学家、计算机专家和技术人员参与。HGP 目标是通过以美国为主的国际合作,花费约 30 亿美元,大约在 15 年时间内完成人类 24 条染色体的基因组图谱和 DNA 全序列分析,以从中获得人类全面认识自我最重要的生物学信息。

1997 年,在耗费了巨额资金和经历了一半预定时间之后,国际合作小组仅完成测序工作的 3%。1998 年,塞莱拉(Celera)公司参与 HGP 竞争。2000 年公布人类基因组"框架图"。2001 年 2 月中旬,国际著名杂志《自然》与《科学》分别发表了人类基因组工作框架图,这是人类基因组计划实施以来所取得的最重大进展,也是生命科学领域中的一个里程碑。2003 年 4 月 14 日,国际人类基因组测序组隆重宣布:美、英、日、法、德和中国科学家历经 13 年的共同努力,人类基因组序列图(亦称"完成图")提前绘制成功。为此,参与研究的六国政府首脑发表联合声明表示祝贺。

在人类基因组计划实施过程中,特别值得一提的一位科学家是美国遗传学家克莱格·文特尔(Craig Venter)博士。他于 1998 年与 Perkin-Elmer(PE)公司合作,创立塞莱拉基因公司。文特尔宣称:凭借公司的雄厚经济实力及人才技术力量,他们只需 3 年时间和 2 亿美元即可完成整个 HGP 测序工作,而且将于 2001 年完成全部人类基因组密码的排序和组合工作。他这种在外人看来近乎"疯狂"的行为很不被人理解,颇受非议与讥讽。也就是从那时起,塞莱拉基因公司和国际基因组计划之间展开了激烈竞争;而也正是两者之间的相互竞争与合作,才致使人类基因组计划提前两年完成。

在 HGP 实施过程中,有三位科学家贡献突出,他们分别是塞莱拉公司总裁、首席科学家文特尔博士,被评为"2000 年度全球最杰出的科学家";美国能源部负责生物和环境研究的主任阿里·帕特里诺斯(Ari Patrinos);美国国家卫生研究院人类基因组研究所所长、HGP 首席科学家和国际 HGP 协调人弗朗西斯·柯林斯(Francis Collins)。

我国于 1999 年加入国际"人类基因组计划",成为继美、英、法、德、日六国后唯一参与 HGP 的发展中国家。2000 年 5 月,中国顺利完成了 1% 人类基因组计划"工作框架图"的绘制,精确度达99.99%。我国承担的工作区域,是位于人类 3 号染色体短臂上。由于这一区域约占人类基因组的 1%,因此简称为"1%项目"。该项目由科技部、中科院以及国家自然科学基金委员会资助,由中科院基因组信息学中心、国家人类基因组南方中心、国家人类基因组北方中心的科学家共同承担。HGP 中国部分项目执行组组长和联系人为杨焕明博士。中国参与国际 HGP 并作出重大贡献,受到了国际同行的欢迎与称赞。国际权威专家一致认为:"国际人类基因组计划中国测序部分的圆满完成,是一件了不起的事情,整个中国都应该为此骄傲。"国际人类基因组计划"掌门人"柯林斯博士也给予高度评价:"短短两年时间,中国科学家由零起步,高效率、高质量地完成了承担的测序任务。这一成就让全世界为之瞩目。"出色的测序工作表明中国在基因组学研究领域已达到国际先进水平。

HGP 的成果主要有:(1)探知组成人体 DNA 基因组约为 30 亿碱基对,约 30000 个基因,分析了人类基因组特点,并把这些信息整理贮存于数据库中,同时发展了数据分析检索工具。(2)获得了四张图谱(遗传图谱、物理图谱、转录图谱和序列图谱)。(3)在 HGP 实施过程中,发明了许多重要分子生物技术(如鸟枪法、序列表达标签等)这些技术将广泛地应用于其他基因组研究。(4)广泛讨论了与人类基因组有关的伦理、道德、法律与社会问题。HGP 的意义在于一方面不仅能够揭示人类生命活动的奥秘,而且使得人类 6000 多种单基因遗传性疾病,以及严重危害人类健康的多基因易感性疾病的致病机理有望得到彻底阐明,为这些疾病的诊断、治疗和预防奠定了基础;另一方面,将带动医药业、农业、工业等相关行业发展,产生极其巨大的经济效益和无法估量的社会效益;这是生命科学领域有史以来全球性最庞大的研究计划,这将使人类能够更好地掌握自己的命运。因此,该项工程被认为是人类自然科学史上的三大工程之一(人类基因组计划、曼哈顿原子弹制造计划、阿波罗登月计划)。当完成图公布于世时,美国国家领导人克林顿动情地说,这是"人类历史最神奇的一份图谱",人类因此得以了解"上帝创造生命所用的语言",这一天将是"流芳百世的一天"。

国际 HGP 实施中各成员国的研究比例

美国:WASH&MIT 等七家研究中心,贡献率为 54%

英国:SANGER 一家研究中心,贡献率为 33%

日本:RIKEN 等两家研究中心,贡献率为 7%

法国:GENOSCOPE 研究中心,贡献率为 2.8%

德国:IMB 等三家研究中心,贡献率为 2.2%

中国:北京华大研究中心、国家南北方基因研究中心等三家,贡献率为 1%。

中国、印度是人口大国,也是基因资源非常丰富的国家,拥有多种遗传疾病基因群体。特别是在经济条件落后、交通闭塞的山区出现的少数遗传病群体,是研究疾病发病机理的宝贵资源。人们研究基因的目的在于优生优育,诊断治疗遗传性疾病(如乳腺癌、糖尿病、肥胖症等);然而,若以掠夺基因为发财捷径,疯狂窃取人体特异基因并加以垄断,就将对全人类的医疗保健造成无法弥补的损失。近年来,国际上某些有实力的国家、公司或科研单位四处猎取发病率极高的特异基因,以图这些基因一旦破译成功,立刻申请专利,转变成商品后倾销。这对于比较贫穷落后的国家或地区是非常不公平的。2001 年 4 月 2—3 日在杭州举行的"联合国教科文组织生命伦理与生物技术及生物安全研讨会",就重点讨论了此领域的一些问题。

后基因组学研究

已测序的人类基因组序列——"生命天书",是人类共有的版本,但具体到每个民族、每个家系、每个人,又存在着巨大的差异。对这些差异进行的研究因而显得尤为重要。目前,美、英、日、加和中国科学家共同发起并实施了"人类基因组单体型图计划",这项计划旨在分析人类不同群体的差异,并在此基础上进一步分析所有与疾病相关的序列差异,为 21 世纪的"个人医学"奠定基础。单体型图是人类基因组的遗传整合图,将使人类对基因组的研究更为全面、有效、准确、经济。人们虽然破译了人类基因组序列,但是对于识别出来的约 3 万个基因的功能,人们知道的仍然非常有限。正如哈佛大学科学家麦克贝斯(Macbeth)所说,人类基因组图谱实际上并没有告诉我们所有基因的具体"身份"以及它们所编码的蛋白质。DNA 分子只是遗传信息的载体,在人体内真正发挥作用的是蛋白质。另外,基因与各种疾病的关系、转基因研究、基因治疗、基因相关药物的研究与制造等,都与功能基因相关。因此,以蛋白质组和药物基因学为研究重点的后基因组时代已经拉开序幕,从而也促使国际上有实力的研究单位和企业把目光转向了后基因组学研究,他们希望能够在这块巨型"蛋糕"中抢占先机,继续在充满诱惑、有着丰厚回报的"DNA 和蛋白质分子"征程中淘金。

生物芯片技术

生物芯片技术是近年来在生命科学领域中迅速发展起来的,由微电子学、物理学、化学、计算机科学与生命科学交叉综合的高新技术。生物芯片分为基因芯片、蛋白芯片和芯片实验室等。1996 年,美国 Affymetrix 公司成功制作出世界上第一张生物芯片。随后,日本、欧洲各国也都积极地开展了 DNA 芯片研究工作。我们国家的芯片技术研究起始于 1998 年,当时中国科学院把基因芯片技术列为"九五"特别支持项目。而 2000 年 10 月

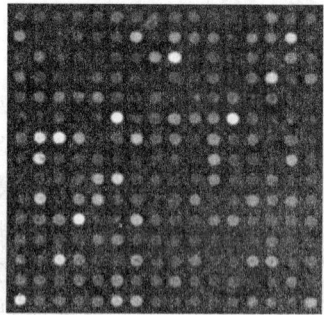

图 8-17 生物芯片的点阵排布示意图

份在北京召开的"国际生物芯片技术大会"则使中国的生物芯片技术更加规范化。目前我国在 DNA 芯片设计、修饰、探针固定、样品标记、杂交和检测等方面的技术都有较快进展,已经研制出肝癌基因差异表达芯片、乙肝病毒多态性检测芯片、多种恶性肿瘤病毒基因芯片等用于临床诊断。此外,生物芯片在新药开发、环境监测以及农业生产等领域也有广泛应用。该技术的发展将极大地改变生命科学的研究方式,革新医学诊断、治疗观念,对人类生活产生深远影响。

8.2.4　分子生物学的任务与发展前景

以上简要介绍了分子生物学的发展过程。可以看到,在近半个世纪中,它给生命科学的发展注入了强大活力,向世人展示了一幅优美动人的画卷:一系列带有优良基因的转基因动植物按照人们的意愿生长着;一系列基因工程药物的开发利用可望解决人类的疑难杂症;一系列动植物基因组测序的相继成功可望全方位地了解生命现象本质;一系列高新生物技术应用于农业、医药、公安等多个领域,可望带给人类更多福音……可以说,分子生物学的发展历史,浓缩了生物学科发展的最激动人心的一面。至今,分子生物学仍在快速地发展着,新成果、新技术仍在不断涌现……

但是,分子生物学的发展历史还很短,积累的资料还不够多。例如:地球庞大生物群体所携带有庞大的生命信息,迄今人类所了解的只是极少一部分,还未认识核酸、蛋白质组成生命的许多基本规律;又如目前虽然获得了人类基因组 DNA3×10^9bp 的全序列,确定了约 3 万个基因的一级结构,但是要彻底搞清楚这些基因产物的功能、调控方式、基因间的相互关系和协调以及那些大量不编码的 DNA 序列等等,都还要经历漫长的研究道路。再者,随着环境、人口、污染等多方面因素的影响,在国际范围内不时出现了一些烈性传染病。如在 20 个世纪 80 年代首先在英国发现的疯牛病(病牛脑组织呈海绵状病变,并出现步态不稳、平衡失调、搔痒、烦躁不安等症状,通常在 14—90 天内死亡),相继在多个国家流行,致使大批牛患病并被宰杀,给畜牧业带来严重损失;如果人食用了被污染了的牛肉、牛脊髓等,也有可能染上致命的新型克-雅氏症(患者脑部会出现海绵状空洞,起初表现为焦躁不安,后导致记忆丧失,身体功能失调,最终精神错乱甚至死亡。患者以年轻人为主,发病时间平均为 14 个月。截至 2003 年底,已累计至少有 137 人死于该病,其中多数在英国)。此外,不时出现的病毒性、细菌性传染病等也在不断地困扰着人们,如 2003 年首先在我国发现并大肆传播的 SARS(severe acute respiratory syndrome)传染病,给我们国家带来沉重的损失,严重干扰了人们的正常生活。随后在多个国家出现的禽流感再次使人们感到惊慌。目前国际上仍时常有关于禽流感发病、流行的相关报道……

令人欣慰的是,随着科学技术的不断发展,人们已可在比较短的时间内了解、认识并快速地对这些突发疾病作出反应,从而把经济损失和人员

255

伤亡减少到最低程度;而全人类面临的诸多严重问题如环境、粮食、人口、污染、疾病(糖尿病、癌症、AIDS、突发的病毒病等)问题也有望从分子生物学的发展中找到解决方法。因此,我们可以说,分子生物学的发展道路仍然会艰难曲折,但前景光辉灿烂!

[附录]　**1990—2005 年诺贝尔生理学或医学奖回顾**

1990 年　J.E.默里、E.D.托马斯(美)从事对人类器官移植、细胞移植技术和研究。

1991 年　E.内尔、B.萨克曼(德)发明了膜片钳技术。

1992 年　E.H.费希尔、E.G.克雷布斯(美)发现蛋白质可逆磷酸化作用。

1993 年　P.A.夏普、R.J.罗伯茨(美) 发现断裂基因。

1994 年　A.G.吉尔曼、M.罗德贝尔(美) 发现 G 蛋白及其在细胞中转导信息的作用。

1995 年　E.B.刘易斯、E.F.维绍斯(美)、C.N.福尔哈德(德)发现了控制早期胚胎发育的重要遗传机理。

1996 年　P.C.多尔蒂(澳)、R.M.青克纳格尔(瑞士)发现细胞的中介免疫保护特征。

1997 年　S.B.普鲁西纳(美)发现朊蛋白并在其致病机理的研究方面做出了杰出贡献。

1998 年　R.F.福尔荷格特、L.J.依格那罗和 F.穆莱德 发现 NO 在心血管系统中的信号分子作用。

1999 年　G.布洛伯尔(德/美)发现控制细胞运输和定位的内在信号蛋白质。

2000 年　阿尔维德·卡尔松(瑞典)、保罗·格林加德(美)、埃里克·坎德尔(奥地利)在"人类脑神经细胞间信号的相互传递"方面获得重要发现。

2001 年　利兰·哈特韦尔(美)、蒂莫西·亨特(英)和保罗·纳斯(英) 发现细胞周期的调节分子机制。

2002 年　悉尼·布雷内(英)、罗伯特·霍维茨(美)、约翰·苏尔斯顿(英) 揭示线虫细胞分裂、分化、器官发育及细胞程序性死亡等方面作出杰出贡献。

2003 年　保罗-劳特布尔(美)和彼得-曼斯菲尔德(英) 因在核磁共振成像技术领域的重大发现而获奖。

2004 年　理查德·阿克塞尔(美)和琳达·巴克(美) 在气味受体和嗅觉系统组织方式方面有突出成就。

2005 年　巴里·马歇尔(澳)和罗宾·沃伦(澳),发现幽门螺旋杆菌及其在胃炎和胃溃疡等疾病中作用。

(摘编自 http://www.p53.cn/china/zhtbd/nobel/1990.htm

http://www.losn.com.cn/nobel_prize/2001/qita/nidex.htm

http://www.ebiotradl.com/newsf/2005-10/2005/018/00842.htm)

参考文献

1. 朱玉贤,李毅. 现代分子生物学. 北京:高等教育出版社,2004.

2. 阎龙飞, 张玉麟. 分子生物学. 北京:中国农业大学出版社, 2001.

3. 孙乃恩. 分子遗传学. 南京:南京大学出版社,1996.

4. 李明刚. 高级分子遗传学. 北京:科学出版社, 2004.

5. 李 难, 崔极谦. 生命科学史. 天津. 百花文艺出版社, 2002.

6. 倪慧芳. 21 世纪生命伦理学难题. 北京:高等教育出版社, 2000.

7. 姚敦义. 生命科学发展史. 济南:济南出版社, 2005.

8. [美]Kate Boehm Nyquist,郑海娟等. 生命科学. 北京:外语教学与研究出版社, 2004.

9. 徐晋麟,徐 沁,陈 淳. 现代遗传学原理. 北京:科学出版社, 2001.

10. 盛祖嘉 ,沈仁权. 分子遗传学. 上海:复旦大学出版社, 1988.

11. 吴乃虎. 基因工程原理 (第二版). 北京:科学出版社, 1998.

12. 杨金水. 基因组学. 北京:高等教育出版社, 2002.

13. T·A·布朗,袁建刚. 基因组 北京:科学出版社, 2003.

14. 唐得阳. 诺贝尔奖获得者全书. 北京:团结出版社,1994.

15. http: //www. ikepu. com /biology /biology /branch /biology‒branch‒index. htm

16. http: //www. scitom. com. cn /history /landmark

17. http: //www. cnread. net /cnread 1 /kpzp /m /maier /swxs /index. html

18. http: //www. lifesciences. ynu. edu. cn /wljc /xbswx /2 /course / c2index. htm

后 记

　　《自然科学史简明教程》为浙江师范大学、杭州师范学院、温州师范学院、绍兴文理学院、湖州师范学院联合组织编写的通识教育系列教材之一,由温州大学(筹)物理与电子信息学院李士本负责编写物理学部分即第1、第2和第3章,温州大学(筹)化学与材料科学学院张力学负责编写化学部分即第4、第5章,温州大学(筹)生命与环境科学学院王晓锋负责编写生物部分即第6、第7和第8章;全书由李士本负责统稿。自然科学史是一门内容浩瀚的学科,由于篇幅所限我们只选取了物理、化学和生物这三部分内容进行编写,因此在具体的内容取舍上难免有所遗漏;同时由于时间仓促和经验不足,疏漏和错误之处亦恐在所难免,欢迎广大读者批评指正。本教程的编写得到了温州大学(筹)教务处的资助,编者特此致谢。

编 者

2005 年 11 月

图书在版编目（CIP）数据

自然科学史简明教程／李士本，张力学，王晓锋编著.
—杭州：浙江大学出版社，2006.2（2021.7 重印）
（普通高校通识教育丛书／徐辉等主编）
ISBN 978-7-308-04630-5

Ⅰ.自… Ⅱ.①李…②张…③王… Ⅲ.自然科学史－高
等学校－教材 Ⅳ.N09

中国版本图书馆 CIP 数据核字（2006）第 008808 号

自然科学史简明教程

李士本 张力学 王晓锋 编著

责任编辑	王 波	
封面设计	刘依群	
出版发行	浙江大学出版社	
	（杭州市天目山路 148 号 邮政编码 310007）	
	（网址：http://www.zjupress.com）	
排 版	杭州青翊图文设计有限公司	
印 刷	杭州杭新印务有限公司	
开 本	787mm×960mm 1/16	
印 张	16.75	
字 数	274 千	
版印次	2006 年 2 月第 1 版 2021 年 7 月第 6 次印刷	
书 号	ISBN 978-7-308-04630-5	
定 价	45.00 元	